魯迅文學獎得主朱曉軍
北京文學獎得主楊麗萍 著

帝國的跑道

互聯網下的快遞中國

賴建法（前）做木材生意時的留影

歌舞村做快遞的農民家

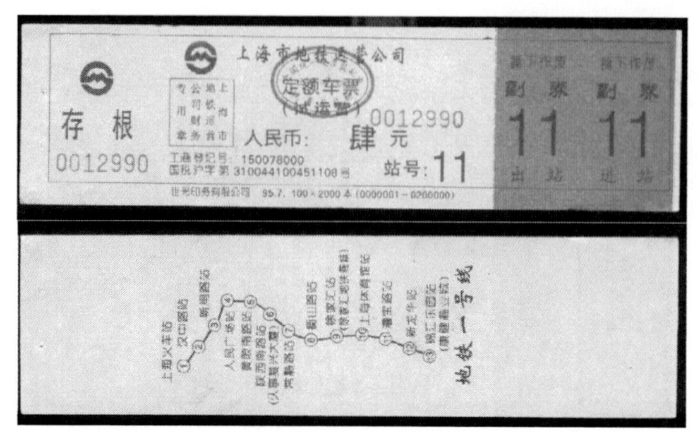

1990年代快遞員的公交票1

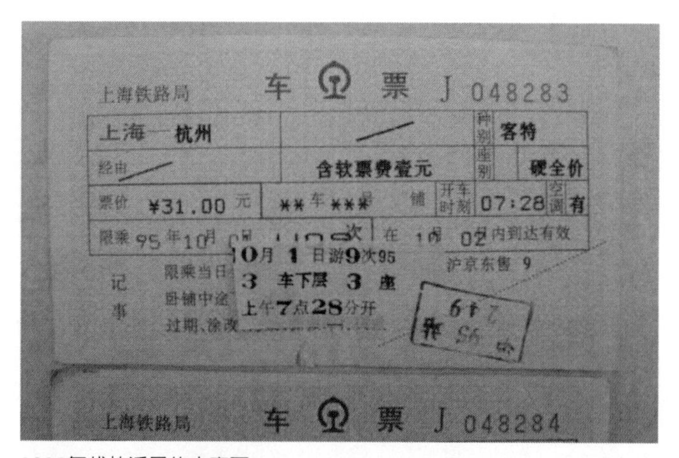

1990年代快遞員的火車票

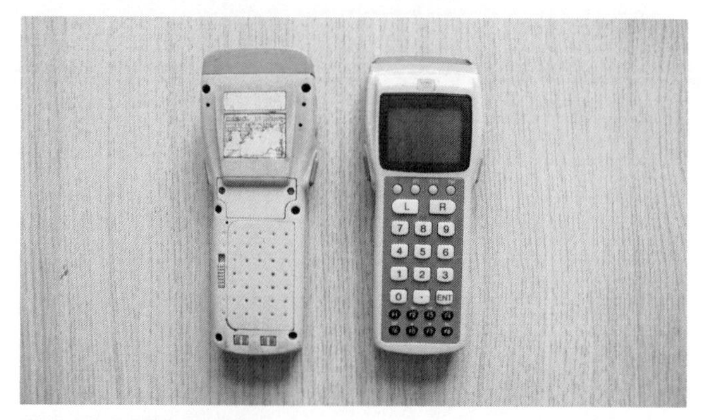

過去用的卡西歐DT900把槍

目次

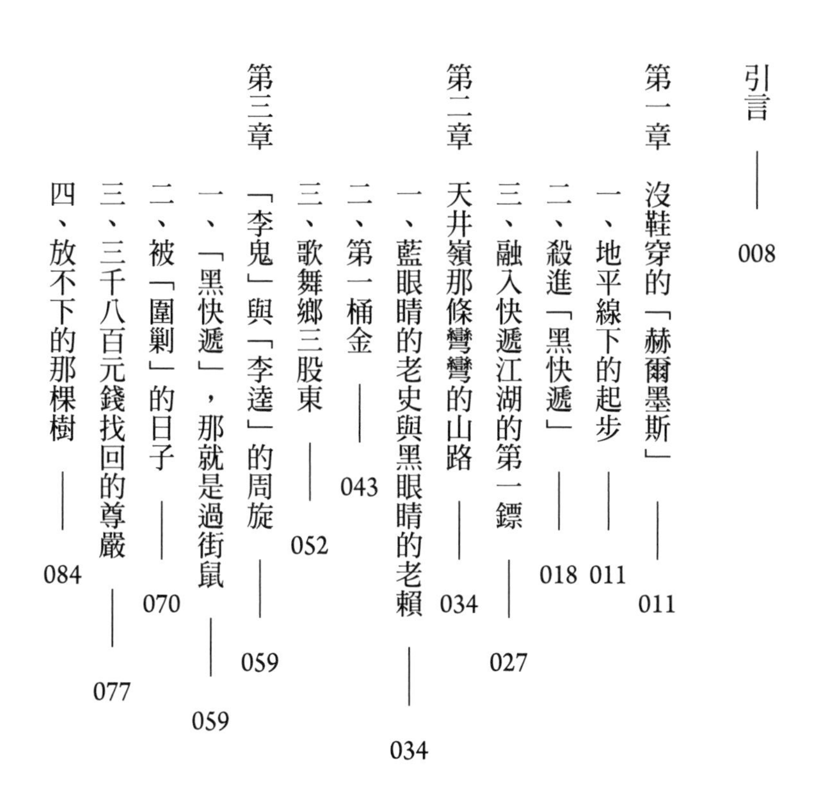

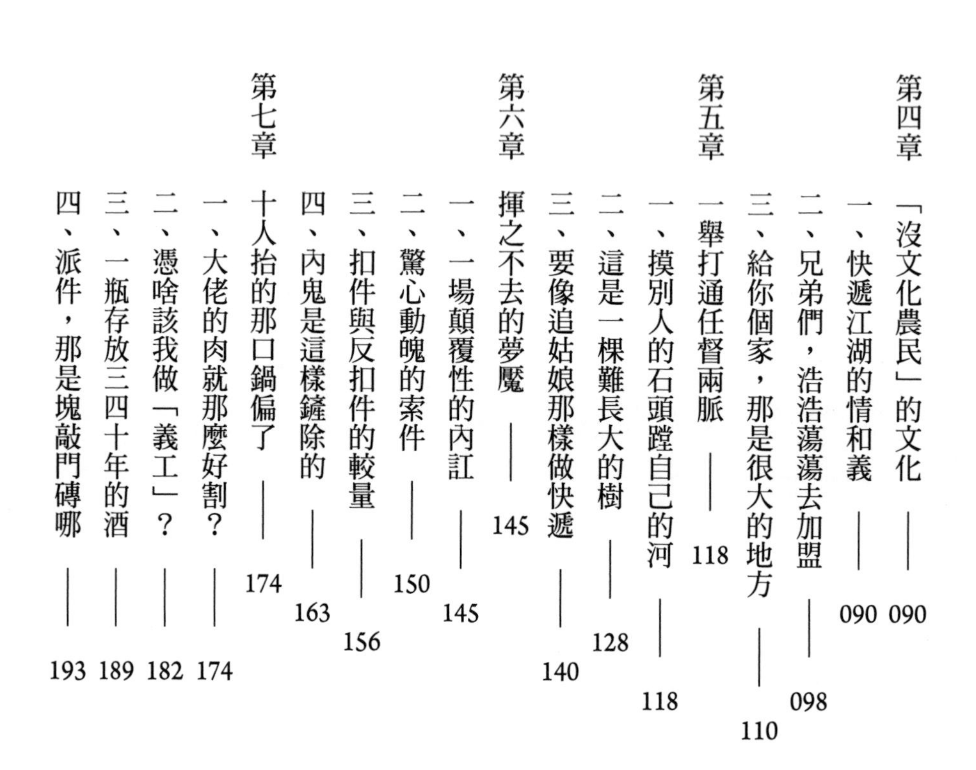

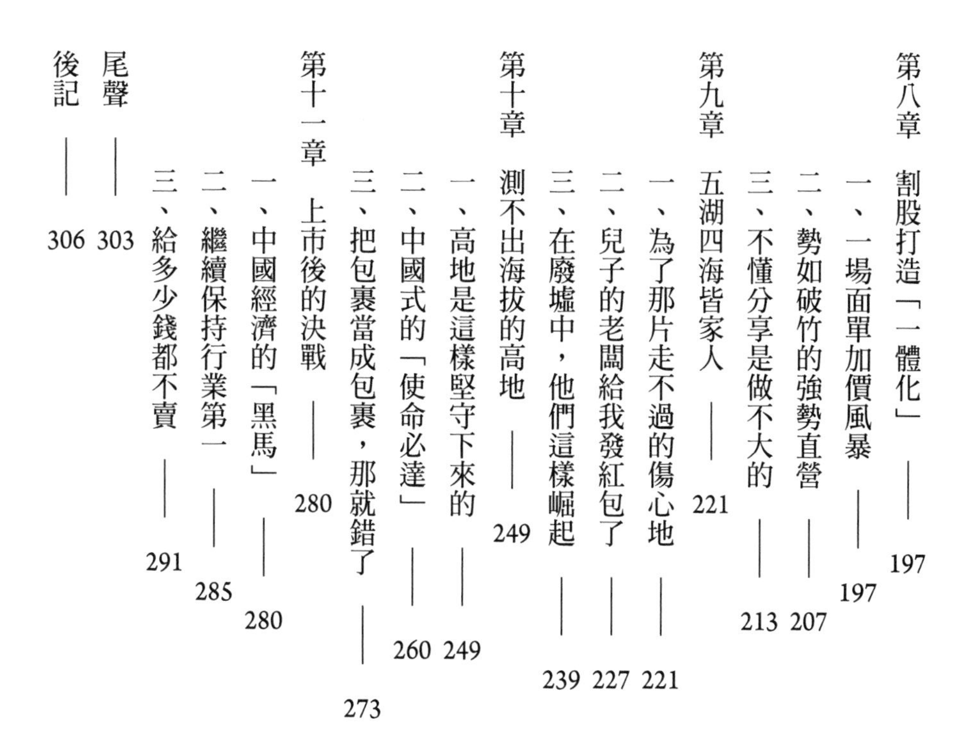

引言

二〇一四年，中國的快遞業務量突破一百三十億件，達到一百三十九億六千萬件，首次超越美國，成為世界第一快遞大國；二〇一五年，又以百分之四十八的速度突飛猛進，達到兩百零六億七千件；二〇一六年，預計完成兩百七十五億件……

「三通一達」——申通、圓通、韻達、中通是中國快遞的主力軍。這四家快遞公司不僅來自同一個縣——浙江省桐廬縣，還源於同一鄉——歌舞鄉。

桐廬群山疊嶂，溪流縱橫，始建於西元二二五年，歷史悠久，素有「瀟灑文明之邦」之美譽。桐廬位於浙江西北部，北緯三十度。北緯三十度是一個神奇的區域，蘊藏著無數不解之謎。美國作家詹姆士・伯斯特寫過一本書——《神祕的北緯三十度》，中國中央電視臺播放過百集系列特別節目《北緯三十度・中國行》。埃及的金字塔、百慕大三角、馬里亞納海溝，以及喜馬拉雅山、雅魯藏布大峽谷、神農架、三星堆等都在北緯三十度上。

二十世紀九〇年代初，位於北緯三十度線上的歌舞鄉還是一個不通公路的「兔子不屙屎」的地方，農民要挑著山貨，步行七八個小時才能走到縣城。上世紀末，年輕後生聶騰飛、陳德軍和賴梅松懷著過上好日子的夢想走出深山，先後在上海創建了申通、韻達和中通。圓通的創始人喻渭蛟是桐廬人，但不是歌舞鄉的。可是，喻渭蛟是歌舞的女婿，他的夫人張小娟不僅是歌舞人，而且還是陳德軍、賴梅松的初中同學。若沒有張小娟的點撥，喻渭蛟也許還在建築裝潢業苦苦掙扎。不僅如此，張小娟和她的老叔還擔任圓通副總裁，由此來說，圓通也是一家擁有歌舞血統的快遞企業。

二〇〇九年前，民營快遞被稱之為「黑快遞」，既沒有合法身份，又沒有合法空間，他們卻在郵政漫長而嚴酷的「圍剿」下存活下來。他們以低廉收費為優勢，不僅取得了發展，還阻擋了國外快遞巨頭在中國版圖的擴張。聽說「三通一達」單票快件均價僅十五・六元人民幣[1]時，國際快遞巨頭不禁搖晃著金色頭髮，眨動湖水似的藍眼睛，不可思議地說：「NO，NO，這怎麼可能呢？」如今，東躲西藏的「游擊隊」──「三通一達」已成為中國快遞「第一集團軍」的四大勁旅，每家公司網點逾萬個，員工高達二十萬至三十萬，他們的業務量占全國半壁江山，二〇一五年，突破一百多億件。

這些來自北緯三十度的農民還創造了中國乃至世界快遞業的奇蹟。這些初中畢業，甚至初中沒畢業的農民在城市，近乎赤手空拳，一窮二白，既沒有資本，又沒有人脈，卻帶領鄉親走出深山，走出那片貧瘠的土地，打下了快遞的江山，成為中國快遞巨頭，找到了自身的價值和尊嚴。

[1] 編按：本書所有金額計價均以人民幣為單位。

快遞改變中國，「三通一達」不僅給億萬國人帶來便捷服務，還為電子商務的飛船提供了現實的跑道，讓中國網購成為世界一大奇觀。

在「三通一達」中，申通創建於一九九三年，韻達創建於一九九九年，圓通創建於二〇〇〇年，中通創建於二〇〇二年，長則二十餘載，短則十餘載，這些「沒有文化」的農民是如何在縫隙中生存，在艱難中發展，在機遇中騰飛的？他們是如何行走快遞江湖，如何創造奇蹟的？他們的模式和經驗對創業者有哪些啟示，我們順著他們留下的足跡去尋覓。

01

沒鞋穿的「赫爾墨斯」

一、地平線下的起步

二〇〇二年五月八日，上海。

外灘海關的大鐘敲響九下，普善路二百九十號的鞭炮就「劈哩啪啦」地響了起來。這地方的交通極為便利，吸支煙就可以步行到上海火車站，去上海長途汽車總站也只有三四百米的樣子。想想就知道這地方肯定是熙熙攘攘，去趕車的，去接站的，賣水果、飲料的，開餐館、旅店的，特別熱鬧。

硝煙若霧漸然散去，一塊牌子——「中通快遞」出現了。

早在幾個月前，小道消息像秋風掃落葉般颳遍長三角的快遞江湖——有個做木材生意的大老闆要注資兩千萬元做快遞了。那些還蹬著自行車在街頭亂竄的小快遞公司感受到了寒意。投資兩千萬元做快遞絕對是大手筆，在此之前還沒聽說哪位老闆有如此魄力。

沒有花籃，沒有剪綵的領導，沒有同行恭賀，也沒有記者攝影和採訪的開業儀式，有點自娛自樂的味道。「中通快遞」這塊牌子註定是不會引人注目的。在上海灘這地方不知有多少家公司隨著黃浦江面的朝陽升起而誕生，不知有多少家公司隨著夕陽西下而倒閉，猶如黃浦江的浪，一浪接一浪打過去，有幾人留意哪些浪花出現，哪些浪花消失？何況快遞公司已多如牛毛，不要說這種在百十來平方米簡陋院落、數家公司像罐頭裡的沙丁魚似地擠在一起的小公司，即便是「南有順豐，北有宅急送，東有申通」之美譽的申通，在國外巨鯨、國內大鱷逐鹿的上海灘上又算得了什麼？充其量不過一尾小魚，像中通這樣新成立的公司只能算是魚苗，甚至魚卵。

歷史往往是不以人們的意志為轉移的，有時被認為具有劃時代意義的時刻，卻被歲月輕而易舉地就抹去沖掉，連一絲一縷的痕跡都沒留下；有時我們沒有在意，歷史卻提示這是偉大的時刻，時代在那裡出現拐點，發生了上行。

這一刻，在中國快遞史上有著重要意義，隨著中通快遞的成立，「三通一達」全部出線。它不僅改變了中國民營快遞的格局，而且發展速度在中國快遞界也是首屈一指的。

賴梅松的目光不僅充滿激情與期待，甚至還有一種挑戰。這位三十二歲的年輕人穿著一雙已很少見到的布鞋，長得敦敦實實，留著寸頭，皮膚微黑，說話聲不高，卻丁是丁，卯是卯。他跟上海灘那幾家有點實力的民營快遞老闆——申通的陳德軍、韻達的聶騰雲、圓通的喻渭蛟、匯通的徐建榮都來自一個縣——浙江桐廬。他與陳德軍、聶騰雲不僅是同鄉，還是歌舞鄉中心學校的校友。另外，他和陳德軍，以及喻渭蛟的夫人張小娟還是同班同學。他們這些農民是從同一個山溝溝，順著同一條山道走出來的，不僅走進城市，也走進同一行當。

那年頭，有實力的人是不做快遞的，陳德軍和喻渭蛟過去是木匠，最初的想法是投身於裝修行當，沒想到在那條河溝裡苦苦掙扎了好幾年，不僅沒賺到錢，還債臺高築。走投無路時，像《水滸傳》中的林沖被逼上梁山一樣，做了沒合法身份的「黑快遞」。他們麾下的員工大都是「三無」（一無資金，二無專長，三無出路）農民，他們有著對美好未來的嚮往和追求。

傳聞往往不是空穴來風，儘管隨便抓起來擰擰，或多或少總能擰出水分，將那滋潤而飽滿的傳聞瞬間變回抽縮、枯萎和乾癟。傳聞中投資兩千萬元做快遞的老闆就是賴梅松和站在他身邊的三位合夥人，其中的兩位是他的同學和髮小[1]——賴建法和商學兵，另一位則是多年的客戶，現已成為摯友的浙江均碧古建築工程公司董事長邱飛翔，實際投資遠沒傳聞那麼多，僅五十萬元，是傳聞的四十分之一。他們兄弟四人各占四分之一股份。

這點兒投資對身價七百多萬元的賴梅松而言不過是試試水，不，是試試劍。你假若不將別人視為競爭對手，你就無法知道對方的實力，也不清楚自己有多大能量。讓他充滿信心的是「別人能做好，我也能做好」，與其說他挑戰的是對手，還不如說他挑戰的是自己。

五十萬元投資，花幾萬元買輛金杯麵包車，以一萬八千元的租金租下四個房間：一樓兩間，一間做營運網管，一間做客服；二樓兩間，一間做董事長與總經理辦公室，裡邊擺兩張辦公桌，賴梅松白天在那兒辦公，晚上兩張桌一併就是他的床；一間做財務室。簡陋，自然是簡陋得不能再簡陋了，這無法與他在杭州木材市場的五千平方米場地相比。他沒有破釜沉舟，還給自己留條退路，也許試過後發現這不是自己的菜，或不是自己想要的，也就像徐志摩說的

[1] 編按：「髮小」，中國用語，指從小一起長大的朋友。

「悄悄的我走了，正如我悄悄的來，我揮一揮衣袖，不帶走一片雲彩」，返回杭州木材市場，繼續做他的木材生意。

就是五十萬元的投資，在桐廬快遞圈中也是前所未有的。中國民營快遞起始於一九九三年，鄧小平發表南方談話的第二年[2]，改革開放的油門被這位總設計師一腳踩到底，這個古老的、習慣於四平八穩的民族重視起了速度，將速度提升到了機遇、財富和生命的位置。像雷軍比喻的站在風口的豬，一頭接一頭，不，而是一撥兒接一撥兒、一批接一批地飛了起來。

新成立的公司像原子彈蘑菇雲似地發展，北京市的營業執照發光了，不得不從天津緊急調進一萬張；深圳國際貿易中心大廈一層二十五個房間，擠進二十多家公司，甚至一張寫字臺就是一家公司；浙江的民營公司突破了一百五十多萬戶，外貿公司占相當數量。杭州的外貿出口要到上海辦理出關手續，想不誤出關就必須在次日將報關單遞交上海海關。站在今天的角度來看，報關單可以通過特快專遞寄送，當時中國的快遞僅有一家，即中國郵政的EMS。EMS的特快專遞充其量只能稱為「專遞」，稱不上「特快」，從杭州到上海要隔日達，寄出的第三天上海那邊才能收到。快遞指望不上，外貿公司只得派人送遞。

聶騰飛和同事詹際盛發現了商機。聶騰飛是桐廬縣鍾山鄉夏塘村人，在歌舞鄉沒併入鍾山鄉那時，他和賴梅松就是同鄉，而且兩人在歌舞鄉中心學校讀過書。他比賴梅松小兩歲，也低兩屆。十七歲那年，聶騰飛初中畢業，懷著「走出大山，過上好日子」的夢想來到杭州的一家

2 一九九二年一月十八日至二月二十一日。鄧小平南巡武昌、深圳、珠海、上海等地，發表了重要講話。鄧小平強調，改革開放的膽子要大一些，敢於試驗，看准了的，就大膽地試，大膽地闖。

印染廠打工。

對進城務工的農民來說，出人頭地的機會是不多的，他們一旦發現就會死死抓住，不像大多數城裡人那樣嘴巴說說也就拉倒了。二十一歲的聶騰飛算了一下，當時往返上海的火車票要三十元，送一單收取一百元的話就可以賺七十元；收兩單去除三十元車費能賺一百七十元，倘若三單四單，或者更多呢？這位月薪僅有四十元的年輕人熱血沸騰了，決定成立一家代人出差的公司！

辦公司需要投資，聶騰飛家裡蓋房子欠下的債還沒還上，母親生病住院又花掉不少錢，弟弟聶騰雲還在浙江商業學校讀書，哪有錢辦公司？浙江農民最大的特點就是有膽識，有魄力，看準的商機絕不輕易放過，哪怕是砸鍋賣鐵也要抓住。他們還有一個特點，只要有人發現商機，親朋好友都會借錢給他，讓他去拚去搏，去發展。據現任韻達副總裁的周柏根回憶，聶騰飛發現商機後找過他，想跟他合夥辦公司。他們兩家是世交，周柏根比聶騰飛大六七歲。那時，周柏根像賴梅松那樣在做木材生意，年收入二十來萬，怎麼可能丟西瓜撿芝麻，跟聶騰飛「代人出差」，去做那看上去不大靠譜的公司？聶騰飛見合夥不成就提出借錢，周柏根二話沒說就答應了。

聶騰飛的父親聶樟清也稱得上見過世面的人，在野戰部隊當過高射炮兵。一個能給兒子取名為「騰飛」、「騰雲」的父親，你想他人心氣有多高？他和老伴都力挺兒子，幫助籌錢。據說，聶騰飛籌了三萬元，詹際盛籌了五千元。一九九三年八月，他們在杭州市湖墅南路沈塘橋附近租了一間巴掌大的小屋，創辦了盛彤公司，聶騰飛任經理。

聶騰飛的生意越做越大，不斷擴張，從杭州到上海、寧波、慈溪、無錫、南京……

這一年，在廣東順德某印染廠打工的王衛也發現了商機，印染行業在批量生產前要先給客戶看樣品，客戶中有部分港商，這麻煩就大了，需要報關和郵寄，一來一往至少要一個星期。廠家為節省時間就找人挾帶。如恩格斯所說：「有利潤的地方就有資本介入。」於是，專業「挾帶人」出現了，這些人拽著拉桿箱往返於香港與大陸。二十四歲的王衛拿著從父親那兒借的十萬元，跟幾個朋友成立了順豐速運公司。

聶騰飛、詹際盛和王衛，這三人有共同點，即均為印染行業的「七〇後」，這到底是巧合，還是有必然聯繫呢？在十幾億人中，為什麼他們仨發現了這一商機，並且牢牢地抓住了？

聶騰飛與詹際盛在第二年就產生了分歧，分道揚鑣。詹際盛跟弟弟詹際煒另立山頭，創辦了一度名震快遞江湖的「天天快遞」。

一九九七年十月，聶騰飛車禍身亡，他妻子的哥哥陳德軍接過由盛彤改為申通的公司，聶騰飛的弟弟聶騰雲與父母退出，在一九九九年八月八日創辦了韻達貨運有限公司。當時，他們擁有寧波和慈溪兩個網點，憑著這兩個網點的收入撐起了韻達。

二〇〇〇年，喻渭蛟領著十七條好漢殺入上海灘，創辦了圓通。當時，他兜裡僅有借來的五萬元開辦費……

那時，中國民營快遞的特點即投資少，門檻低，像種下的大豆，兩個豆瓣要憑自身的生命力頑強地從泥土中拱出來。在國外快遞巨頭的眼裡，這是不可思議的。三十一年前，也就是賴梅松出生的第二年，弗雷德里克・W・史密斯——耶魯大學的畢業生、美國海軍陸戰隊的退役中尉，斥資九千六百萬美元在小石頭城創辦聯邦快遞，第一次試運行就動用了六架飛機，正式持續營運動用了十四架達索爾特鷹式飛機。

中西快遞是不同土壤生長出的果實。弗雷德里克・W・史密斯自豪地說：「我們就是電腦時代的赫爾墨斯！」赫爾墨斯是希臘神話中的宙斯與阿特拉斯之女邁亞的兒子，是奧林匹斯十二主神之一。他身著長衣和披衫，手持盤蛇的短杖，穿著有翅膀的涼鞋，行走如飛，是諸神傳送信息的信使。據說，他還是商賈和貿易之神，他的雕像往往是手裡拎著錢口袋。可以說，他是希臘神話裡「唯一合法」的、任何神也顛覆不了的快遞。

在中國神話中，似乎還沒有像赫爾墨斯這樣的信使，也許在中國人眼裡，神什麼都知道，是不需要像人類這樣傳遞信息的，即使需要的話，也絕對不會像赫爾墨斯那樣穿雙帶有翅膀的鞋子，那是對神的褻瀆。《西遊記》中的孫悟空一個跟頭就翻出十萬八千里，既沒有西方天使的翅膀，也沒有赫爾墨斯那樣的鞋子。由此看來，西方的神與東方的神有著巨大的差異，甚至說，他們的神是有條件的，赫爾墨斯只有穿上那雙鞋才是神，中國的神是無條件的，是真正的神。

聶騰飛創辦盛彤時，不要說飛機、汽車，連摩托車和手機都沒有。一九九三年，周柏根到杭州看望聶騰飛，聶騰飛推著一輛除了鈴不響哪兒都響的破自行車，車的前筐有幾封待送的信件和兩個包裹。聶騰飛歉意地說：「你在這裡玩一下，我去送一下快件，等我送完陪你吃飯。」

據周柏根回憶，那時的盛彤設在一間不大的出租屋裡，房間裡除桌椅之外，還有一個沙發，聶騰飛就住在公司，日子特別清苦。

韻達創業初期，沒有車，僅有一部行動電話，為聶騰雲所用。張家港發生扣件事件[3]，周柏根要連夜趕去，為便於他跟總部聯繫，聶騰雲把手機借給了他。

圓通創業時全部家當是兩輛自行車和兩部電話。

這既是文化的差異，也是經濟的差異。在西方，能做快遞的人往往要財大氣粗，要像弗雷德里克・W・史密斯那樣買得起飛機，還不是幾架，要幾十架；在中國，做快遞的是那些窮得只剩下使不完的力氣和「過上好日子」夢想的農民，以及像陳德軍和喻渭蛟那樣債臺高築，寄希望於做快遞賺錢還債的人。

在中國，像弗雷德里克・W・史密斯那樣擁有名校文憑、飛行員執照，以及跟別人合資兩年就能賺二十五萬美元的人會做快遞嗎？答案只有一個：不會！在中國，只有像聶騰飛、陳德軍、喻渭蛟和賴梅松這樣的農民才會做快遞，或者說，只有這些付得起常人付不起的辛苦的農民才能吃這隻「螃蟹」[4]。

二、殺進「黑快遞」

當中通開業鞭炮的硝煙甫散，第一票快件翩然而至，那是一票信件。也許有人想寄快件，

3 編按：「扣件」，參見本書本章「二、殺進『黑快遞』」及第六章「三、扣件與反扣件的較量」。

4 編按：吃這隻「螃蟹」，典出魯迅書上的一句話，原本的上下文是「第一個吃螃蟹的人，一定嚐過四隻角的蜘蛛」，意思是一個人必須勇於冒險、嘗試，才能比其他人更先嘗到真正的美味。」

發現正巧家門口開了家快遞公司，就把件送了過來。

董事長賴梅松親手接過這票件和十五元快遞費。那一刻，他面帶微笑，內心卻是既欣慰又失落，欣慰的是剛開張就有生意，對生意人來說，這是好兆頭；失落的是從大生意到小生意，從大錢到小錢，這難免會有些許心理落差。對杭州麗水路木材交易市場的老闆們來說，有誰會做十五元錢一票的生意，還不讓人笑話掉大牙？對他們來說，十五元錢掉在地上要不要彎腰去撿，恐怕還要思忖一下。做木材生意哪一單不是幾萬、十幾萬、幾十萬元，甚至上百萬？哪一筆不賺萬八千、三五萬、十幾萬，甚至於幾十萬？正因如此，賴梅松才從木材市場到快遞走了兩三年。

「靠山吃山，靠海吃海。」歌舞鄉出產的山貨有「天尊貢芽」和「雪水雲綠」等名貴綠茶，前者過去是歷朝宮廷貢品，後者是許多茶客的至愛。除茶之外，歌舞鄉還產山核桃、毛竹和木材。賴梅松十幾歲時，就靠包山伐木，淘得人生的第一桶金。

英國詩人庫伯說：「上帝創造了鄉村，人類創造了城市。」如今，世界上每週有一百萬人口離開「上帝創造」，遷入「人類創造」。城市欣欣向榮，日新月異，上帝的產業日益萎縮，留守在鄉村的是老人和孩子，還有沒能力外出打工的女人。時代變了，「上帝創造」也需要扶持了。

在歌舞鄉農民的眼裡，人類發明的金錢是嫌貧愛富的，它們像魚兒似地圍繞杭州、上海等城市，無論如何也不肯游向歌舞鄉這樣貧窮落後的山溝溝。既然錢不肯游進來，農民就得像漁民那樣織網駕船出海了。改革開放了，戶口、組織關係、檔案已不成為羈絆，不能把他們困在鄉下，只要付得起辛苦就可以去杭州，去上海，去北京，去想去的其他地方。

一九九二年，杭州麗水路木材交易市場僅有區區二十家經營戶，村主任帶領著賴梅松等十六個村民浩浩蕩蕩地殺過去。對農民來說，進城後的最好選擇就是像賴梅松這樣做生意。不過，生意不是誰想做就能做的，一要資本，二要有經商的頭腦，三要有經商經驗，四要有人脈。陳德軍、喻渭蛟不具備這些條件，可是他們有木匠手藝，有號召力，可以像胡傳魁[5]那樣拉起一支「十幾個人來，七八條槍」的裝修隊伍在城市闖蕩。聶騰飛連木匠手藝也沒有，只能打工。有的農民連打工的機會都沒有，只好去擺地攤，做點兒小本生意。要是連小本生意也做不起，那只有像「駱駝祥子」似地去蹬三輪車，或者跑跑腿兒什麼的。

歌舞鄉的農民，桐廬縣的農民，浙江省的農民，天南海北的農民離開上帝創造的鄉村湧進城市，以自己的方式在城市立足，用自己的網去捕那些「魚」。馬克思說：「在科學上沒有平坦的大道，只有不畏艱險沿著陡峭山路攀登的人，才有希望達到光輝的頂點。」對歌舞鄉的農民，對桐廬的農民，對中國的八億農民來說，也沒有平坦的大道好走，要不畏艱險地沿著陡峭山路不斷攀爬。在攀爬的進程中，有人掉下去，有人膽怯了，或者爬不動了，只好回到鄉村種地；有的人執著地爬下去，也沒有爬到光輝的頂點……不畏艱險者不一定能爬到光輝的頂點，但爬到光輝頂點的人註定是不畏艱險者。海裡的冰山有七分之六在水下，水上的部分僅有七分之一，能站在光輝頂點的人恐怕只有千萬分之幾。

---

5 胡傳魁：文化大革命時京劇樣板戲《沙家浜》中一反面人物，其講義氣，豪爽，缺心眼。在抗戰時，拉起一支隊伍——抗日救國軍，後來投靠了日本。

去杭州木材市場的村民一個接一個地走了，有的是堅持不住，有的是做不下去，有的是被其他「光輝的頂點」的誘惑吸引去了，這些人大都回到桐廬縣，回到歌舞鄉，回到了上帝創造的家園。賴梅松沒走，留了下來，繼續在木材生意的「陡峭山路」攀登下去。

那些年來，賴梅松在家鄉──天井嶺村的鄉親眼裡，在歌舞鄉同學老師和朋友眼裡，絕對稱得上成功人士，是走在他們時代前邊的人，是他們想要成為而成為不了的人，甚至是他們絕望之下想把希望留給兒女，讓他們能成為的人。

聶騰飛深更半夜拎著蛇皮袋上了火車，「嗤　嗤」地趕往上海送件時，有座就坐著，沒座就站著，有時站著抱著快件就睡著了，有時鑽到座位下邊酣然睡去……這時，賴梅松已腰纏萬貫，衣食無慮。

一九九四年，現任申通董事長、木匠出身的陳德軍搞裝修賠了錢，想做服裝生意賺錢還債，結果錢沒賺到又賠了本，被數萬元的重債壓得喘不過氣來，只得跟著妹妹的男友聶騰飛做快遞。早晨五點鐘，他就爬起來趕到朦朧的上海站的月臺接件，然後分揀，騎著自行車一家家送。這時，賴梅松在木材市場喝著「雪水雲綠」悠然地談著生意，一單下來就賺成千上萬。

二〇〇〇年，喻渭蛟屢戰屢敗，井岡山一役折戟沉沙，欠下兩百多萬元的巨債，走投無路，只得領著十七人投身於快遞。那時，賴梅松已在杭州木材市場擁有幾百平方米場地和十幾號員工，年收入近百萬。

陳德軍、喻渭蛟、聶騰雲在快遞的羊腸小徑艱難困苦跋涉時，賴梅松一路凱歌，地盤越來越大，場地由兩百八十平方米擴張到六千多平方米，賺的錢像歌舞溪的水，賴梅松在杭州置房、結婚，把家安在省城。

沒想到這幾年，快遞像二十世紀九〇年代初的股票、二十一世紀初的樓盤突然就火了起來，人人都想著快遞，談著快遞，琢磨著快遞，不時有種地的、採茶的、砍毛竹的、採箬葉的、當木匠的、搞裝修的農民丟下手裡的活計和家什，像當年的吳瓊花[6]投奔紅軍似地順著那像蚯蚓似的彎彎山道走出去，加入快遞隊伍，然後去杭州、寧波、無錫、南京、廣州等地做加盟商和承包商，自己給自己打工，自己做老闆……

消息像喜報似地頻傳，誰誰誰賺到錢了，誰誰誰買了車，誰誰誰買了房，誰誰誰要回家鄉蓋別墅了。接著，一撥兒又一撥兒的農民出發了……

快遞像一團火，一團熊熊燃燒的大火，讓歌舞鄉，讓鍾山鄉（二〇〇四年五月，歌舞鄉併入鍾山鄉）變了樣，一片片別墅拔地而起，世界各種豪車停在了門口。

快遞點燃了千千萬萬農民的希望，令他們熱血沸騰……

賴梅松成功時，杭州麗水路的木材市場成為歌舞鄉駐杭辦，親戚、同學、朋友到了杭州都往他那兒跑，有找他幫忙的，有找他借錢的，他是來者不拒；在杭州做生意或打工的，沒事跑過去喝喝茶，聊聊天兒，吹吹牛，打打牌，他也陪著。來的人越來越多地聊起申通、天天和聶氏父子，他們說起詹際盛、陳德軍來就像法拉利跑車，眨眼工夫就躥到每小時三百多公里，踩剎車都剎不住。歌舞鄉初級中學的同學大都做了快遞，在申通陳德軍的麾下。

6 大陸電影《紅色娘子軍》中的人物，海南島椰林寨惡霸地主南霸天的丫頭，對南霸天有著血海深仇，一次又一次反抗逃跑，一次次地被抓回，慘遭毒打，最後加入了紅色娘子軍。

歌舞鄉初級中學是一所不大的鄉村學校，每屆兩個班，每班四十名左右學生。這所中學被戲稱為中國快遞的黃埔軍校，為中國快遞培養了一大批精英，除賴梅松、賴建法、商學兵他們三人之外，還有聶氏兩兄弟——聶騰飛、聶騰雲，以及陳德軍和「三通一達」的各路諸侯與將領。喻渭蛟的夫人——張小娟也是那所中學畢業的。有句名言：「女人是男人的學校。」按此邏輯，雖然喻渭蛟沒在歌舞鄉初級中學讀過書，也算是半個學生。

沒有張小娟也許就沒有圓通。在喻渭蛟窮困潦倒、走投無路之際，她給喻渭蛟指出了這條明路。她的同學和親友都在外邊做快遞，尤其是喻渭蛟的同行——木匠陳德軍已經腰纏萬貫，風光無限。

在那段日子，同學見面不僅跟賴梅松聊快遞，聊申通，聊老同學陳德軍，還有人直言不諱地勸他去做快遞，做申通的加盟商。賴梅松由不為所動到心動，由心動到行動，最後踏上快遞這「一半是海水，一半是火焰」的行當。

賴梅松接下的第一票很可能在途中「爆炸」。二〇〇六年以前，專營信件的快遞公司僅有一家，即國務院批准的中國郵政速遞物流股份有限公司，簡稱EMS。在中通成立的一個多月前，也就是二〇〇二年四月十七日，國家郵政管理局推出新規，禁止民營快遞公司接收輕於五百克的郵件，而且要求私營公司在快遞的收費標準上，要高於EMS。

大多數信件都沒超過五百克，郵政抓住就得罰款，少則數千元，多則數萬元。可是，在二十一世紀初，電子商務像一窩剛出蛋殼的雛鳥兒，還閉著眼睛，張著黃嘴丫的小嘴，快遞業務基本上都是信件，民營快遞不做信件就等於自絕，不得不鋌而走險。

創辦中通之前，賴梅松對快遞市場進行了一年多的研究，清楚民營快遞前有堵截，後有追兵，生存環境極為惡劣。國際快遞巨頭早已進入中國市場。一九八四年，美國的聯邦快遞作為航空快遞公司進入中國。兩年後，德國的敦豪通過與中國對外貿易運輸集團總公司合資的方式進入中國。

改革開放之初，中國猶如一個專門生產低檔廉價消費品的破舊的大車間，出口的產品極其有限。誰知在世紀末，這個大車間就像被重新裝修過似的煥然一新，流水線上的低檔廉價消費品越來越少了，最後幾乎不見了，高新科技產品一浪接一浪湧了上來。中國加入世貿組織以後，放鬆了對公司所有權的限制，允許外國公司在中國的合資企業中占有百分之七十五的股份，外商像一大群一大群的鳥兒飛越大西洋、太平洋落在中國這片神奇的土地。二〇〇二年，已有數萬家外國公司在中國從事各種業務，對快遞的需求像一壺燒開的水，吱吱響著，冒著騰騰熱氣。聯邦快遞抓住了時機，成為第一家向中國內地客戶提供服務的國際速遞商。

二十世紀九〇年代，隨著申通、順豐、宅急送等民營快遞崛起，ＥＭＳ獨攬天下的局面被打破。民營快遞像一群被困了幾輩子的餓狼，野性十足，有著狼吞虎嚥的生猛與強悍，在ＥＭＳ和國際快遞巨頭面前，他們就是山寨版的ＤＶＤ，擁有超強的糾錯能力，不論正版的還是盜版的光碟都不在話下……他們掃蕩過的，近乎寸草不留。

按中國法律規定，信件是國家撥進ＥＭＳ盤子的菜，他人是動不得的。「三通一達」是農民快遞，農民對這些「規矩」沒什麼概念，他不管是誰的菜，也不管菜在誰的籃子裡、誰的盤子裡、誰的碗裡，只要吃得著、吃得下，絕不客氣。

中國農民經歷過戰爭，經歷過土地改革，經歷過農村合作化運動，也經歷或正在經歷市場經濟浪潮，他們已不再膽小怕事，唯唯諾諾，不再愚昧無知，沒見過世面，他們已變得機智勇敢，變得「可上九天攬月，可下五洋捉鱉」。俗話說：「光腳的不怕穿鞋的。」在城裡打著「赤腳」的農民怕什麼，還有什麼可失去的麼？他們在城裡沒有戶口，沒有檔案，也沒有組織關係，連熟悉他們的父老鄉親都不在身邊。他們或不清楚郵政局的規定，或不接受城裡人的規定，農村人若按著城裡人制定的遊戲規則出牌，那就沒什麼機會了，或去掃大街、搬運煤氣罐，或在建築工地上賣苦力，想出人頭地恐怕沒門兒。他們或許不按常規出牌才有希望取勝。

無論革命還是建設，農民問題一直是中國的根本問題。沒有農民，中國的無產階級革命也就等於從馬克思、列寧那複製來的一張圖紙，沒有材料去建。沒有農民恐怕中國的改革開放就像一輛僅有轉向輪，沒有驅動輪的跑車，開不起來。鄧小平是偉大的，他老人家知道中國的改革要從農村開始，而且必須從農村開始，從別的地方開始就錯了。中國擁有八億農民，這是一片汪洋大海，能承載中國改革開放的巨輪乘風破浪，高速前行。可以說，中國近百年來，農民是付出最多的。

沒有農民就不會有民營快遞。在二十世紀末和二十一世紀初，城裡人是絕對做不了快遞的。農民給中國的快遞市場帶來了生機和活力，帶來了慘烈的競爭，帶來了兵荒馬亂和狼煙四起，也帶來了勃勃生機和繁榮發展。

「好虎架不住群狼」，何況中國快遞「御林軍」——ＥＭＳ猶如連老鼠都懶得抓的寵物貓呢。ＥＭＳ節節敗退，慘失半壁江山，國內市場份額從百分之九十七跌至百分之四十。中國政府一九八六年制定並實施的《郵政法》明文規定：「信件和其他具有信件性質物品的寄遞業務由郵政企業專營……」在二十世紀末新世紀初的一百票快件中有幾件不是信件？EMS右手握著尚方寶劍——《郵政法》，左手握著辦理「超常規郵件」的特權——他們的車可以跟郵政車一樣在城市暢通無阻，他們的郵件可享受鐵路、民航的優先裝運權，國家還規定黨政司法機關的文件必須由EMS投遞。

可是，他們偏偏就敗了，敗得毫無道理，敗得毫無尊嚴。不過，反思一下，他們似乎也只有這麼一條華容道[7]好走。歷史的經驗告訴我們，不論對企業還是對兒子，都不能過分地嬌生慣養，不能讓他們養尊處優，過著「飯來張口，衣來伸手，無憂無慮」的日子，否則他們就會喪失競爭力，就是把尚方寶劍和特權交到他們手裡，他們也拎不起，捧不動。最終，他們對付不了競爭對手，卻對付得了老子，會殘酷地、無恥地「啃老」。

孩子哭了要找娘。中國國家郵政管理局沒有反思，像兒子被打老娘出戰似地又推出新法規不許順豐、中通等民營快遞公司快遞信件，要求它們的收費價格高於EMS。中國國家郵政管理局解釋說，這樣有利於促使服務標準化，並防止一些小投遞商靠壓價獲取市場份額。可是，這樣就能讓EMS振作起來，重返霸主地位麼？

各地郵政局和EMS開始了大規模的執法檢查，動不動就扣件罰款。可是，民營快遞是游

[7] 編按：華容道，典出《三國演義》。赤壁之戰結束後，曹操的船艦被劉備燒了，引領軍隊從華容道撤退，路上遇到了泥濘，道路不通暢，又颳起了大風，沒辦法只好讓羸弱的士兵揹著草填在馬下，騎兵才能過去。羸弱的士兵被騎兵踐踏，陷於泥中，死者很多。

擊隊，神出鬼沒；執法部門是八小時工作制，而他們擁有二十四小時的機動靈活，結果罰的沒有賺的多，執法就像在熊熊烈火中滴幾滴水，改變不了火勢的蔓延。

好在後來郵政系統及EMS進行了反思，吸取市場教訓，重新整頓思路和隊伍，開始置之死地而後生的二次革命，同樣也贏得了市場的尊重，但這已是後話了。

而此時快遞市場已初具規模，每年全國約有兩三億份額，華東地區已有二十幾家快遞公司，除申通和天天是大魚之外，韻達、圓通還屬於小魚小蝦。不過，競爭越來越激烈了，不時有快遞公司倒閉，在中通成立的一個月前就傳出路通快遞關門的消息，這猶如黃浦江的浪，一波消失了，又一波湧了上來。

三、融入快遞江湖的第一鏢

沉重而寧靜的夜幕遮去了白晝的喧囂與歡騰，上海灘的霓虹燈競相鬥豔，閃爍著不甘落後。開業一天的中通到了盤點的時候，各網點的電話打來，算盤「劈哩啪啦」幾下結果就出來了。那一天，中通全網總共收了五十七票快件。

按原計畫晚上八點，中通的網絡班車從上海和紹興等地同時出發。不過，原計畫肯定不會是五十七票，這數不能說少，不過足以讓人失望，這種失望也許就像爬到七層樓時掉了下來，還好沒掉在地上，被五層的陽臺給接住了，心臟在跌的瞬間失重了，忽悠那麼一下子，還好，總算沒把希望摔個粉碎。

不過，在此之前，中通已嘗到過失落的滋味。路通公司倒閉後，他們想把那一班人馬拉過來，對於新成立的公司來講，能吸納這批富有經驗的員工那是再好不過的了。經過幾番接觸，條件答應了，待遇談妥了。中通敞開大門迎接新員工加入，沒想到對方卻投到其他公司門下。也許那夥人覺得中通弱小，對前景不大看好。

開業前，賴梅松、賴建法、商學兵等人進行過縝密策畫，不管怎麼說這裡也是總部，哪能僅跑一輛車？又租了四輛車。當時，一家快遞能開通五輛網絡班車已經很了不起了，作為「三通一達」的老大——申通也就開通五輛。上海到杭州，再到寧波的運費是四百八十元人民幣；上海到無錫，再到南京的運費是四百五十元人民幣，還有紹興開到無錫……每天僅租車的費用就要兩千六百三十元人民幣。

下邊的網點建立起來了，上海四個區：龍灣、閘北、虹口和楊浦，每個區設立一個網點，由賴梅松和賴建法投資。他們還花了三萬五千元人民幣在閘北盤下了一個店，作為這四個網點的辦公場所，配了一輛五菱麵包車。商學兵坐鎮溫州，賴建法坐鎮杭州，崑山、蘇州、無錫等地也都設立了網點。

開業前兩天，賴梅松主持召開了中通第一次網絡會議，十幾位各路「諸侯」聚集在上海普善路二百九十號。條件簡陋，沒有會議室，只好每人一個板凳，散坐在幾十平方米的院內。經過一番商議，確定了網絡運營方案，班車幾時出發，幾時抵達，在哪兒交貨，如何交接等事宜。

全網二十多個網點僅收五十七票快件，連申通的一個上海網點的業務量都不如。區區五十七票快件，一輛三輪車都裝不滿，卻分裝在五輛網絡班車上，平均每輛車裝十一點四票。在這五輛車中，最小的江陵五十鈴的容量是十三個立方，大的是二十一個立方，這些快件裝上去，幾乎什麼也沒裝，跑的是空車。有人盤算了一下，每月班車的費用就要五萬元，再加上房租和人吃馬餵，一個月怎麼也得七八萬塊，前期投資的五十萬元沒幾個月就得賠光，想到這兒，大家心裡猶如十五個吊桶打水，七上八下起來。

貨裝完了，車廂空空蕩蕩的，他們的心裡也是空空蕩蕩的。這車還要不要發？眾人的目光落在賴梅松的臉上。賴梅松目光淡定，穩如泰山，揮揮手：發車！

其實，五十七票並不算少，兩年前，圓通起步時，每天也就五十票左右。不同的是，喻渭蛟領著那十七條「好漢」像游擊隊似地住在部隊招待所裡，白天分散出去，連喻渭蛟都下去「掃樓」收攬快件。凌晨，喻渭蛟的夫人張小娟要從床上爬起來，到上海火車站接件。回來後，她還要將件一一分好，交給下邊的快遞員去送。

不過，世界快遞史上最慘的一幕不在中國，而在過去的世界第一快遞大國——美國。一九七三年三月十二日晚，達索爾特鷹式貨機呼嘯著飛離跑道，衝上雲天，拉開了美國聯邦快遞試運行的序幕。

當時，聯邦快遞的網點分佈在十個城市，擁有幾百名員工和二十三架噴氣式飛機，其中的十架已改為貨機。他們早在一個月前就開始為這一天做準備，為收攬足夠的快件，所有業務員像螞蟻似地從早到晚地忙碌著，公司天天晚上召開電話會議，瞭解情況，佈置任務。二十多天前，公司銷售與客戶服務高級副總裁估計了一下，開業那天起碼有三千票；經過一週的盤問和核實，數量從三千票跌至三百票。開業那天，媒體的記者趕到這家美國有史以來第一家承攬包裹郵遞業務的航空公司採訪，卻發現機艙裡空空如也，原來僅有七票，其中的一票還是總裁弗雷德里克・W・史密斯送給朋友的生日禮物。聯邦快遞開業的第一天，六架飛機運送了七個包裹！

一個多月後，聯邦快遞正式持續營運時，動用十四架貨運班機，三百八十九名員工，運送一百八十六個包裹，平均每架飛機運送十三個包裹，這種空運不僅令人失望，甚至足以將希望摧毀。可是，弗雷德里克・W・史密斯卻堅持了下去。結果呢，二十六個月，虧損兩千九百三十萬美元，欠債主四千九百萬美元。一九七五年七月，即開業兩年四個月後，聯邦快遞出現了盈利。按這樣的週期計算，前期投入五十萬元的中通如何挺得住？

在「三通一達」，也只有中通是穿著「鞋子」[8]起步的，儘管鞋子沒有像赫爾墨斯和聯邦快遞那樣帶有翅膀，但起碼有四個輪子，成本也是相當高的。中通的三位兄長都是光著腳起步的，也就是說虧本的壓力近乎為零，不過，他們付出的艱辛也超出人們的想像。

天空猶如墨潑，夜幕越來越濃，一個送件人揹著一隻蛇皮袋匆匆趕到杭州火車站。買票，進站，上車，這一系列動作已熟稔得像錢塘江水似的流暢。他登上晚八九點鐘開往上海的列車。昏黃的燈光，兩車廂交接處和過道擠滿了旅客，他像一尾魚機靈地擠過人群，在過道裡找個空，鋪上一張報紙，熟練地抱著蛇皮袋子蜷著身子坐下。

車輪「嘡　嘡」地撞擊著鐵軌，車體不停地搖擺，用現在的眼光看，那列火車實在太慢，而且像老牛拉破車似地走一段就得喘一陣子氣，歇一會兒。每逢到站就有一雙雙或大或小的腳，拖著或重或輕的行李從聶騰飛身上邁過。粗魯的漢子不耐煩地粗聲粗氣罵幾聲，上海的

[8] 「鞋子」，指噴氣式飛機。

「阿拉」輕蔑地叫一聲：「小赤佬，擋了道兒了。」他抱歉地站起來，側過身去把道讓開，不過那隻蛇皮袋子卻緊緊地抱在懷裡。袋子裡裝著外貿公司報關單，那是萬萬丟不得的。

火車宛如搖籃，逛蕩來逛蕩去，逛蕩得他睡了一覺又一覺。三四點鐘，正當他疲憊不堪地邁向夢鄉深處時，火車「嗚」一聲進了上海站。他一下車就看見早已候在灰濛濛晨霧中的接件人。兩人匆匆交接，甚至連話都來不及說，一個轉身出站，要在海關上班前將報關單送到；一個返身上車，坐那趟車返回杭州，再去外貿公司攬件……

隨著網絡的擴張，業務的發展，送件的戰線也越拉越長，從上海、杭州，延伸到紹興、寧波……兩路人馬半夜裡對著走：一路從上海到寧波，一路從寧波到上海。這時，上海、杭州的快遞公司也多了起來，送件人不再去搶車廂裡的座位，每家公司的送件人都守著一個兩節車廂連接處，比如八號至九號的連接處是申通的，九號到十號的連接處是天天的，十號到十一號的連接處是路路達的……各有各的地盤，互不侵犯。嘉興的不僅要接件，而且還要把發往杭州、紹興、寧波的件送來。

車站管控嚴了，接件人進不了站怎麼辦？這是難不住農民的，他們有的是對付「鐵老大」的辦法，寧波的送件人買的是紹興的票，紹興接件人持杭州的票進站，接頭後兩人不僅交換快件，也交換車票，接件人拿著寧波到紹興的車票出站，送件人拿著紹興到杭州的車票去下一站，在杭州仍如此炮製……這不但解決了進出站的問題，沿途各網點還分攤了成本。

隨著貨物越來越多，送件人不再拎一隻或兩隻蛇皮袋子了，而是大包小裹好多件，堆得像座山似的。列車上的售貨員煩了，列車員煩了，列車長也煩了。

「你怎麼著啊？天天大包小包地占著連接處，把這兒當成你家了？補票！」好說話的讓你補票，不好說話的讓你下去。農民自有農民的智慧，知道怎麼對付。於是，買兩瓶礦泉水，來兩碗泡麵，我都消費了，你總該放過我吧？

最可怕的是春運，車站人山人海，車廂擠得像罐頭似的，幾乎是前門擠進一個，後門就掉下一個。送件人大包小裹地揹著、抱著，接件人艱難地接件、遞件……

中國農民沒有西方快遞的貨機，也沒有EMS的郵車，他們卻像《南征北戰》[9]中那句經典的臺詞：「我們的雙腿一定要跑過敵人的汽車輪子。」他們的確跑過了，中國的農民不僅勤勞而勇敢，而且富有智慧和創意，他們像魯迅先生說的那樣在沒有路的地方，用自己的鮮血和生命走出了一條路。

我不禁想到，弗雷德里克・W・史密斯若知道中國農民是這樣做快遞的，會有什麼感想？會瞪大眼睛，不可思議地搖搖頭，還是歎服不已？

中國農民就這樣打敗了他們。倘若沒有這些農民快遞，在美國聯邦快遞（FedEx）和德國的敦豪（DHL）等國際快遞巨頭大舉進入下，也許中國的快遞市場將像波蘭遭遇希特勒入侵那樣慘不忍睹。

隨著兩掛長鞭在空中炸響，中通的網絡班車在鞭炮聲中駛出普善路二百九十號大院，匯入滾滾車流。賴梅松望著融入夜色的網絡班車，望著金杯麵包那紅紅的尾燈，它到底預示著停

---

[9]《南征北戰》，一九五二年上海電影製片廠拍攝的黑白電影和一九七四年北京電影製片廠拍攝的彩色電影。影片內容以解放戰爭中的國共較量，歌頌毛澤東軍事思想的偉大、人民戰爭的巨大威力和人民軍隊的戰無不勝。

止，還是希望？

中通腳下的四個輪子跑了起來，業績不盡如人意，第二天全網的業務量比第一天多二十二票；第三天比第二天多了三十二票，儘管遠沒達到預期效果，卻在一點點地上漲。

02 天井嶺那條彎彎的山路

一、藍眼睛的老史與黑眼睛的老賴

老史，即聯邦快遞創始人弗雷德里克·W·史密斯是一個瘋狂的冒險家，是一個執著的追夢人。一九六五年，在耶魯大學攻讀政治經濟學時，老史居然發現電腦將對商業社會產生巨大影響，傳統的物流運輸無法勝任電腦化，於是乎一個在常人看來不著邊際的夢想——航空快遞就產生了。

對中國人來說，夢想往往是隱私的一部分，是不可以輕易告訴他人的。美國人老史卻將這一夢想寫進十五頁的經濟學報告。荒誕，絕對的荒誕！導師在他的報告上打了一個「C」！那「C」字就像導師被氣歪了鼻子：怎麼會有這麼不著調的學生，用飛機搞快遞，虧他想得出來！老史的夢實在是太超前了，當時連傳真機還沒有，空運一件貨物往往要經過數家航空公司轉運才能送達。在導師的眼裡，快遞也就能送送外賣、送送比薩餅什麼的。

二十一歲的老史在耶魯大學做航空快遞之夢時，賴梅松還沒在中國誕生；一九七一年，二十七歲的老史將航空快遞的夢想付諸實踐時，浙江省桐廬縣歌舞鄉天井嶺村的老賴——賴梅松剛剛一歲，還在咿呀學語，蹣跚學步，老史不知道有賴梅松，賴梅松也不知道有老史。

二十一世紀初，他們的夢想像兩條弧線相交時，老史的夢早已實現，已成為世界五百強、世界四大快遞巨頭之一的聯邦快遞集團總裁，賴梅松的夢剛剛起跑，不在同一量級。可是，不論人還是企業，只要是一種生命的存在，就像奔跑在馬拉松的跑道上，誰知道誰會超過誰，誰能笑到最後？

賴梅松與老史絕對不是一類人，指的不是黃頭髮、藍眼睛的老史和黑頭髮、黑眼睛的老賴之間的比較，這與頭髮和眼睛無關，與東方人和西方人無關，與彼此的DNA也無關，關乎他們的家庭背景、生存條件、生命起點。

老史出生於美國田納西州孟菲斯城的運輸世家，祖父當過船長，父親在美國南部地區經營過灰狗長途汽車公司。老史十五歲就讀於孟菲斯大學預科，十八歲進入耶魯大學，二十二歲被任命為海軍陸戰隊中尉，二十五歲買下阿肯色航空銷售公司的控制權，二十七歲創辦聯邦快遞。祖父是搞水運的，父親是搞汽運的，老史則是航運和汽運，人家一家三代把水陸空運占全了。

賴梅松的祖父是農民，父親是農民，他也是農民，他不可能像老史那樣一下子就夢想做航空快遞。他們兩人的夢想就好比快遞的起步，人家老史一上來就是二十三隻像「赫爾墨斯」那樣的帶翅膀的「鞋子」（噴氣式飛機）。二十三隻「鞋子」同時呼嘯著飛上天空，那是什麼景象？黑壓壓一片，可以用遮天蔽日來形容。賴梅松起步時只有五隻帶輪子的「溜冰鞋」[1]，其

[1] 「溜冰鞋」，指汽車。

中四隻還是租的。

什麼是夢，夢就像數學講的射線，由端點向一側無限延伸。條條大道通羅馬。假如你的夢想是羅馬，你要坐火車去的話，哪一個停靠站不在你的夢裡？不經過那些停靠站，火車到得了羅馬麼？再說，火車的終點站要是羅馬的話，它到那兒就不走了，你也不走麼？你還得走，你的夢要像射線那樣在歲月中無限延伸⋯⋯

人生下來就不平等，有的人離羅馬很遠，有的人離羅馬很近，還有的人生在了羅馬。賴梅松的夢跟老史有所不同，老史是二十一歲就想到自己的羅馬——航空快遞，賴梅松二十一歲時夢還在去羅馬的停靠站上。為什麼呢？老史身在耶魯大學，那是與哈佛大學、普林斯頓大學齊名的世界名校，站得高就看得遠，他知道自己的羅馬在哪兒；賴梅松出生在天井嶺村，他的夢註定要從那裡起航，要一點點地走出那閉塞的小山村。二十一歲的他還在山裡邊做木材生意，在那兒望不見自己的羅馬，也夢不見自己的羅馬。後來，他從歌舞鄉到了省城，又從省城到了上海。上海是一個廣闊的天地，在那裡是可以大有作為的，那裡有夢想的機場，有夢想的跑道。賴梅松三十二歲時夢想才正式起飛⋯⋯

古人將四周為山、中間低窪的地形稱為「天井」。賴梅松就誕生於這樣的山坳裡。這山坳叫「天井嶺」。「天井」裡住著十幾戶人家，都姓賴。他們守著一座祖墓。墓碑刻著：「大清嘉慶拾玖年十一月上浣日吉旦，松陽郡、念三世先祖考秉信賴公、妣夏氏孺人之墓。」說的是這碑立於一八一四年十二月十二日，葬的是賴秉信和夏氏，他們是從浙江麗水市松陽縣西那邊過來的。

兩百多年前，不知是戰亂、饑荒，還是避禍，賴氏兄弟離開故鄉福建古田，在浙江松陽短居後來到桐廬。在歷史上桐廬是個逃荒、逃災、逃難的好去處，這裡村莊或分散在富春江和分水江邊，或散落在山坳裡，只要辛勤勞作就有飯吃。桐廬有許多村莊是以姓命名的，如沈家村、范家村等，他們大都是從外邊移民過來的。其他賴氏兄弟去了建德，秉信公留在了天井嶺。秉信公有三子，這十幾戶人家即這三個兒子的後代。賴梅松家是老三的後人。

一口「天井」，一座祖墓，兩百來年的歲月像雲似地悠然飄去，山還是那座山，嶺還是那道嶺，一戶人家已繁衍成十幾戶，變成一個自然村。天井嶺與外邊的唯一聯繫就是一條在山上繞來繞去的羊腸小徑，外邊的東西要肩挑著從這條小道進去，村裡的山貨要揹著、扛著從這兒出去，從村到鄉要走三點五公里，路上不見人煙。偏僻、閉塞、瘠薄和貧困像一道道鎖，將秉信公的後裔困在「天井」，也將其他姓氏人家拒之在外。

賴氏幾代的夢想在這漫長的歲月中變得既柔軟、悠長和堅毅，又現實、簡潔、相似，那就是要過上好日子。什麼是好日子？吃穿不愁就是好日子。俗話說：「民以食為天。」他們憂的是這片天。他們的夢想是那麼原始，那麼淳樸，那麼沒有海拔高度。賴家一代接著一代化為一抔黃土，夢想還在「天井」，夢想的好日子還在千里之外。

賴梅松的父親十歲才上學讀書，僅讀一個學期就輟學了。他的母親病故，丟下六歲和八歲的弟弟妹妹沒人照料。輟學後，他不僅要照管弟弟妹妹，還要去生產隊上工。在生產隊，他連個勞力都不算，起早貪黑，拚死拚活地幹一天，才能掙三個工分，那日子苦不堪言。那時，人被戶口拴住了，戶口像座山，是移不得的，社員連夢都像天井裡放炮，傳不出去。

在賴梅松的童年，賴家的日子略有好轉，仍然是苦，一家人填飽肚子就不錯了。一九七六年，賴梅松上學了，學校在歌舞鄉。

歌舞，這是一個多好聽的名字。上山下鄉的年代，知青放棄離城市近的公社，爭先恐後地填報歌舞公社，結果一到地方就哭了，一個偏僻落後的窮山溝，你憑什麼叫歌舞，你有什麼資格叫歌舞，你有什麼值得歌舞的？

誰知這荒郊野嶺竟有歷史掌故。兩千五百年前，伍子胥被楚平王的手下一路追殺，逃到這個杳無人煙的荒山野嶺。這裡易出不易進，易守不易攻，追兵沮喪而歸，伍子胥喜出望外，亦歌亦舞，於是後人將此地稱為「歌舞」。真不知該為沒人追殺而手舞足蹈的伍子胥感到慶幸，還是為祖祖輩輩生存在這衰草寒煙中的農民心生同情。

歌舞是公社所在地，相對天井嶺不知「繁華」到哪裡去了，不僅人氣比天井嶺旺，還有衛生所和小賣店。中國那時還像老牛拉著的木輪車，行走在荒野，也可以說是處於休眠或半休眠狀態。幾十年過去了，道還是那條小道，房子也還是那幢房子，有變化的可能是住在房裡的人，原來的主人故去了，兒子成了戶主。從天井嶺到歌舞還是那條羊腸小徑，既沒寬一分，也沒短一寸，變化的是揹著書包走在道上的孩子。

一九八五年八月三十日晚上，在歌舞讀完初中的賴梅松沖洗去汗水和幹了一天農活的疲勞，換件乾淨襯衫，就去鄰居家看電視了。那臺尺寸不大的黑白電視機將全村人聚攏在一間堂屋，前邊的坐小板凳，後邊的坐椅子，再後邊就得站著了。電視在播報當地新聞，播音員說，全縣中小學今天開學，接著螢幕上出現一群群中小學生揹著書包，歡聲笑語地去學校報到的鏡頭。

這猶如海嘯將賴梅松的內心摧毀，淚水奪眶而出，模糊了視線。光線黯淡，鄰居沒發現他眼裡的淚光，熱情地遞過小板凳，讓他坐在前邊看。他卻默默地轉身離去。兩個月前，他遭遇人生第一場滑鐵盧，中考失利，落榜了。歌舞鄉初級中學的教學水準很差，在兩個班八十多個畢業生中，他考了第二名，卻以三點五分之差與高中失之交臂。第一名過了錄取分數線，他叫賴建法。賴建法也是天井嶺的，他們兩家斜對門，從小他們倆就像親兄弟似的形影不離，有時候晚上擠在一張鋪上睡覺。

高中沒考上，對十五歲的賴梅松來說無異於一場毀滅性的打擊，不僅不能跟賴建法一起讀書，而且幾代人的「走出大山，過好日子」的夢想像一個巨浪摔在礁岩上，失意、惆悵、負疚、沮喪、鬱悶像泡沫似地從心裡泛起。對賴梅松來說，讀書就像他大伯家屋後的那條羊腸小徑，是離開天井嶺的唯一的一條路。

賴梅松是長子，下有一弟，他把父母和弟弟過上好日子的希望全都寄託在自己讀書上了。從小學到初中，賴梅松的學習成績名列前茅，數學尤為突出。小學五年級時，他在數學測試中獲得第一名，還代表歌舞鄉中心小學的四五百名學生去縣裡參加過應用題競賽。

在落榜的那個夏天，賴梅松像丟了魂似的，為忘卻心靈上那難以封口的重創，他沒日沒夜地跟著父母備料，準備造新房。他家跟叔叔住在同一棟老屋裡，孩子小時不覺得怎麼樣，隨著他們哥倆和叔叔家的四個兒子像地裡的玉米似地躥了起來，那幢老屋就變得逼仄了。天井嶺既不通公路，又沒有磚瓦窯，村民蓋房子只能就地取材。山裡不僅不缺泥土沙石，也不缺木頭。

山林不像泥土，那是村裡的集體資源，砍伐需要報批。不過，都是本家，關係和睦，不論誰家想造房子，村裡都會一次性批給六立方木頭，每立方米象徵性地收個十元、二十元。不收不合適，收多村民也出不起。村裡的木頭實惠，價錢便宜，數量粗放，六立方米拉到木材市場起碼有十一二立方米。

兩個來月過去了，賴梅松內心深處的創口似乎結痂，報到卻像指甲將痂揭下，血又滲出來。賴梅松面對那月朗星疏、蟲鳴蛙鼓和颯颯山林，對知識的追求、對成才的渴望，以及走出大山的夢想，在心裡翻騰著。不讀書留在村裡做什麼？難道像父親那樣種番薯，像母親那樣養豬？

第二天一早，他騎著跟親戚借來的自行車，去了畢浦鄉。一位在歌舞教過幾十年書的民辦教師[2]考取了公辦[3]，被調到畢浦鄉初級中學任教導主任。這位老師不僅教過賴梅松數學，還對他特別賞識。畢浦鄉比歌舞鄉大很多，那所中學不論在規模還是在教學品質上都比歌舞的強，還開辦一個中考補習班。

「老師，我想復讀，明年再考。」賴梅松走進教導處，滿眼期盼和懇求地望著老師。

賴梅松騎了二十來公里車子，已滿頭大汗。山道難行，上坡下坡，溝溝坎坎，時而人騎車，時而車騎人，有些路段誰也騎不了誰，他只能推車走。

---

2 民辦教師：指中國中小學校沒列入國家教員編制的教學人員。為農村普及小學教育補充師資不足的主要形式。除極少數在農村初中任教外，絕大部分集中在農村小學。

3 公辦，指公辦教師，即列入中國國家教員編制的教學人員。

「按你中考的分數是完全可以來復讀的……」老師惋惜地望著這位得意門生說道。有書讀了，過上好日子的夢可以圓下去了，猶如沉悶的石板被撬開一道縫隙，陽光照射進來，賴梅松欣喜不已地望著老師，不知說什麼好。

「不過，復讀班是要收費的，學費一百六十元，再加上其他雜費，要收兩百元錢。」老師說。

希望的光線被「不過」的陰雲遮住了。去的路上，賴梅松恨不得一下子就趕到畢浦，回家路上卻忽而欣慰，忽而惆悵，忽而心裡充滿陽光，忽而黑雲壓城似的沉重。讀書給他的夢想以翅膀，讓他知道天井嶺村、歌舞鄉之外的精彩世界，讓他越來越不甘於像父母那樣面朝黃土背朝天地種一輩子地，不甘於在這樣荒寂、閉塞、單調、乏味的「天井」裡度過自己的一生。

賴梅松相信經過這次中考的重創，再復讀一年，自己肯定會考取縣裡的高中，何況這次僅差三點五分。上了高中就有希望考大學，讀了大學就有希望留在像縣城那樣的城鎮。他若考上大學，不僅走出了深山，也算光宗耀祖了。不過，讀書的「前途是光明的，道路是曲折的」，比大伯家屋後的那條羊腸小徑還要難走，不要說天井嶺村，就是歌舞鄉也沒有學生考入高等學府。這些年來，天井嶺也有人走出山去，走的是招親路線，女的嫁到外邊，男的去外邊當上門女婿。賴梅松的父母也不是沒有這種想法，只是跟外邊的接觸很有限，找不到合適人家。

兩百元的學雜費，對天井嶺的農家來說不算是小數，父母拚死拚活地幹兩年也攢不下這麼多錢。他知道家裡有一千元錢，那是父母積攢了大半輩子，想用來造房子的。

賴梅松從小就懂事，七八歲時跟賴建法上山砍柴，十來歲時跟著村裡的孩子去採箬葉，天還沒亮，他就領著弟弟出門了，翻過一座又一座的山，走三四個小時的山路才到採箬葉的地方。天氣溽熱，箬葉林茂密，一點兒風都沒有，在林裡割不大一會兒渾身上下就像水洗似的了。採箬葉是重體力勞動，每次去時媽媽都給他們哥倆的飯盒裡加一個辣椒煎蛋。平常是沒有雞蛋吃的，雞下的蛋要拿到鄉裡去賣，用那錢買鹽，買課本。回來時，山越來越高，箬葉兒越來越沉，腿越來越軟，走走歇歇，越歇越長，揹到家時早已是星星點燈，雞鴨進窩了。

窮苦讓賴梅松很小就知道體諒父母。上小學時，家裡每個禮拜給他兩毛錢，他不花，把錢揣回來交給家裡。小學五年級時，他代表歌舞鄉中心小學去縣城參加數學應用題競賽，那是他第一次出山，窮家富路，母親給了他兩元錢。那兩元錢在他的小手裡攥了一路，即便暈車暈得一塌糊塗也沒撒開。對山裡的孩子來說，縣城裡的誘惑實在是太多了，有各種好吃的，有各樣好玩的，讓他們目不暇接。賴梅松卻一分錢也沒花，把那被攥得濕濕的錢又還給了媽媽。

暮色四合，大山一派蒼茫，賴梅松到家跟父母說想去復讀。

父母極為質樸，質樸得像天井嶺的土地，像山上的石頭，像一片樹林。

「過幾天家裡就要造房子了，你復讀，幫忙的人蓋什麼？」媽媽擔憂地說。

復讀要住校，住校要帶行李，媽媽擔心的是他把被子帶走了，幫忙的人沒蓋的，兩百元的學雜費，媽媽卻沒提。

賴梅松看了看沒有表情的父母，又看了看那黑沉沉的夜色，什麼話也沒說，洗漱一下就回房間了。他躺在床上輾轉反側地折騰了一個晚上，第二天早晨起來時，他已把復讀的想法折騰沒了。

採訪時，提起這事兒，父母說，為一床被子，賴梅松沒去復讀。賴梅松說，不是為一床被子，而是為了兩百元的學雜費。

誰說得對？可能都對，淳樸的母親在意的是那床被子，家裡被子不多，兒子去畢浦鄉復讀怎麼也得帶一條過去，這樣幫忙造房的人來了就沒有蓋的了；賴梅松在意的是兩百元的學雜費，在那閉塞的天井嶺本來就沒什麼來錢道，父母好不容易攢下造房子的錢，自己哪忍心擠出來兩百元去交復讀費？

如今提起這件事，賴梅松說：「我的父母去過最遠的地方就是縣城。父親才讀過半年書，母親一天書都沒讀過，他們也沒接觸過什麼讀書人，讀書有什麼好，他們看不到，在他們的心目中把家門口的茶葉弄得好一點兒、番薯種得比別人家大一點兒、豬養得比別人家肥一點兒、每年的收成比別人家好一點兒也就很好了。」

二、第一桶金

畢業後，猶如番號吊銷，部隊解散，朝夕相處的兄弟各奔東西，賴梅松最好的哥們兒賴建法扛著行李，風風光光地離開了天井嶺，去桐廬縣城讀高中了；住在他家對門的另一位同學——賴建昌，被當村支書的父親送進歌舞鄉，在鄉政府當了會計；性情溫和的陳德軍去學木匠，然後進城搞裝修了；那個白白淨淨，身材瘦削的商學兵跑到縣城蹬三輪車去了；班裡那個漂亮的女生張小娟去了寧波……

夢想離開天井嶺的賴梅松卻留了下來，他變得深沉了，不時有片不甘的雲彩從臉上飄過。

不過，他很快就被數學應用題吸引住了，這道題比課堂做過的所有題都更為綜合，更為複雜，更為煩瑣。他沉浸在計算所帶來的歡愉與愜意之中。家裡造房子了，他計算起材料費、賒欠款、每頓飯的伙食費，還有怎樣省工省料……

數學老師說賴梅松有數學天分，這似乎僅說對一半。大凡有經商潛質的人都有數學天分，有數學天分的人不見得經得了商。房子造好了，賴梅松的經商潛質得到了充分發揮，要讓幫忙建房的人吃得好，吃得飽，每頓飯要幾菜幾湯、幾葷幾素。那年月，平常日子是吃不到肉的，有一首童謠反映了當時的狀況：「小孩小孩你別饞，過了臘八就是年；小孩小孩你別哭，過了臘八就殺豬。」吃肉是件多麼奢侈的事，被列為過年的項目，平常日子，不年不節，不辦喜事，不造房子，誰家捨得買肉？肉價比青菜蘿蔔要貴十幾倍，甚至幾十倍。

賴梅松發現豬頭便宜，買兩斤肉的錢可以買一個豬頭，十斤重的豬頭可以出五斤多的豬頭肉，這樣不僅省錢，大家還可以大碗吃肉了。造房子的木頭哪兒用粗的，哪兒用細的，他也精打細算，這麼一來，房子造好了，木頭還剩一堆。賴梅松把那堆木頭賣掉了，賺了一千多元錢，等於家裡造那幢房子沒花錢。一九八五年，剛畢業的大學生的月薪也就四十六元，一年才賺五百五十二元；在有些地方，五百元能討個老婆，年僅十五歲的賴梅松居然一舉賺了一千多元！

房子造好了，剩下的木頭也賣了，賴梅松在家待著沒事做，跑到親戚辦的一家絲織廠學徒。那是歌舞鄉最大的一家企業，他想在那兒學機修工，不管怎麼說也得學門手藝。可是進廠一個月，他就發現了商機，廠裡生意很好，產品供不應求，堂姐家剛造好的房子還有一間空著。他跟堂姐夫商量：「我們倆合夥買一臺織布機，放在你家那間空房子裡。我們給廠裡加工布料，賺取加工費，怎麼樣？」

堂姐夫欣然同意。他們合夥買了一臺織布機，賴梅松手裡的錢不夠，又借了三千多元。織布機像頭勤快的小毛驢，沒日沒夜撒著歡兒地幹起來，第一個月就賺一千多元錢，不到半年的工夫，他不僅把債還上了，還從堂姐夫手裡買下織布機的另一半股份，擁有了一臺價值六千八百元錢的織布機。

十七歲那年，絲織廠不景氣了，賴梅松離開了那裡。他失去了目標，回天井嶺吧，也許這輩子就像父母那樣過活，像他們那樣把「好日子」的希望寄託於下一代，也許這個夢就一代一代傳下去，永遠也傳不到天井嶺外。可是，不回天井嶺，他還能去哪兒？

俗話說：「靠山吃山。」賴梅松將目光盯在山林上。山林長高要砍伐，不過，不是誰想砍伐就能砍伐的，要縣林業局確定砍伐區域，然後進行招標。賴梅松從小就在山裡邊轉悠，哪種樹木喜陰，哪種樹木喜陽；哪種喜歡乾燥，哪種喜歡潮濕；哪種樹的生長週期長，哪種樹的生長週期短，哪種樹的木材適合做什麼，這些就像天井嶺的小夥伴秉性和習慣似的，他瞭若指掌。哪片山林能出多少木材，各等級各占多少，他過去轉一圈兒就能估個八九不離十。

賴梅松看好了兩片山林，賣織布機的錢還沒到手，手裡的錢不夠。他找了兩個合夥人，三人湊錢去投標。他們以兩千七百元人民幣包下了那兩片山林，雇人砍伐後，將木頭從山上運到公路旁，再雇拖拉機拉到木材市場，賣掉後淨賺八千四百元人民幣。他又以三千六百元人民幣包下了一片山林，將砍伐下來的粗圓木當樑賣出去，不粗不細當椽子賣了，淨賺了近兩萬元人民幣！賴梅松成為天井嶺村的首富，成為歌舞鄉先富起來的村民。

做木材商不能沒有公司。歌舞村的村民張明星辦了一家木材公司，結果老父親生病沒工夫去打理，就轉給了賴梅松。有公司沒場地也不行。天井嶺還沒通公路，木材放在家不行。另外，二十世紀八〇年代末通信不發達，想找人一是登門拜訪，二是寫信聯繫，三是拍電報，電話還是「王謝堂前燕」沒「飛入尋常百姓家」。想安固定電話很難，除黨政機關企事業單位之外，就是擁有一定級別的領導幹部住宅。

賴梅松見歌舞鄉有一個閒置的禮堂。禮堂兩道門早已不見，四敞八開，周圍是農田。院內野草叢生，長勢茂密，牛屎遍地，蟲叫蛙鳴。除水牛慢悠悠地搖著尾巴進去吃草，連那些像猴子、山羊似地淘得沒邊沒沿的小孩都不敢進去，禮堂裡邊存放著許多口壽材，還有燕雀之窩，人走進去，燕雀「撲啦啦」地飛出來，那是很恐怖的。賴梅松住了進去，晚上就睡在一塊門板上，陪伴他的是門外的月亮和那些空空的壽材。日子雖然很苦，不過賣一車木材可以賺一千多元，這足以讓他樂此不疲。

一九九二年，賴梅松去杭州之前，他的木材生意做得風生水起，已賺下四萬多元錢了。

到杭州的第一個月，賴梅松買了第一輛車——自行車；第二個月，他買了一臺煤氣灶。那一年，他賺了一萬八千元。第二年，他賺了九萬元，並把父母和弟弟接到杭州。第三年，賺了十幾萬。一九九五年，賴梅松成了家，娶的是天井嶺村他家對門的村支書的女兒賴玉鳳。二〇〇〇年時，他在杭州買了房子。到二〇〇一年時，他不僅將原來的兩百八十平方米的場地擴大到六千平方米，每年能賺一百多萬元，而且手裡已有了五六百萬元的積蓄。

讀書的那扇門殘酷地關上了，賴梅松卻憑自己的力量撞開了另一扇門——財富。他那年若多考三點五分的話，讀了高中，也許後來考上了大學，成為數學教授，或者高級經濟師什麼的，那樣中國也就沒有了中通，「三通一達」也就少了關鍵的一「通」。

二十世紀末，快遞在歌舞鄉已風起雲湧，如火如荼，賴梅松的親戚、朋友和大部分同學都加入了快遞隊伍，尤其是他的兩位要好的同學——賴建法和商學兵。

商學兵瘦削身材，面容白淨，一雙細長的眼睛眨動得很快，洩露出精明與活泛。

「你也做快遞吧，快遞這玩意兒挺好。」一次，商學兵一上來就對賴梅松說。

這時，商學兵正在做申通的溫州網點。商學兵這人不僅能付辛苦，還肯付辛苦。小時家境貧寒，他又是老大，下邊弟弟妹妹一大串兒。他是一年四季不閒著，採油茶籽，採箬葉，砍柴。一次上學，他的手腫得老高，原來上山採箬葉時被蜇傷了。商學兵從小就會過日子，在學校吃中午飯時，他把同學倒掉的剩飯剩菜都一點點收拾起來，放學帶回家去餵豬。

「窮人的孩子早當家」，商學兵還沒在「黃埔」畢業就從了「軍」，讀初二時就跑到縣城蹬三輪車賺錢去了。別看他初中三年沒讀下來，三輪車卻一口氣蹬了四年。賴梅松到杭州做木材生意後，商學兵也到了杭州，不過三輪車是沒得蹬了，當「走鬼」擺起了地攤。一九九七年，商學兵終於賺到了第一桶金——一萬元人民幣。有了資本，他收了地攤，去投奔同班同學陳德軍，開啟了自己的快遞生涯。

商學兵跟賴梅松關係不錯，他又娶了賴梅松夫人賴玉鳳的同學為妻，這下子兩人關係就更不比尋常了。商學兵那邊的消息可以分為兩個管道傳遞到賴梅松的耳朵裡。商學兵每天都要往杭州送件，有空就跑到賴梅松那兒坐坐。

賴梅松條件優越，在市場有三個房間，有一個房間用於燒水做飯，還有兩間，去人也很方便，另外他的父母極為淳樸，有著大山般的慷慨，不論誰來都會把最好的東西拿出來分享。也許是老人那像待自己親生兒子似的親切，也許是老人那慈祥的笑容，以及那濃重的家鄉話，遠離家鄉的遊子沒事都想過去坐坐，感受一下家的溫暖和那份親情，商學兵自然也不例外。

「快遞？快遞有什麼好？」賴梅松莫名其妙地問道。

「一年賺個二三十萬，總是有的。」商學兵認真地說。

「二三十萬？這點兒錢，我玩似地就賺了。」賴梅松不屑地搖搖頭說。

賴梅松的木材生意正做得順風順水，年利潤少說幾十萬，多則上百萬。有那麼二三十個固定客戶，沒事兒大家聚一聚，喝喝茶，合同也就簽了。再說，那是大生意，哪筆不是幾萬、十幾萬，甚至幾十萬的；快遞賺的是小錢，要一個客戶一個客戶地打交道，一票賺上三元兩元，頂多十元八元的，一萬票也就賺三四萬，不用說去做，就是站在那兒收錢都覺得累得慌。

誰知商學兵居然拿出當年蹬三輪車的執著，每次來都三句話離不開本行，一個勁兒地講做快遞的好處。一個成功的商人，哪那麼容易被別人左右？更何況賴梅松從小就很有主意，不論商學兵說啥，他就是不吭氣，不說做，也不說不做。

一九九九年，商學兵開著一輛嶄新的依維柯[4]回到歌舞鄉。車在陽光的照射下熠熠生輝，

---

4 編按：依維柯公司（IVECO）是國際上領先的商用車和柴油發動機製造企業。一九七五年，五家誕生於十九世紀後期的歐洲商用車專業廠商聯手成立了依維柯公司。他們是Fiat、Lancia、Magirus、OM和UNIC，分別來自義大

最燦爛的恐怕還是商學兵的臉。在二十世紀末，對歌舞鄉的農民來說，誰要是能開回家一輛十幾萬的麵包車，比不上范進中舉，也算得上爆炸性新聞，衝擊力足以把人掀個倒仰。何況，商學兵家過去在村裡窮得數一數二，村裡像地震似地男女老少都跑了出來，圍著那輛車豔羨不已。

這讓商學兵有了「翻身道情」的欣喜，想想自己一個從深山裡走出的農民，在城市蹬三輪、擺地攤，什麼苦沒吃過，什麼屈辱沒受過，苦幹了十年，奮鬥了十年，終於找到了正確路線，取得了成功。

「怎麼樣，你也弄個網點做做？兩千元加盟費、五千元押金就能拿下一座城市的代理權。有十萬做啟動資金就夠了。」商學兵對賴梅松說。

可以說，這輛依維柯對賴梅松有所觸動，不過他還是沒有表態。

二〇〇一年年初，賴梅松最好的哥們兒賴建法也把腳插進了快遞，招七八個人，成立了燦華速遞杭州網點。當年，賴建法考上高中，讓歌舞鄉初級中學那屆的同學羨慕不已。在他們的心目中，考上高中不僅能走出深山，而且向那猶如天涯海角的北大、清華邁近一步，沒準過個十幾年、幾十年就能回來一位華羅庚[5]、陳景潤[6]或李四光[7]似的人物。誰知賴建法高中畢業後，沒上大學，卻回到伍子胥亦歌亦舞的歌舞鄉，在母校當了一名初中代課老師。

利、德國和法國，五家歐洲商用車專家的造車歷史累積超過三百五十年。

5 編按：華羅庚（一九一〇—一九八五），當代著名的數學家、教育家。

6 編按：陳景潤（一九三三—一九九六），中國數學家。

7 編按：李四光（一八八九—一九七一），中國著名音樂家、科學家、地質學家、教育家和社會活動家，是中國現代地球科學和地質工作的主要領導人和奠基人之一。

一年後，賴建法的父親病逝，扔下一大筆外債，靠代課老師的那點兒收入，說不上猴年馬月才能還清。於是，他放下教鞭做起了木材生意。他沒像賴梅松那樣單槍匹馬地自己幹，而是在姨媽開的公司裡做。一九九四年，他成立了自己的公司，然後移師杭州。賴建法加盟的燦華速遞是一位親戚辦的，這家公司在快遞江湖名不見經傳，沒什麼實力。賴建法不僅沒賺到錢，還搭進去八九萬元。好在他的木材生意做得還不錯，心態也比較好，對快遞重在參與，不在乎賠賺。不過，他跟賴梅松聊起快遞時，也認為這是一個有前景的領域，應該介入。

賴梅松與賴建法本來就是五服[8]之外的遠房親戚，賴梅松是秉信公三兒子之後，賴建法和賴玉鳳是秉信公大兒子之後，賴建法是賴梅松的夫人賴玉鳳的堂兄，這樣一來，他們之間的關係又進了一層。

二〇〇一年，申通歷經「八年抗戰」已在華東確立了霸主地位，版圖輻射到華南、華北等地，年營業額突破十億元。聶騰飛車禍身亡後，陳德軍接管了申通，這個個子高高、性情溫和、曾經屢敗屢戰的木匠像喬治・巴頓似的雄心勃勃了，計畫三年內申通的營業額像衝浪似地衝上三十億至五十億元；員工擴容到一萬五千多人，獨立網點增至四百三十家，覆蓋全國六百個以上城鎮；每天運送包裹突破二十萬票，每月運送包裹突破六百萬票，還準備把快遞做到香港……

這是何等雄心壯志，氣吞山河！

[8] 五服：中國古代一夫多妻，同父又同母的是一服，即「一奶同胞」；同父不同母的是二服；同一祖父的是三服，同一曾祖父的是四服，同一高祖父的是五服。另，「五服」亦指古代喪禮依親疏遠近而有所區別的五種服制。

賴梅松怦然心動了，木材生意做得再好，即便做成億萬富豪，富可敵國，那也沒法跟陳德軍他們比。他們將歌舞鄉的農民帶出了大山，過上了好日子，甚至像商學兵那樣成了百萬富翁。他們是當代英雄，歌舞鄉的英雄，桐廬縣的英雄，浙江省的英雄，中國農民的英雄！

一天，賴梅松吸一口煙後，問商學兵：「如果開一家快遞公司需要多少錢？」

他的煙癮很大，一天要好幾包，幾乎煙不離手。

商學兵愣住了，他從沒想過。加盟申通，把溫州網點鼓搗成今天的樣子，他不僅知足，甚至還有點兒驕傲與自豪。他的確該驕傲，該自豪，一個初中還沒畢業就進城闖蕩的窮小子，一個在桐廬縣城大街小巷蹬了四年三輪車的農民，僅僅四五年的工夫就在溫州打出一片天地，每天接一千來票，年收入一百來萬，這是何等的了不起！這已超出當初的期待，沒事就偷著樂吧，見好就收吧，哪還會想自己開快遞公司，自己當大老闆？

商學兵抓了抓頭皮，盤算一番，說：「嗯……我想怎麼也得四五十萬吧。」

賴梅松眯起眼睛，猛吸一口煙：「我的意見，要做就做自己的！」

「自己做？」

商學兵驚詫不已地望著賴梅松，自己鼓搗賴梅松做快遞兩年多，他說啥也不撒口，沒想到這一撒口就要自己做，不做加盟商，這也太出乎意料了。

商學兵對賴梅松很是敬佩，敬佩他的人品，他為人厚道，講究信用；敬佩他的能力，白手起家在木材市場打下一片天地；敬佩他的穩重與執著，輕易不表態，一旦表態就會做到底。

「好，我跟你一起幹！人，我有，你只要出錢就行了。」商學兵說。

「我一年可以投入三十萬元。」賴梅松爽快地說。

不管怎麼說，商學兵在申通也是一路諸侯，年收入還在以兩位數的速度增長，賴梅松這邊有什麼？沒有網絡，沒有平臺，沒有經驗，能否成功還是個未知數。這是什麼？是對賴梅松的信賴、尊重和敬佩！

賴建法聽後也表示跟著賴梅松一起做。什麼叫人格的魅力？這就是。

三、歌舞鄉三股東

二〇〇一年十月，歌舞鄉秋高氣爽，一派秋收的景象。賴梅松、賴建法、商學兵回來了，他們回到創業的原點，要積蓄力量再次出發，目標更為遠大。他們是歌舞鄉的有錢人，是佼佼者，是成功者，而且他們還親如兄弟，他們都生於一九七〇年，屬狗，在這個世界上，還有比狗更忠誠的動物麼？沒有！他們各自打拚十年多，又被快遞聚在一起。他們要擰成一股繩，幹一番事業。

回歌舞之前，賴梅松去溫州考察了一番，見商學兵將申通溫州網點打理得有聲有色，風風火火，五六十個員工忙進忙出地收件派件，有條不紊。溫州之行，不僅讓賴梅松對快遞有個大體的瞭解，對商學兵也刮目相看。接著，他們運作了杭州與溫州之間的快遞專線。

他們回到了故鄉，可是家都已搬到了城裡，老屋人去樓空，落寞的庭院長滿蒿草，被風兒叩過無數遍的大門已難打開，鎖頭鏽死。走進過去的家，除了回憶與感慨之外，還能怎樣？童年的夥伴熱情地把他們迎進家門，端上幾盤幾碗的家鄉菜和楊梅酒。

酒足飯飽之後，他們開始商量公司的名稱。名稱既要簡潔、豁亮、大氣，又要一目了然，同時也要寓意深遠。賴建法認為，公司的名稱還要站在客戶的角度來考慮，要讓客戶聽起來，叫起來感到親切、親近、順耳。在他們三人出生的年代，起名的講究被視為「封、資、修」，掃進了「歷史的垃圾堆」[9]。改革開放以後，不僅從「歷史的垃圾堆」找了回來，而且還被發揚光大了，甚至認為名字潛含著運程，隱藏著沉浮、榮衰的密碼，於是乎全國各地的起名公司應運而生，玄乎其玄的名稱名字也隨之出現。

申通自一九九三年創辦以來幾易其名，先是盛彤；一九九七年，在上海更名註冊為「上海盛彤實業有限公司」；一九九八年，又改名為「申通快遞有限公司」，並啟用商標「STO」。上海有兩個簡稱，一為「滬」，二為「申」。據說，戰國時期，上海封給了楚國的貴族黃歇。當時黃浦江尚無名，且泥沙淤積，常常氾濫。黃歇率百姓開浚疏通，修築堤壩。黃歇號稱「春申君」，百姓為紀念他，將那條河稱為「春申江」，簡稱「申江」，並將上海簡稱為「申」。

三個人苦思冥想，煙霧繚繞，煙灰缸裡的煙蒂像密林似地呈現。

聶騰雲為自己的公司取名「韻達」，也許取「運達」諧音，表明不論你的快件發往何處，我們都保證按時運達；喻渭蛟給自己的公司取名為「圓通」，他自己解釋說：「地球是圓的，我的快遞將通達全球。另外，『圓』又有圓滿、完滿的含義。」

申通、圓通、韻達，賴建法沉思默想著，在紙上寫著畫著，驀然，猶如靈感降臨，筆像駿

[9] 「歷史的垃圾堆」，文化大革命用語。

馬似地在紙上飛奔，然後把筆一扔，站起身來：「名字起好了。」

賴梅松和商學兵把腦袋湊過去一看，紙上寫著兩個字：「中通。」

賴建法將申通的「申」字抽去中間一橫，變成了「中」字。

「好，太好了！『中』字代表上海，『中』字代表中國！」

他們決定公司的名稱為：中通快遞。

這名字大氣，豁亮，好聽！他們深信這個名稱一定會給他們帶來好運。

賴建法想起寧波有一家「中通物流」。一個叫「中通快遞」，一個叫「中通物流」，這不是撞車了麼？事後一打聽，那家公司居然還沒註冊，真是天助我也。

從歌舞回杭州後，賴梅松他們就緊鑼密鼓地張羅註冊公司。找人去中國工商局一打聽，凡帶「浙江」字樣的公司，得到省工商局去註冊，要在省工商局註冊的話，或註冊資金在兩千萬元人民幣以上，或有省工商局註冊的企業參股，這樣註冊資金可以降低至五十萬元。不具備這兩個條件之一的話，只有去杭州市工商局或杭州下屬各區的工商局去註冊了。

賴梅松他們認為，這個公司起碼要註冊成省一級的。可是，對他們三人來說，籌集這麼大一筆資金有點兒難度，作為輻射長三角，甚至於全中國的快遞公司，註冊為「杭州市中通快遞服務有限公司」，甚至於「杭州市拱墅區中通快遞服務有限公司」這牌子也實在是太小了，讓人心有不甘。

第一個條件不成立，只好琢磨第二個條件，找一家省工商局註冊的公司參股還是比較容易的。賴梅松有一位非常要好的朋友，叫邱飛翔，他是浙江匀碧文物古建築工程有限公司的老闆。這家公司專業從事文物古建築修繕和仿古園林建築施工，涉及範圍有古塔、牌坊、石橋、木拱橋、城牆、寺廟、民居、書院、祠堂等。修繕古建築少不了木材，邱飛翔也是賴梅松的客戶。

賴梅松對邱飛翔說，他只須出資五萬元，其他三個股東每人出資十五萬元，共計五十萬元，四個人各占百分之二十五的股份。邱飛翔欣然同意，於是，「浙江中通快遞服務有限公司」也就順利通過了註冊。

賴梅松和賴建法沒打算把快遞作為主業，想把總部設在杭州，他們邊做木材生意，邊打理中通。溫州的商學兵也是邊做申通，邊做中通。

事後，賴梅松實在地說：「當時，我們對這個行業並不瞭解，完全不知道這水這麼深。當時的真實想法就是這樣的，這樣簡單的事情，人家能做好，我們只要認真做了，肯定也能做好的。結果進來以後才發現這個行業是舉步維艱，風險很大的。如果現在讓我來做，我肯定是不來做的。」

二〇〇二年春節，賴梅松的如意算盤被兩個表兄弟給打破了。

「不行，中通總部不能設在杭州，設在杭州是不可能做大的！」表哥說。

表哥在上海申通操作部做經理，對快遞門兒清。

「要做就去上海做。申通的總部就在上海。聶騰飛當初將申通總部設在杭州，讓陳德軍去上海，後來發現上海的市場比杭州大得多。上海是什麼地方？是長三角的經濟、金融、貿易和交通中心，是國際大都市，有兩千多萬人口。想想吧，那是一個多大的市場！杭州不過是個休鬧城市，做事業一定要去上海！

「這麼說吧，要想在華東做快遞，非上海莫屬。陳德軍的錢，大部分是在上海賺的，如果上海給人家做了，這個公司，你還是不要去弄了。」表弟說。

表弟在上海申通下邊網點當經理，對申通的情況瞭若指掌。

賴梅松一聽就蒙了，原以為做木材生意很清閒，有大把大把的時間與精力，完全可以用那些用不完的時間與精力去打理快遞，沒想到會這樣。誰去上海呢？他和賴建法的生意、客戶和十多年經營起來的人脈資源都在杭州，而且木材是他們的主業，他們倆還在安徽休寧和江西婺源承包了兩個林場，前景非常不錯，邱飛翔的建築公司也在杭州，他們三人都脫不開身。另外，邱飛翔雖然也是股東，也擁有百分之二十五的股份，可是他是被拉進來的，也不可能去打理中通。商學兵在申通溫州網點，自然也走不開了，總部若設在上海，那就得有人經營與管理，設在杭州又做不起來。

去上海！既然做就要做好。賴梅松狠了狠心，決計自己去上海。親朋好友都不贊同，做生意講究做熟不做生，陌生領域利潤再豐厚，都不要染指，那就像陌生的海域，即便有再多再大的魚，那也不是你的，你怎麼知道水下有多少暗礁與險灘？再說，木材生意已經做得順風順水了，擁有一個相對固定的客戶群，坐在市場輕輕鬆鬆就賺一百多萬。去上海做快遞等於丟下西瓜撿芝麻，再說那芝麻能不能撿起來還難說。

有人對賴梅松說：「除邱飛翔之外，你們三位股東，要去也得別人去，他們都做過快遞，只有你沒做過快遞，沒有這方面的經驗。」

有人說：「把中通扔掉吧，不就投入幾個錢麼，多做一筆木材生意不就賺回來了？」開弓沒有回頭箭，這不是錢的問題，也不是生意的問題，而是做人的問題。兩位表兄弟見賴梅松決意做快遞，給他推薦了一個人——張惠民。

「這個人對快遞特別熟，要是把他請過來給你坐鎮，你這個公司就好辦多了。」表弟認為。

三月二十三日，賴梅松和賴建法在杭州西湖邊的一家咖啡廳與張惠民見了面。

張惠民年屆六十，住在西湖邊上。他在中通負責網點鋪設，在這一塊不僅經驗豐富，而且頗有手段。

兩人落座，賴梅松求賢心切，省去寒暄，開門見山：「張老師，這個快遞究竟該怎麼做？」

張惠民見賴梅松如此爽快，也就直言不諱：「你有多少錢？」

「五百萬我是有的，這五百萬玩完了，倘若公司還辦不起來，我就收手不玩了。實話實說，這些年搞木材賺的不止五百萬，不過有爸爸媽媽，有老婆小孩，不能影響他們的生活。」

錢少有錢少的玩法，錢多有錢多的做法。當時，投資五百萬元做快遞也算是大手筆了，比賴梅松早兩年做快遞的喻渭蛟投資僅區區五萬元，不是也做起來了？

賴梅松一股腦兒把底交出來了。這是他做人做事的風格，不打交道則已，只要打交道就得信任對方。有了信任，事情也就簡單。多年之後，他將此歸結成一句話，變成中通的企業文化之一：因為信任，所以簡單。

也許賴梅松的質樸實在打動了張惠民，他說做快遞關鍵是建網絡，然後又講了一番快遞的網絡應該如何去建。賴梅松若醍醐灌頂，做快遞遠比木材生意艱難、複雜得多。做木材生意只要有貨源、有客戶、有敏銳的眼光、有經商的經驗差不多就夠了。做快遞不同，面對的是一個錯綜複雜的社會，甚至跟黑道、白道都有牽連。

「張老師，你能不能幫我們去組建這個網絡？」

「可以的，申通的網絡就是經我手組建起來的，在這方面，我也稱得上是『第一人』了。」張惠民說。

「你要多少待遇？」賴梅松喜出望外地問道。

「六千元，一個月。」

「我考慮一下，明天答覆你。」

賴梅松考慮還有三個股東，而且每人都占百分之二十五的股份，沒有誰控股，他不能自作主張。

「張老師，你來給我們做吧，我給你五千塊一個月。」第二天早上，賴梅松就打電話給張惠民，接著他又補充一句，「前期該怎麼做，你規劃出來。」

賴梅松瞭解一下，申通一般員工的工資每月也只有四五百元，申通的杭州主管是一千三百元人民幣，張惠民的工資是三千元人民幣。

「這很簡單，都在我腦子裡。」張惠民說。

於是，賴梅松和張惠民去了上海，開業前，他們在江浙滬建立起二十多個網點。

03

「李鬼」[1]與「李逵」[2]的周旋

一、「黑快遞」，那就是過街鼠

金任群[3]先生對二十一世紀初長三角民營快遞的處境是這樣概括的：「可能也就申通過得滋潤一點兒，其他的都特別苦逼，真不好過日子。」

金任群超有意思，他既不是歌舞鄉的，也不是農民，而是一位學者。二十世紀九〇年代，他從上海的一家圖書館下海經商，創辦了聞達快遞，據說在鼎盛時期絕不遜於申通，可是曇花一現，隨後就被桐廬農民快遞打敗了。他敗得心服口服，放下身價，加入農民快遞，擔任過申通電子商務E物流副總經理，兼任申通快遞有限公司IT總監、市場總監、客服總監，現任中

1 李鬼：《水滸傳》中一冒充李逵的強盜，恰被下山接老母的李逵撞見。李鬼謊稱有九旬老母，被李逵饒過，還獲十兩銀子。後李逵不意投宿李鬼家。李鬼與妻子圖謀毒死李逵，事敗被殺。

2 李逵：古典小說《水滸傳》中人物，長相黝黑粗魯，小名鐵牛，江湖人稱「黑旋風」，排梁山英雄第二十二位，是梁山步軍第五位頭領。

3 金任群，中通快遞副總裁。

通副總裁。他時常搞搞講座和培訓，寫寫博文，品茗論劍，有點兒像那些「海歸」的國軍高級將領，在解放戰爭中被土八路打敗後，進入軍校給打敗自己的對手講授如何作戰。

天生我才必有用，金任群漸漸在這方面有了名氣，被媒體稱為「探索快遞運營與管理理論的先驅」和快遞「教父」，網上動不動就是金任群說，或金任群的觀點如何如何。甚至有人說：「如果不知道金任群，那一定不是做快遞的，而做快遞的沒見過金任群是很沒面子的。」

中通就是在「特別苦逼」的日子起步的。當時，快遞一是沒合法身份，被稱為「黑快遞」，飽受郵政「打壓」；二是業務量很有限，沒什麼錢好賺；三是條件艱苦，進城務工的農民寧肯回家種地也不做快遞。

加盟制辦快遞公司所需的啟動資金不多，十幾萬，甚至幾萬元就可以搞定，真正的投入則在後續。金任群說：「一方面你作為新的快遞不提供利益給別人就很難走下去；另一方面華東的快遞市場已相當成熟，這也就意味著相對利潤很低，沒有達到足夠的規模效應是很難產生利潤的。」

快遞全靠量來維持，量上不去，公司必虧無疑。如何提高量？上海灘有二十多家快遞公司，除中通、天天那樣的大魚之外，圓通、韻達等小魚小蝦都在拚死拚活地掙扎著。狼多肉少，為獲得肉或骨頭，有些快遞不斷壓價，快遞費從盛彤時代的三十元人民幣壓到十幾元，這時已沒多少利潤了。沒有利潤，業務量再上不去，就像乾涸泥溝裡的魚兒，張著嘴而吸不到水，漸漸變成了魚乾。

在中通成立前，韻達三個月僅做十一票，賠得眼看資金鏈就要斷裂，撐不下去了。

圓通也沒多少業務，有時一天八十三票，一個月虧損二十多萬元。喻渭蛟窘迫到何等地步？他動不動就拎著米袋子到米店借米下鍋，有人還戲稱他為「虧本專業戶」，唯恐躲之不及，怕他張嘴借錢。那年，喻渭蛟回桐廬老家過年，渾身上下僅有五百元錢，連包紅包都不夠。農民好臉兒，回村免不了拎著禮物走親訪友，聚一聚，聊一聊。喻渭蛟躲在家裡不敢出門。老岳母知道他們的窘況後，買不少東西上門看望。從古至今都是小輩給長輩拜年，哪有長輩拎著東西看望小輩的？喻渭蛟肯定既感動不已，又無地自容。

二〇〇二年，為提升業務量，喻渭蛟推出「一週七天不休息，全年無休」的服務專案。誰知這項服務推出後，反應最敏感的卻不是收件量，而是薪資支出額和公司的虧損額。

為了業務，賴梅松也親自上門談生意，去的是上海虹橋的一家大公司。他送給前臺領班一份見面禮，希望他們能把快遞業務交給中通做。對方還算不錯，也很給面子，當場答應了下來，也確實把快遞業務給了中通。可是，沒維持多久就斷了。據賴梅松分析，可能是中通的快遞員不大講究禮貌與規矩，不論走到哪兒都大聲吵嚷，穿著也很隨便。沒辦法，做快遞的都是進城務工的農民，想一下改變他們也不大現實。

當時，「三通一達」最大的困難是沒合法身份，客戶不相信這些「黑快遞」，不敢把件交他們發，怕上當受騙，怕他們萬一跑了落得件、錢兩空，沒地方去找。

其實，中通起步時民營快遞的處境好了許多，已經有了部分客戶。盛彤起步時更難，開業半個多月，既沒什麼業務，又沒錢去做廣告，聶騰飛讓女友陳小英在家守電話，他和陳德軍去「掃樓」，「掃樓」也就是去寫字樓挨門挨戶地找業務。

「掃樓」碰壁是常態，碰過幾次壁後，陳德軍意識到幹這事兒得找熟人，只有熟人才敢把快件交給你去發。找誰呢？他想起了在一家公司當經理的老鄉。

陳德軍跑過去，真是來得早不如來得巧，那家公司正巧有幾票快件要派人送到郵局交EMS。陳德軍懇求老鄉把件交給他來做。

老鄉打量一下他，為難地說：「這些都是寄往寧波的重要文件，交給你寄，你給弄沒了怎麼辦？」

重要文件自然要交給靠得住的快遞做，靠得住的快遞只有一家，那就是EMS，第一，郵政是國家辦的，靠得住；第二是「跑得了和尚，跑不了廟」，不用擔心件和錢被順走。在快遞還是「蠍子粑粑——獨一份」的時代，即便EMS服務不夠好，即便是不上門取件，即便是速度不快，同城最起碼要次日達，異地三五小時車程也要隔日達，可是EMS不是首選，而是唯一選擇。沒誰聽說過快遞私營公司可以做，盛彤想說服客戶把快件交給他們比登天還難。

老鄉都不相信自己，這買賣還能做下去麼？陳德軍有點兒急了，說：「我保證按時送到，弄丟的話，我賠償你們。」

一個村子出來的，相互看著長大的，要是彼此都不信任，這個世上恐怕就沒誰可以信任了，更何況陳德軍為人忠厚老實。再說，陳德軍的家還在村裡，想跑也跑不了。

如何賠償呢？陳德軍想了想，將一筆數量可觀的抵押金放在那兒吧，又沒有。怎麼辦？只好寫份保證書，保證快件按時送到，絕不丟件，若做不到就在對方公司無償勞動一年。

陳德軍終於拿到了快件，急三火四地騎著自行車趕到火車站，登上一趟最早開往寧波的列車。趕到寧波時，已近黃昏，陳德軍在寧波搞過裝修，可是路不熟，跑了許多冤枉路才將快件送出去。當他趕回寧波火車站時，沒有去杭州的車了，只得在候車室待一宿。第二天，他坐第一班開往杭州的列車趕了回來，回到公司就接到老鄉的電話，客戶說：「件收到了，當日就收到了，你們太快了，交EMS起碼要第二天才能收到。」

此後，不僅那家公司的快件業務交給了陳德軍，老鄉還幫忙拉了一些客戶。陳德軍的業務就這麼一點點做了起來。

蘇團喜創辦中通洛陽網點時，擔心客戶不信任，不僅把自己的照片、身份證號碼印在名片上，還複印了一疊自己的復員證，可是業務還是開展不起來。

這位身高一米八五的退伍兵急了，看來必須在大客戶上下功夫。有人說：「洛陽有一家企業的快件業務很大，你要能把它搞定就行了。」做事穩重的蘇團喜跑到那家公司的門口觀察數日，沒有摸清情況。「不入虎穴，焉得虎子」，他只得「買通」門衛，混進去「偵察」。

這是一家中德合資的車膜企業，產品要通過快遞發往全國各地，量不僅大，而且件也重，有的重達百十公斤，快遞是按重量收費的，對快遞公司來說，這是一塊難得的肥肉。蘇團喜找到銷售部，銷售主管用不容商量的口吻說：「我們的件只發EMS，不用其他家。」

蘇團喜沒有放棄，像上班似地每天早早過去，打水掃地，見活兒搶著幹，遇上進貨、出貨，他就從自己的包裡掏出一副手套戴上，搶著卸貨、裝貨，幹得比裝卸工還賣力。銷售主管想，你愛幹就幹吧，幹兩天攬不到件也就走了。沒想到蘇團喜居然幹了兩個月，還沒有撤離的意思，這下銷售主管不好意思了，主動說：「小伙子，別再幹了，我們的快遞業務全給你了。」

李鑫——中通安全總監，回憶入道的情景不禁感慨地說，他是和前妻一起進入快遞這個行當的。他們最初領著一個親戚在杭州汽車東站附近做。那時，他剛把BP機換成「小靈通」，感覺「靈通」了許多，拿起它就能通話，不必接到訊息就到處找電話了。為攬下一家外貿公司的生意，他在人家「蹲點」，隨叫隨到。公司的客戶來了，他得像賓館服務生似地把行李搬上搬下，而且還要承擔老闆的家務服務，接孩子、送煤氣罐……

商學兵當初在溫州時，攬不到業務，炒了近半年的板栗。

一九九七年七月一日，商學兵懷揣六千元錢，領著妻子和一弟一妹來到溫州。他租了一處農民房，兩居室，設施簡陋，連床都沒有。租完房子和安裝完電話之後，沒錢買床，一家人只好睡地板。攬不到件，他們就邊無償送件，邊炒板栗賣。他憑著過去在桐廬和杭州擺地攤炒板栗練就的好身手，炒的板栗在溫州大受歡迎，一天可賺一兩百元錢。他靠這筆收入養活著一家四口，還有那賠錢的網點。

做快遞靠攬件賺錢，派送是無償的，比如快件從杭州發往溫州，杭州網點除運費和上交總部的面單[4]費外，餘下的就是利潤，溫州網點則要無償把件送交到客戶手中。商學兵攬不到快件，不僅不賺錢，還要無償給杭州、上海、寧波等地的網點送件。不過，好在那時沒有電子商務，快件大都是信件，如協議、合同、營業執照影本、護照簽證等，體積和重量都不大，幾

[4] 編按：面單，即快遞面單，是指快遞行業在運送貨物的過程中用以記錄寄件者、收件人以及產品重量、價格等相關信息的單據。目前快遞行業多用條碼快遞單，以保證快遞行業的連續資料輸出，便於管理。

件，十幾件，甚至幾十件騎著自行車就能送，否則的話，他還得雇車，那可就虧大了。商學兵到溫州時連東南西北都分不清楚，更不要說那數不清的街巷了。早晨，他把接的件分一下，他和弟弟送件多的地方，把件少的地方讓妹妹送。可是，他沒想到件數少的地方往往偏遠，卻讓妹妹多吃了不少苦頭。

鄧德庚是跟商學兵一起下去做網點的，他跟陳德軍是同村，跟聶騰飛是同學，年齡比商學兵小兩三歲。初中畢業後，他哪兒也沒去，回村種起蔬菜和水稻。那幾年，鄉親們紛紛跑出去做快遞時，他絲毫沒有動搖；做快遞的親友回來勸他出山，他也沒出去。「黑快遞」是違法的，違法的事再賺錢也不能幹，這是原則。

一天，聽村裡的廣播喇叭說，快遞是一個新興行業，隨著中國經濟的快速發展，快遞業的發展前景將會越來越廣闊……

據桐廬縣人大常委會副主任鍾玉華說，歌舞鄉政府一直鼓勵農民進城務工，支援他們去做快遞。對在外做快遞的農民在宅基地、孩子當兵等方面都給予適當的照顧。農民只有走出深山才能賺到錢，才能開闊眼界，學到知識和手藝，才能帶動村子的發展。鍾玉華在鍾山鄉當過書記。

搞了半天快遞還是有發展前景的新興行業啊！鄧德庚這回信了。一九九七年正月初六，年的餘味兒還在村裡飄蕩，鞭炮不時地響兩聲，鄧德庚就打起背包，告別父母，跟著親友去蘇州做快遞去了。

鄧德庚在蘇州沒幹幾個月，就被聶騰飛調到杭州總部。在總部熟悉一下情況，他就揣著借來的八千元錢，和哥哥兩人扛著行李捲，去了兩眼抹黑，一個熟人都沒有的金華。他沒像商學兵那樣在郊區租農舍，而是在金華最繁華、最熱鬧的地方——火車站附近租間房子，安部電話，印了十幾盒名片，申通金華網點就算開張了。他看著名片上印的「經理」兩個字，猶如一輪冉冉升起的朝陽，在他這位年僅二十三歲的小伙子心裡灑滿燦爛的霞光。一年前還在地裡種地，現在卻做了老闆！不管怎麼說，這個網點是自己的，不再為別人打工了，這就像在自己的土地上耕作，幸福透了。

哥哥性格內向，鄧德庚讓他守電話，自己騎著自行車滿大街去轉悠，見到掛牌的地方就往裡邊鑽，這間房子敲敲門，那房子進去看看，逢人就像大肚彌勒佛似的笑容可掬，遞上一張名片，套套近乎，介紹一下自己的快遞業務。遇到有涵養的接過名片，把他送出去；遇到粗魯暴躁的把他轟出來，他也不氣不惱，邊走邊把名片遞過去，表示下次再來；遇到心情不痛快的把名片丟在地上，他彎下腰撿起來，笑嘻嘻地再遞上去，對方不好意思了，只得把名片接過去。也許他那張天真無邪的娃娃臉讓人陡生好感，也許被他那山裡人的質樸和敦厚所吸引，也許被他那種不屈不撓的精神所征服，有時他還沒轉悠回來，業務就找上門了。

鄧德庚上午發名片，晌午在街頭買兩個饅頭填一下肚子，下午上門收件，然後就馬不停蹄地乘車趕往杭州總部送件。天道酬勤，鄧德庚日業務量噌噌上升，還不到兩個月，日業務量就達到三十二票，當時金華日業務量也就一百多票，他已占近三分之一的江山。

第二年，業務上來了，商學兵賺錢了。沒想到工商局找上門來，說他的網點是非法的，沒在當地辦理營業執照。商學兵蒙了，他不是有意違法，而是不知道在溫州做申通網點還需要到當地工商局辦理執照。

違法就要罰款。執法人員在抽屜裡搜出一張銀行卡，沒收了。卡上有六萬多元錢，是商學兵一家四口的全部收入。他們抱頭痛哭，弟弟和妹妹委屈得哽咽著說：「我們回去吧，家裡再窮也不會受欺負。」

商學兵那股執著勁兒上來了，沒回老家，找人辦了營業執照，繼續做下去。

鄧德庚也被查了，不過比商學兵早，被罰了七千元錢。那錢是他和哥哥要用來還債的，還差一千元就可以還清了，沒想到這七千元變成了罰款，被罰走了。

哥哥說什麼也不想幹了，哭著勸鄧德庚：「弟弟啊，這老闆夢咱就別做了，離開這鬼地方，回家吧。」

鄧德庚眼含淚水，搖了搖頭：「不能回去。回去了，家裡欠的八千元債怎麼還？我們必須要在這兒做下去，把投的錢賺回來。」

他狠狠心借了三千元高利貸，去工商局辦下執照，繼續做了下去……

攬業務不容易，送件就容易嗎？去上海前，賴梅松問木材市場的兩個小伙子，能不能幹得了快遞。他們不屑地說：「那有什麼啊，不就收收件，送送件麼，有胳膊有腿就能幹。」

他們到上海還沒幹上一個禮拜就蔫了，發現做快遞還真就不容易，一般人是吃不得那份苦的。那時，手機是貴重物品，還是雙向收費，快遞員既買不起手機，也用不起手機。即便用得起手機也上不了網，即便上得了網也沒有GPS功能。做快遞要手裡拿著地圖，邊走邊看邊打聽。

做快遞的都是從農村來的，在上海的弄堂轉幾圈就蒙了，別說送件，能找回去就不錯了。交通工具麼，只有一種——自行車，一天要蹬六七十公里，兩條腿像悶在鍋裡的麵條似的越來越軟。下車時，褲子粘到屁股上了，兩條腿軟得都戳不住身子，好不容易爬上了樓，卻敲不開門。這也還不算慘，慘的是你下樓時發現那破得扔在大街上都沒人要的自行車沒了，那車上還有沒送出去的快件，那才真叫欲哭無淚。

客戶的認識還停留在快遞即EMS，EMS即快遞，除此之外不認他家，根本就不理你什麼中通、申通、圓通和韻達。你要取件，許多機關或寫字樓不讓你進：「你是快遞，是郵局的？不是，你是什麼快遞？去去去，哪涼快去哪兒！」他把你當成騙子，或搞推銷的。

你大汗淋漓地把件扛過去，請收件人簽字，人家或居高臨下地瞥一下，或翻了翻白眼給你看，或愛答不理的，好像你是街頭的叫花子，是「站大崗」的、糾纏人家討活兒幹的剩餘勞動力。

一九九四年，春節前夕，申通還在做同城快遞，突然來一票發往上海的快件。對聶騰飛來說，只要有業務就是陽光燦爛的日子，就痛並快樂著，哪有不接之理？可眼看就過年，讓誰去送呢？他想到女友的哥哥陳德軍。對陳德軍來說，上海僅聽說過，從沒去過，也許有點兒打怵，也許怕旅途寂寞，於是叫上同村的木匠徐衛金。徐衛金比他小五歲，在村裡接觸不多，搞裝修後才走到一起。他們倆不僅對脾氣，都好玩，還能玩到一起去。

在燈光昏黃的月臺，他倆帶著信件上了火車，在車上咣噹好幾個小時，凌晨三四點鐘到了上海。兩人下車，查一番地圖，然後坐上頭一班公車，直奔信件上的位址而去。他們被火車嚐完，又被汽車咣噹一番，總算咣噹到了地方，下車一看，天還沒亮，除街燈之外，幾乎都是黑的，去哪兒啊？寒風刺骨，兩人不一會兒就凍抽縮了。突然，發現賣夜宵的地攤還沒撤，兩人驚喜地跑過去，兩碗水餃，一瓶黃酒，就著有一句沒一句的閒話和那沒完沒了的哆嗦打發進了肚子。

酒喝光了，天還沒有喝亮。接著幹什麼？兩人相互看了看，送件去！他們摸到地址上寫的那幢大廈，還好門開了，清潔工上班了。

「送快遞的？這麼早就來了？」年過不惑的清潔女工驚訝地望著這哥兒倆，解釋說，「他們幾個小時後才上班呢，沒人收啊！」可能見他們哥倆也怪可憐的，說一句：「這樣吧，我代收一下吧。」

他倆感激不已地把件交給那位好心的清潔工，原路返回。到了火車站，肚子又餓了，他倆鑽進牛肉麵館，一人一碗牛肉麵。吃罷，離上車的時間還有一段，鑽進商場轉一圈兒，陳德軍買了倆電話本，給徐衛金一本，自己留一本。也許他把這作為對徐衛金和自己折騰一天一夜的犒勞。

時間到了，他倆進站上車，返回杭州。交完差，他們就回家過年。年後，他倆又去寧波幹裝修了。

後來，陳德軍在寧波承包裝修工程不僅沒賺到錢，還賠了好幾萬元。裝修工程再也幹不下去了，只得跑去找聶騰飛做快遞了。聶騰飛把他派到上海。他凌晨要到火車站接件，把件揹回住地就分件，然後或騎自行車，或坐公車送件。想把偌大個上海，十幾區，數千條街，短時間記在腦子裡，那是絕對不可能的。那怎麼辦？只得不斷地翻看上海地圖，要不怎麼把件送得出去？陳德軍勤奮地翻著地圖，不到半年就翻爛了十張！

兩年後，徐衛金到上海去見陳德軍時，陳德軍已熬成了「站長」，手下有五六個弟兄。他以每月一千元的租金在大東名路一家招待所包一房間，房間裡有張桌子，一部電話，還有一個通鋪，他白天守著電話，晚上跟弟兄們睡通鋪。

徐衛金在陳德軍那兒幹了兩個來月，凌晨三四點鐘去火車站接件，五點鐘出門送件。陳德軍讓他負責吳淞那片兒，那離住地很遠，他先坐公車趕過去，找到被鎖在電線桿子上的一輛破得不能再破的自行車，開鎖，騎上，送件。上午送完，找個地方把肚子填飽，下午去收件。四五點鐘收完，把自行車鎖在電線桿子上，他揹著件坐車回來。

有時，客戶有件要送到江蘇什麼地方，那邊沒有網點，陳德軍就先打聽一下往返車票要多少錢，要是當天能返回來，加十元誤餐費和十元的人工費也就接了。

跑一天才有十元錢好賺，徐衛金幹兩個月就不幹了。他跟陳德軍說：「這活兒這麼辛苦又不掙什麼錢，不做了。我做木工的話，一天還有五十塊好賺，有時有七八十塊好賺。你幹這個快遞，真的是一點點都沒有希望的。」

二、被「圍剿」的日子

有報導說：「郵政與快遞之間的積怨由來已久。從二〇〇二年起，雙方甚至已經勢同水火。」有媒體認為，這樣下去，百分之九十九的民營快遞將猝死。

郵政專營制度，以及對民營快遞的打壓不是中國的專利。《美國郵政法》曾經規定：「除郵政外，未經許可任何人不得運送信件。」二十世紀六〇年代，民營快遞在美國出現，美國郵政不僅以起訴相威脅，還成立一支擁有一千九百餘名郵政監察官和一千一百餘名郵政警察的執法隊伍，實施嚴格的監管。這支執有尚方寶劍的監察官「在有理由相信存在非法遞送信件的情況下，有權打開並搜查可能裝載郵件的車輛，有權查封、扣押非法信件、郵袋和裝有信件的包裹」。

可以想像，在那段時期，美國民營快遞亦被劃為「黑快遞」，日子很不好過。直至一九七九年，美國郵政出臺《限制民營遞送信件的規定》，在法律上開放民營企業的特別緊急信件的經營權，民營快遞才逃脫劫難。

不過，美國郵政對民營快遞可以經營的「特別緊急信件」給予了嚴格規定：五十英里以內的特急信件，上午收寄的必須在六個小時內送達，下午收寄的必須在次日上午十點前送達；五十英里以外的信件，必須在收寄後十二小時之內或者第二天中午之前送達。而民營公司必須滿足的法定資費標準是指單件資費三美元以上的信件（高於三美元時，按同等重量的一類郵件的兩倍以上資費計算）。

一九八六年頒佈的中國《郵政法》規定：「信件和具有信件性質的物品的寄遞業務由郵政企業專營，但國務院另有規定的除外。」在國務院沒「另有規定」，法律沒開放民營企業特別緊急信件經營權的情況下，中國民營快遞卻在沒有任何法律縫隙的情況下誕生、發展和壯大起來。民營快遞誕生於冰天雪地、寒風凜冽之中，想存活下去自然是艱難的，要頂著「黑快遞」

的帽子，過著「老鼠過街」的日子。

中通成立時，中通運營發展中心總監何世海還在中通當押車員。押車員很辛苦，從上海到南京的班車，途經崑山、蘇州、無錫、鎮江等地，每到一站先把地方的件卸下去，再把要發的件裝車上。三伏天坐在樹蔭下都汗流浹背，他們還要裝卸快件；數九寒冬別人穿羽絨服還佝僂著，他們卻光著膀子熱氣騰騰地裝車卸車，要不衣服就會被汗浸透，沒法再穿。裝卸完了，車開出十分鐘，汗也乾了，凍得哆嗦起來，這時再把棉衣穿上。他們是「一站式服務」，過不一會兒又到了下一個網點，還得脫衣服卸車裝車，這一路就這樣脫了穿，穿了脫，直到終點。車要是開得平穩還好，萬一遇到什麼情況，來一個急剎車那可就慘了，本來按網點分得好好的件混在了一起，只得把車停下來，重新分好。

沒合法身份的快遞猶如播撒在寒冬臘月的麥子，想發芽、拔節、孕穗、揚花，那是不容易的。當時押車員像做賊似的提心吊膽，不敢去網點交接快件，怕被郵政逮著。交接件之前，要像特務似地琢磨好在哪兒接頭。班車在接頭地點停下，押車員要先前後左右觀察一番，看有沒有可疑車輛，再把車門打開，迅速交接。發現可疑車輛，立馬關門走人，換個地方再交接。有時，車跑不遠回頭一看，那可疑車輛不是郵政的，那駕駛員內急，找個背著人的安靜地方解手，一場虛驚。

押車員必須謹小慎微，小心翼翼，以防被郵政抓住。倘若被抓住那麻煩可就大了，不僅要扣車、扣件，包裹要拆開檢查，還要罰款，有時罰三萬、五萬，還容不得討價還價。查出信件，還得將單據換成EMS的，押車員就得抄一張張的單據，然後交由EMS郵寄。為避免被郵政執法人員查到，押車員絞盡腦汁，有的把信件裝進盒子裡，把盒子封住；有的把信件打進包裹，像走私毒品似地在包裹上留個記號，免得搞混；有的讓司機捆在身上……

二〇〇四年五月，江蘇郵政局行業管理處發現：寧滬高速公路、京滬高速公路（江蘇段）沿線，違法經營行為猖獗。於是摸清快遞運輸車輛的運送的路線、時間、車輛牌照號碼，然後與公安部門在寧滬高速公路、京滬高速公路（江蘇段）沿線進行聯合執法檢查。

江陰郵政的經驗為：「針對不法快遞公司的特點，抓住重點，守候伏擊，當場查處；對重點檢查單位採取集中兵力、連續出擊的辦法；在僵持不下時，可與公安部門聯繫並聯合執法，掌握違規快遞公司的作業流程和運輸路線，聯繫公安部門上路執法。」

江陰的經驗不僅得到國家郵政局行業管理司的充分肯定，而且還作為經驗向全國推廣。

江蘇省郵政局將申通、ＤＨＬ、大田和大通等知名快遞企業均列入重點查處對象。DHL是世界著名郵遞與物流集團，中文為敦豪航空貨運公司，是德國的，二〇〇四年五月才進入中國。

快遞一時難以聊生，六十家民營快遞公司將情況反映到中國國務院法制辦、中國全國人大法制工作委員會、中國商務部、中國國家郵政局。

執法最嚴的除江蘇之外，還有江西，只要抓著，就罰款三萬元，且一分錢不能少，民營快遞的網絡班車進入江西就像踏進了雷區，惶恐不安，偶有風吹草動快遞員就魂飛魄散。

浙江境內執法最嚴的是金華與諸暨，每個禮拜都有網絡班車被扣，罰款兩萬起價。按《浙江省郵政專營管理辦法》，快遞若「違法經營信件和具有信件性質的物品寄遞的，由工商行政管理部門或者郵政行業管理部門處以五千元以上五萬元以下的罰款」，究竟是五千元還是五萬元，這就看執法者掌握。

二〇〇四年，發生兩起在快遞業引起強烈反響的暴力執法事件。二月二十日，上海聞達快遞公司的女負責人與浙江諸暨市店口鎮郵政執法人員發生衝突，被從三樓的陽臺扔了下去；三月二日，申通安徽寧國市的一位業務員遭到郵政執法人員的暴力毆打……

義烏位於金衢盆地東緣，隸屬金華。那些年，快件對鄧德庚來說就猶如過去戰爭年代的密電碼似的。為把快件安全送出去，他自己有車不敢用，要打計程車把快件送到義烏市中心，然後再換車送到杭州。這哪裡是在做快遞，已成了特工。後來，他發現一條「祕密通道」，即繞道浦江，再去杭州，可以躲過郵政檢查。誰知「魔高一尺，道高一丈」，沒多久郵政就發現這一紕漏，悄悄地在浦江設了卡子，將鄧德庚逮住。

有些地方郵政深入網點搜查，網點防不勝防，甚至把違法經營信件藏到屋頂。民營快遞被搞得膽戰心驚，苦不堪言，有時賺的沒有罰的多，只得關閉大吉。

那段日子，賴梅松最怕的就是夜半來電，不是件被網點扣了，就是網絡班車被「執法」了，押車員在電話裡帶著哭腔說：「賴總，不好了，我們的車子被攔截，箱子被撬開了……」怕快件中途被竊，網絡班車上的快件箱上了鎖，鑰匙在收件的網點。車被執法人員攔下，押車員打不開快遞箱，執法人員只得撬箱檢查。

二十一世紀初，電子商務還像撒播在虛擬網上的麥子剛露出嫩芽，快遞的信件占百分之四十，隨便一車快件都可查出十幾票，幾十票，甚至幾百票的信件。

那時，快件等同急件，一旦快遞被扣，客戶就像火上房似地一遍遍撥打快遞公司的客服電話，有的還上門討說法。扣件時常像長江後浪推前浪，這一波剛處理完，甚至還沒處理完，下一波就湧上來了，搞得快遞公司的老闆沒過幾天太平日子。可以說，在那段時期做快遞絕對是件減肥的差事兒。

當時，申通是「三通一達」的老大，樹大招風，他們遭受的壓力與磨難自然要多一些。據說，那幾年每年交的罰款就高達五百多萬元人民幣。申通無可奈何地說：「我們發展太快，所以成為郵政的眼中釘。」他們將罰款稱為「買路錢」。

其實，民營快遞的痛苦與郵政的煩惱是連在一起的。民營快遞違法又像野火，撲又撲不滅，不撲又不行。

有的地方郵政不僅路上圍堵，網點搜查，還在快遞員取送快件時攔截。一位中通的快遞員去虹口的商廈送件，被郵政執法人員盯上了。快遞員有自己的地盤，郵政執法人員也有地盤，慘的是他們的地盤重合了，於是一個要扮演老鼠，一個要扮演貓，天天上演著貓捉老鼠的一幕。「貓」警覺地發現「老鼠」袋子裡的「貨」。「老鼠」倉皇逃竄，「貓」緊追不捨。「老鼠」偶爾也會戲弄一下「貓」，聊解積鬱，不過很少，畢竟貓比老鼠強勢。

郵政稱得上敬業，練就了火眼金睛，隨便瞄一眼就知道快遞員袋子裡有沒有信件。快遞不收信件就近乎絕食，可是郵政又不能見到就抓，抓得快遞員幹不下去。這個不做了，就會有另一個頂上。這樣一來，郵政熟悉新的對手還要費點兒時間。再說，這也跟釣魚一樣，你頻頻起竿，哪裡釣得著大魚？三兩票信件還值得一抓麼？

今天必須得抓，看那鼓鼓囊囊的袋子就知道，信件少不了。快遞員很警覺，知道郵政今天是不會輕易放過自己的，拎著袋子就跑。

「站住，站住！」郵政喊著。

不能站住，站住就壞了，快遞員一路狂奔，鑽進了服裝市場。他從一樓上了三樓，在格子間和立柱之間穿梭騰挪。突然，腳步一收，鑽進了賣童裝的攤位，把袋子藏到櫃檯下邊，若無其事地鑽了出去。

郵政氣喘吁吁地一把將他抓住：「你，你……」

「我怎麼啦？有事嗎？」快遞員把兩隻手伸出來問道。

捉賊捉贓，沒捉住贓，貓和老鼠的懸殊也就沒了，甚至說貓也不是貓了，鼠也不是鼠了。郵政哪肯善罷甘休，明明看見快遞員那鼓囊囊的袋子，問旁邊的攤主：「他身上的袋子呢？」

姑娘白了一眼：「袋子，什麼袋子？阿拉可沒看見。」

郵政知道那袋子就藏在附近，可是不能造次，自己是郵政又不是工商、公安，抓「黑快遞」是職權範圍內的事兒，進商家的店鋪裡翻那就是另一件事兒了，把這件事變成另一件事兒，他也許就不是執法者，是違法者了。

那姑娘倚著櫃檯，雙手支著腦袋，眼睛在大汗淋漓的兩個男人間轉來轉去，一副看熱鬧不怕事兒大的神情。郵政的臉要多難看就有多難看，轉身走了。

姑娘是那快遞員的客戶。在姑娘的眼裡，這農村的小伙子好哩，不僅手腳勤快，還古道熱腸，她忙，他就幫忙打包，然後把件扛走發掉。要是沒這「黑快遞」，她就得自己打包，自己扛件去郵局，這還不說，費用還高出不少。

相比之下，上海郵政是溫和的，以和談方式解決了這複雜的、對立的執法問題，他們給各家快遞公司制定了上交信件的指標，中通是一百票，韻達是五百票，申通就更多了。中通在上海僅有虹口、閘北、盧灣、楊浦四個網點，快遞業務量也最少，在上海灘二三十家快遞中尚屬不上數的小魚小蝦。這一百票信件帶來的煩卻不少，一是要每天將這一百票信件的面單都換成EMS的；二是中通收費標準遠低於EMS，有的十五元，有的十二元，轉到EMS就要二十二元，中通要承擔這筆差價，一天要貼千八百元，一年下來就要搭進去三十多萬元。

任過桐廬縣副縣長的葛建綱先生說，地方郵政是按照當時的中國國家政策法規執法的，不能說錯了，只能說不夠「人性化」。「三通一達」在初期的發展過程中比較艱難，說明國家的這種機制已不能適應社會主義市場經濟了，需要改革。改革要經歷「陣痛」，在民營快遞業發展過程中，這群農民付出的代價過於沉重了。

三、三千八百元錢找回的尊嚴

一天，賴梅松接到一個女人打來的電話，像點燃的爆竹似的很衝：「你們中通是怎麼回事？把我的手機給偷走了！」

賴梅松急忙丟下手裡的事，趕往虹橋的一家賓館。

從快遞誕生起，丟件就像一道甩不掉的陰影追逐上來。快遞丟件有兩種情況：一是快遞員把件遺失了；二是快遞員或加盟商把貴重的快件盜了。對新創辦的快遞公司來說，這兩種情況都難以避免。前者多半是因為快遞員是新招來的，單純質樸，防範意識弱，再加上業務不熟，缺少經驗，一不小心就把件弄丟了；後者多半是因為快遞員收入低，待遇差，有人做了一段時間不想做了，覺得自己付出多，得到的少，心理不平衡，於是在快件上動了歪腦筋。再者，個別加盟商虧了，願賭不服輸，就在貴重的快件上做了手腳。加盟商知道客戶的件丟了，總部會讓他賠的，可是他沒錢賠，甚至還欠總部不少錢，那怎麼辦？總部考慮到自己的聲譽只好啞巴吃黃連，代賠了。

在「三通一達」中，最經典的丟件發生在申通。一九九七年三月，陳德軍不僅在上海站穩了腳跟，還有所發展，在東大名路招待所的辦公房間由一間變成了兩間。他已不再守著話機接電話了，把客服的差事轉交給了女友。

陳德軍已二十七八歲了，年紀不算小了，在老家的子胥村，這把年紀不結婚的已不多。他卻想多賺點兒錢再辦婚事。女友的父親急了，特意跑來催婚。按桐廬農村的習俗，結婚女方要置辦嫁妝，男方要辦酒席。可是，陳德軍和女友只有五千元錢，這點兒錢哪裡結得了婚？

沒錢也得結婚，老岳父揣著那五千元錢就回去張羅了。陳德軍週末攜新娘回桐廬結婚，把上海的事兒全部交給內弟打理。

寧波發來一票件，要送往松江。從上海到松江有幾十公里，那時軌道交通九號線還沒開通，跑一趟不大容易。內弟耍了個小聰明，跑到郵局通過EMS把件寄了出去。

沒想到這票件卻丟了。陳德軍他們去找郵局查過，郵局承認那票快件丟失了，可以賠償，按規定僅能賠償等額的郵資。

「賠，你賠得起麼？那是海關報關單，補辦非常難。你先拿出四十萬元押金押在海關，等補出報關單之後才能取回。你拿得出四十萬元嗎？」陳德軍跑到寧波給客戶賠禮道歉，商談賠償問題，客戶不屑地說道。

陳德軍傻了。賠不起也不能賴帳，他守在客戶那裡幫忙搬運貨物。從上午搬到中午，又從中午搬到晚上，客戶見這位老實厚道的小伙子也挺不容易，動了惻隱之心，算了，殺人不過頭點地，別難為他了，就讓他賠償六千元好了。

陳德軍感激不已，打電話給上海的妻子，妻子又打電話給岳父。最後，陳德軍連夜趕回桐廬，岳父把他們結婚收的禮金拿出來。陳德軍給客戶送了過去，這才算把事情擺平。

陳德軍為人厚道，且勇於擔當，提起這樁事兒就把責任攬到自己身上。多年來，快遞江湖都以為那票件是他弄丟的。我們採訪他的夫人後才弄清事實真相。

說起丟件來，陳德軍的夫人笑著講了幾個故事。這些故事大都發生在一九九七年前後，申通從每天幾票、十幾票做到幾百票，沒開通網絡運輸班車。一天夜裡，剛入道的鄧德庚揹著幾個快遞包裹爬上昏昏欲睡的列車。那時沒高鐵，沒有動車，沒有「和諧號」，不像現在這樣從蘇州到上海僅有半小時車程，中途沒有停靠站。而那時要三四個小時的車程不說，還有好幾個停靠站。鄧德庚從早到晚忙活了整整一天，再讓車這麼一搖晃，倦意鋪天蓋地襲來，勢不可擋。鄧德庚睡著了。

半夜十一時，火車進入上海，一聲長鳴把他驚醒，趕緊盤點背包準備下車。他突然傻了，一個裝有重要信件的包不見了。一個山村的孩子剛做快遞就把包丟了，嚇得不知如何是好。他像瘋了一樣，車上車下地找，翻天覆地找，也沒找到。他又返回蘇州，叫上表弟來上海幫忙找，他們像中了魔似地見人就問：「見沒見到一個包，一個裝有信件的包？」

兩天過去了，還沒找到。鄧德庚沮喪極了，愧疚極了，痛苦極了，送件怎麼就睡著了呢？車上那幾個小時就挺不了了？可是，上哪兒去買後悔的藥，丟了就丟了，該怎麼賠償就怎麼賠償吧，哪怕是砸鍋賣鐵也得認了。

突然，陳德軍的夫人接到車站派出所打來的電話，他們在售票樓旁的垃圾箱發現一包寫有申通電話的信件。信件找到了，終於找到了！陳德軍帶著錦旗去取信件時，碰到前去採訪的電視臺記者。陳德軍和那面錦旗隨著電視報導的播出出現在人民廣場和火車站等地的巨幅螢幕上，結果壞事變成了好事，大家知道了上海有家申通公司，是做快遞的。

丟件對快遞公司的老闆來說是最沒面子的事，不僅要跟客戶賠禮道歉，還要包賠損失。客戶理解還好，不理解呢？不論說什麼話你都得受著。這也怨不得客戶，凡發快件大都著急，本來是急件你不僅不按時送到，還給弄丟了，客戶能有好聽的麼？

人活一張臉，樹活一層皮。賴梅松的自尊心強，愛面子，為此吃過苦頭，記憶深刻的一次是挨父親的打。那時，他初中畢業後沒考上高中，心被失落、困苦和茫然所包圍。

「接下去我要做你的老師了。」一個小伙子聽說他沒考上高中，開玩笑地說。

這句玩笑戳到賴梅松的痛處，悻然回一句：「這個是不可能的。你做我老師的時候，有可能我都做你爸爸了。」

賴梅松覺得這話是沒有毛病的，你做不了我的老師，我也做不了你的爸爸。不過，他忘了，小伙子的爸爸是天井嶺村的隊長，在那十幾戶人家的小山村算得上頂天立地的人物了。

小伙子覺得這是對他老爸的不敬，惱羞成怒，兩人廝打了起來。賴梅松十五歲，長得瘦小，小伙子比他大三歲，已是十八歲的成年人了，身強力壯，他哪裡是對手？可是，賴梅松性情倔強，要為尊嚴而戰，打不過也要打下去，結果卻吃了虧。

老實厚道的老爸聽說賴梅松居然跟別人打架了，而且還是隊長的兒子，覺得他不懂事，打了他一巴掌。

讓賴梅松跟客戶賠禮道歉，這實在是難為他了，何況還不是快遞員不小心弄丟客戶的件，而是自己的手下偷了人家的東西，對他來說將是何等沒有面子、何等傷自尊的事？

賴梅松在賓館的前臺見到打電話的女人，那是一位二十七八歲，在外地人面前自恃優越的上海女人，臉像生鏽的門板冷冰冰的，說話像機關槍似的：「你們做快遞的怎麼就這個素質啊？千不該萬不該，就不該讓你們進來……」

她嘰哩哇啦地講著上海版的普通話。

那時，對快遞員來說，手機還是奢侈品，不要說買不起，就是買得起也用不起，當時有句順口溜：「手拿大哥大，到處找電話。」所謂的「大哥大」就是手機。快遞員最早用的是ＢＰ機，後來是「小靈通」。「小靈通」是一種無線市話，話機和話費低廉，通話的效果較差。不過，ＢＰ機和小靈通對中國普通百姓是有過貢獻的。如今，手機普及了，移動和聯通的身價也隨之降了下來。

怪不得那女人火冒三丈，她的月收入不過一千多塊錢，買一部手機要數千元，相當於數個月的收入，轉眼之間就沒了，可能被快遞員偷走了，心裡能平衡麼？

儘管那女人有種居高臨下的傲慢，有種對鄉下人的輕蔑和歧視，賴梅松聽明白了，所謂的快遞員偷了手機，這只是猜測而已，並沒有確鑿證據。「捉賊捉贓，捉姦捉雙。」你沒從快遞員身上翻出手機，又沒有監視錄影顯示手機被快遞員拿走了，憑什麼說快遞員偷了你的手機，憑什麼不依不饒地把快遞公司的老總叫過去？

不過，人家之所以這麼做，憑的是「黑快遞」沒有合法地位，憑的是她手裡有些零散的客戶。她要是有證據還會找快遞公司麼？她早就報警了。

「你先別急，我瞭解一下情況，如果你的手機真的讓我們快遞員拿走了，我們會給你要回來的。」賴梅松安慰道。

那女人冷冷地看著賴梅松，一臉的不屑，也許不相信賴梅松把這當回事，所謂的「瞭解一下情況」這不過是託詞罷了，接下來有可能是：「我們瞭解過了，快遞員沒有拿你的手機。我們對你的手機丟失深表同情和遺憾。」你還能說什麼呢？只能自認倒楣了。

沒想到，賴梅松當即撥通虹口網點負責人的電話，瞭解一下那個快遞員的情況。網點負責人說，那個快遞員是從農村來的，平時看似挺老實。不過，他的行李和物品都不見了，看樣子是離開了。

賴梅松聽後，心中不由一驚，看來他跑了。他為什麼跑呢？可能農村的孩子沒見過什麼世面，聽說那女人手機丟了，嚇壞了，於是就跑了；也許他真就拿了她的手機，發現她察覺了，「三十六計走為上」，跑掉了。賴梅松對底層人有深刻的理解，對城裡人來說幾百元就能搞定的事，對他們來說比翻越珠穆朗瑪峰還難。中通成立那天，賴梅松就立下了一個規矩，寧可幾個股東苦點兒，寧可中通不辦，也不能拖欠員工的工資，不能拖欠房租、水電費和網絡班車費。

賴梅松對那個快遞員的逃跑行為感到不滿，不管怎麼說，作為一個男人，拿也好，沒拿也好，都不能一跑了之。根據那女人的描述，她所丟的是使用多年的舊手機，按二手價值不了多少錢。

賴梅松平靜地對那女人說：「快遞員不見了。你丟的手機由我們公司賠償好了。」

這話從賴梅松的嘴裡說出來實在不容易。儘管天井嶺貧窮，有的人家連飯都吃不飽，可是懂得廉恥，從來不動別人東西。兩百年來，他們那裡夜不閉戶，路不拾遺，不像城裡安裝著鋼板製作的防盜門還照樣丟東西。天井嶺的人誰敢偷別人的東西，別說他一輩子別想抬起頭來，連他家人的脊樑骨恐怕都要被人點破。

女人那張像門板似的面孔頓時就變得鮮活了，似乎每一道皺紋都充滿著喜慶。

「我們給你買個新的。你看看，買個什麼牌子的好？」

她愣了一下，這怎麼說呢？也許後悔了，剛才不應該把丟的那部舊手機描述得那麼破舊，讓人一聽就知道不值幾個錢。可是，老闆開口了，不要一部最新款的、功能強大的又不甘心。

最後，賴梅松花三千八百元，給她買了一部新款的諾基亞手機。那時還沒有iPhone，引領時尚的是諾基亞和摩托羅拉。

那女人被感動得捧著那部新款手機表態，今後他們賓館的快件業務全部給中通。儘管他們賓館的業務量不大，一月有那麼十幾票，可是這對於剛起步的中通來說也是很難得的。

四、放不下的那棵樹

二〇〇三年四月，對賴梅松來說，艱苦卓絕的一年總算過去了，雖然中通沒像申通、天天那樣紅紅火火，不過陣地仍在，旗還在飄揚。

這一年來，該發生的事情都發生了，從起步的步履維艱，全網僅有五十七票業務，到升至數百票，數千票；在郵政聯合執法的「摧枯拉朽」打擊下，中通不僅生存了下來，而且有所發展；丟件雖然難以杜絕，可是都被賴梅松像處理「偷手機事件」似地處理得很到位……

到底虧了還是賺了，這是人們最關心的結果。賴梅松說，這個說不清楚，許多東西是沒法估算的，這麼說吧，除前期投入的五十萬元之外，沒有再投入，也維持下來了，最後大家估算，中通快遞的價值為一百二十萬元人民幣。

不過，這多出來的七十萬元讓賴梅松付出了遠超出一百多萬的代價，要說虧的話，他的確是虧了。他若不去上海，坐在杭州的木材市場穩賺百萬，結果孤身去了上海，起五更爬半夜地苦幹了一年，才賺得七十萬元，按百分之二十五的股份分配，僅僅賺了十七萬五千元。家裡的木材生意損失不小，青山那邊的生意本該是他的，他不在沒做成，僅那一筆就損失二三十萬元，還有其他生意呢？真是丟了西瓜撿芝麻。

何止經濟損失？賴梅松兩個禮拜回一次杭州，一是看望一家老小；二是照顧一下木材生意。父母和家人眼看著他變得越來越瘦，越來越黑，圓乎乎的下頷一點點變尖了，體重掉了十幾斤。

哪家快遞老闆不是這副模樣呢？喻渭蛟每天早晨五六點鐘起床，忙到半夜十二點鐘才能上床休息，白天不僅要跑業務，攬快件，還得幹搬運的活兒。張小娟看不下去了，勸他改行，做點兒別的事吧。他卻脖子一梗：「中國的資訊化發展，快遞的春天一定會到來。」

對賴梅松來說，杭州是天堂，不到上海是絕對體會不到的。杭州有父母，有妻子，有兒子，還有弟弟，吃的是老媽燒的菜，不僅可口，還能吃出家的溫馨。在上海，住的是冷冷清清的辦公室，跟員工們一起吃大鍋飯，每頓兩三個菜，大家圍在一起吃，熱鬧倒是滿熱鬧的，畢竟沒有家的氛圍。

總部十來個人，請一位阿姨燒飯，一人一天的伙食標準一兩元錢，吃什麼？公司不賺錢，伙食標準就提不上去。想想員工也不容易，每月只有四百五十元工資，還沒獎金。每天早上分件，然後坐公車或騎自行車去送件；晚上還要分件，裝車。好在件少，活輕。可是，壞就壞在件少，件多了也就賺錢了，有錢賺了，還能虧了員工麼？

「你弄個什麼鬼行當？害得我家兒子不僅天天不著家，還吃足了苦頭。」老爸心疼兒子，見到商學兵就罵。

商學兵不敢去木材市場，見著老人家也躲著走了。他或許感到愧疚，賴梅松的木材生意做得好好的，自己非要拉人家入夥幹快遞，搞得人家夫妻分居兩地，不僅賺不到錢，反而荒了木材生意。可是，沒辦法，快遞一旦上馬即便是刺蝟也得兩手捧著，沒法放下。唯一讓他感到安慰的是中通雖然發展緩慢，卻在上升軌道。

賴玉鳳與賴梅松結婚七年來，從來沒這樣分開過。她見賴梅松越來越黑、越來越瘦就心疼不已。她決定把六歲的兒子留給婆婆，自己跟著老公去上海。

賴梅松在杭州做了十一年木材生意，賴玉鳳從來都沒插手過。她先是給他們燒飯，隨著兒子出生就在家相夫教子了。到上海後，她不僅要照料賴梅松的生活，還要負責打理上海的四個網點。傍晚，她要把虹口、閘北、盧灣、楊浦的快件和錢收上來，把該交給EMS的一百個件選出來，送過去；再把該發到溫州的放入溫州的袋子，該發杭州的放入杭州的袋子，該發到寧波的放在寧波的袋子……

這不是她要的日子，起早貪黑，疲於奔命地勞作，沒錢賺暫且不說，還擔驚受怕，尤其是半夜電話鈴聲大作，不知道哪兒又出了事，讓人驚恐不已。賴梅松動不動就要連夜趕過去，這到底算什麼事兒啊？

「你不要做了，回去做木材生意吧，起碼和家人在一起。」她對賴梅松說。

賴梅松何嘗不想撒手不幹，做了快遞就等於揮手告別做木材生意的好日子，連一絲悠閒都帶不走。他巴不得有人接手自己退出，可是誰接啊？這個行當，你上了馬就必須往前衝，是沒有退路的，跟著你的人越來越多，他們都是你身邊的，有的是你的老鄉，有的是你的同學，有的是你同學的同學，他們既沒有錢，也沒有退路，你必須要跟他們同舟共濟，堅持下去。

往往勝利就在於堅持。賴梅松想起小時候的事。他很小就跟著父母上山幹活，不論山上產什麼，最終都要翻山越嶺地揹下來，其中最累的活計要屬揹樹。山路像羊腸似的彎彎曲曲細又長，而且忽而上坡，忽而下坡，別說揹東西，就是兩手空空地走一趟都氣喘吁吁。

賴梅松第一次揹樹只有七八歲，身高也就一米多，小胳膊、小腿像竹竿似的纖細。他揹的是一棵小樹，立起來比他高得多，重有七八公斤，不比他的體重輕多少。他要跟在父親後邊把那棵樹揹到十幾公里外的建德縣的一個鎮上。只有揹到鎮上，父親才會買根油條給他吃。對一個山村孩子來說，只有到鎮上才能吃到那種東西，在家是吃不到的。

七八歲的賴梅松不知摔了多少跤，背上的樹越來越沉，他的兩條腿像春天的柳枝越來越婀娜多姿。眼看就要到鎮上了，他說什麼也揹不動了。一位老爺爺看見了，幫他把那棵樹揹了過去。

從那之後，賴梅松就開始了揹樹生涯，揹的樹越來越大，有的八九米長，五十多公斤，遇到陡峭的下坡，要拖著大樹一路小跑，否則就會被樹下滑的慣性掀翻。有時累得實在受不了了，想在路邊的石頭上坐一下，可是又不敢，弄不好人和樹就會從高處滾下來。他一天揹兩趟，來回幾十公里，賺兩塊多錢。

揹樹歷練他的意志，讓他有了韌性，成年後不論做什麼他都能堅持到最後。到杭州做木材生意，同去的十六個人都離開了，只有他一個人堅持了下來，而且賺到了錢。做木材生意也不那麼容易，遇到坎兒時，他就想：「人家能做好，我為什麼做不好？人家有人家的長處，如資金比我雄厚，經驗比我豐富，可是我慢慢做下去，資金也會越來越雄厚，經驗也會越來越豐富。再說，杭州的市場大，怎麼也比在家裡好混得多。一個人遇難就退，就想離開這個行當，換種活法，他怎麼可能成功，怎麼可能賺到錢呢？」

不過，中通又到了一個節點，需要大的調整。這時，中通的股東已增至五人，賴梅松跟其他四位股東說：「中通正處於艱難時期，品牌沒有影響力，網絡還在建設之中，員工的待遇低，人員流動大。接下來還需要擴大網絡和建立分撥中心，隨著快件數量不斷增大，沒有分撥中心是不行的。分撥中心相當於網絡的中樞神經。現在只有投入，不見利潤。不過，只要挺過這一時期，一定會有大的發展。中通要想做大做強，必須有人全身心地投入，像現在這樣是做不好的。五人的股份均等，讓一個人來做，一年、兩年可以。在上海經營中通快遞，每月僅有四千元工資，而這四千元工資交了電話費基本上是剩不下的。青山水庫的一期工程用的就是從我那進的美國美加松木材，二期肯定要用我的，可是我不在杭州，生意丟了，僅那一票木材生意就虧了二三十萬元。我要是回杭州做木材生意，每年起碼賺一百萬元。」

賴梅松說：「我們五人肯定有一人要到上海來當這個法人代表。我的意見是這樣，法人代表應該控股，應該占百分之五十或百分之五十一的股份。法人代表沒有工資，他可以拿百分之二十的管理股，其他的股份可以採取收購的方式，從其他股東收購。這樣的話，他可以全身心地投入，這就像追姑娘一樣，只要全身心地投入了，追不到也心甘情願。另外，我想，既然要去做，我們就把它做好。」

他還說：「我希望這個法人代表由其他股東來做，賴建法、商學兵、邱飛翔都可以來做。」他不能長期把自己的生意和家人丟在杭州，想回去繼續做木材生意了。幾個月前，他的岳父患了膀胱癌，夫人回去照料住院的岳父了。他沒有精力來管上海那四個區的網點，以二十七萬元的價格賣掉了。現在，他完全可以放下中通，回杭州了。

可是，其他三人誰適合做呢？商學兵已從申通退出。他那個點本來是系統最強壯、最有生氣的一個，幾個月前又新購一輛貨車，從事溫州到杭州的網絡運輸。誰知兩個月前，那輛敗家的貨車在公路上跑著跑著居然自燃了，燒得僅剩下一副「骨架」不說，那一車快件也都化為灰燼。這兩個月來，商學兵拎著錢口袋到處賠償。剛有點充盈的錢，這麼一來口袋又癟了，生意也清淡了，他像被打了一金箍棒現回原形，又過上了窮日子。哪有心思接管中通總部？

商學兵不做，人們的目光就集中在賴建法身上。賴建法沉吟一下說：「梅松，就按你說的做，法人代表占一半股份，其中百分之二十是管理股。中通只能由你做，別人做是做不起來的。你若是不肯做，就不如今天就散夥了。」

賴建法跟賴梅松一起長大，對他的人品和能力瞭若指掌。在關鍵時刻，必須要由群體中最具實力的人物來掌管，否則就不是賺不賺錢的問題，而是能不能生存的問題。

邱飛翔和商學兵也表示贊同。

看來，杭州那邊的好日子像掉進家鄉歌舞溪裡的一枚梨花越沖越遠，他還要獨自在上海做下去，要繼續「為伊消得人憔悴」了。回到家裡，夫人和父母一聽他還要返回上海，繼續做快遞，既是意料之中，又有幾分驚訝。

他對家人說：「快遞，我會全力去做。當我盡了全力，到了極限了，仍然是個輸，對得起自己的良心了，我才可能撒手不管。」

他從做中通那天就說過，給自己設定的底線是五百萬元，如果這五百萬元都賠掉了，中通還沒有起色，那就放棄，不再做了。他不能把家人的好日子都搭進去。

04

「沒文化農民」的文化

一、快遞江湖的情和義

聶騰飛、陳德軍、賴梅松、喻渭蛟等農民不僅創造了中國快遞的奇蹟，也創造了世界快遞的奇蹟。這麼一群從閉塞、落後、窮困山溝裡走出來的農民，在城市裡既沒有根基，又沒有背景，也沒有資本支撐，卻赤手空拳地打造出了中國快遞第一集團軍的四支勁旅。

為什麼「三通一達」能把快遞做得風生水起，如火如荼？為什麼賴梅松率領的中通能在快遞遍地、競爭慘烈下崛起，且實現最大的增速？這是個謎，一個沒解的謎，或者說是一個有著N個解，而每個解都似乎成立，可是放在一起卻不知道哪個更為準確。

金任群說：「一群都沒有受過很好教育，也沒有什麼經營和管理經驗、沒有任何政府背景和資金來源的年輕人卻各自建立了數十億產值的龐大帝國靠的是什麼？答案只有一個：那就是文化，正是這種帶有強烈的地域特性的文化成就了『三通一達』，也正是這種文化使得『浙江系』快遞企業被郵政管理局認同和尊重。」

金任群還說：「我們回過頭來看，二十多年過去了，目前在全國範圍內零擔貨運市場上的幾個巨頭都是東北佳木斯的，為什麼呢？這是在當時特定的背景下形成的，正是東北的粗獷和野性的特質使得它們能夠在全國遍地都是車匪路霸的環境下生存並發展起來了，而當時沒有這種文化背景的運輸企業事實上到現在都已經花謝凋零了。」

這「一群都沒有受過很好教育，也沒有什麼經營和管理經驗」的農民擁有的是什麼文化？為什麼這群沒讀過多少書的農民，在金任群先生的眼裡卻成了有文化的人？是什麼樣的地域文化成就了「三通一達」？

位於浙西北的桐廬境內高山聳立，富春江斜貫而過，無數文人墨客在那創作出傳世之作，如北宋名臣范仲淹的〈瀟灑桐廬郡十詠〉，元朝畫家黃公望的《富春山居圖》。有人想從桐廬浩瀚的歷史文化中尋找出與之相關的蛛絲馬跡，尋覓快遞與桐廬歷史文化的淵源，他們發現甲骨文記載，商朝就有郵驛，郵驛經歷春秋、漢、唐、宋、元等朝代，到清朝中葉才逐漸衰落，被現代郵政所取代。這一說法令人興奮不已，桐廬本來就是郵遞之鄉，桐廬人就該做快遞。《周禮・地官》載：「凡國野之道，十里有廬，廬有飲食。」桐廬的「廬」即古時的驛站。據

可是，民營快遞「三通一達」跟中國郵政的EMS沒有一絲一縷的關係。二十世紀末二十一世紀初，EMS不僅享有郵政的專營權、減免稅收等政策優惠，還享受國家補貼，「三通一達」等民營快遞儘管依法納稅，卻沒有合法地位，被稱為「黑快遞」。

「三通一達」與「廬」無緣，與郵驛的歷史文化無緣。倘若想在民辦快遞身上找到點兒歷史文化淵源的話，倒有一個古老行當較為貼近，即鏢局。官辦驛站，民辦鏢行。鏢局業務有六

種——信鏢、票鏢、銀鏢、糧鏢、物鏢和人身鏢。如今的快遞除人身鏢和中國《郵政法》規定的現金和珠寶業務不做之外，其他都做。個別快遞六鏢皆做，不僅承攬現金和珠寶業務，而且接人送人之類的業務也做。

二者在文化上有何淵源？鏢局講究的是義、情、禮，淳樸的歌舞鄉農民講究的是仁、義、禮、智、信。這也許就是「三通一達」與鏢局的歷史文化淵源。

幾十年來，經過一場場摧枯拉朽、鋪天蓋地、「觸及靈魂深處」的暴力與非暴力的鬥爭，在政治、文化、經濟的中心地帶，無論中華民族傳統價值觀的精髓——仁、義、禮、智、信，還是傳統的道德觀念均像古老的寺廟、近代的教堂被拆得七零八落，乃至蕩然無存，但在歌舞的天井嶺，在夏塘[1]，在子胥[2]這種窮鄉僻壤卻保留了下來。

這些村裡，宗祠仍在。宗族文化是經過漫長歲月的積澱而形成，是傳統文化的重要組成部分，蘊含著中華民族傳統價值觀的精髓——仁、義、禮、智、信。它傳承於族人間，銘刻在村民心上。宗族文化在民營經濟發展的初級階段具有得天獨厚的優勢——誠信成本最低。

二十世紀八〇年代，賴梅松想借三千多元錢，跟表姐夫合夥買織布機。在歌舞鄉三千多元錢意味著什麼？建一幢二層的房子需一千多元錢，賴梅松的父母得起五更爬半夜地勞作十幾年才能積攢下來。在那個年代，天井嶺的農民賺錢很難，除家裡養的雞、下的蛋能賣點兒錢之外，就得上山揹樹，汗流浹背，兩腿發軟地幹一天才能賺兩元錢。三千多元錢能蓋三幢房子，

1 夏塘，聶騰飛的家鄉，原為歌舞鄉夏塘村，現為鐘山鄉歌舞村的一個村落。
2 子胥，陳德軍的家鄉，原為歌舞鄉子胥村，現為鐘山鄉歌舞村的一個村落。

尋常農家要攢五六十年，相當於兩三代人賺的錢！賴梅松卻借到了。

天井嶺猶如一個有著融融之情的鳥巢，村民就像一家人似的——有一家殺豬，全村都有肉吃；有一家熬糖，全村的孩子嘴巴都是甜的；有一家建房子，全村人都拿著各種各樣的工具趕去幫工。在村裡，一家的事就是大家的事，每一人都跟整個村子有著密不可分的聯繫，有人想做生意，全村人都會傾囊相助，哪怕再窮的村子也能籌集幾千元錢。

不僅天井嶺村，其他的村子也是如此。夏塘村跟天井嶺村有著相似的偏僻與貧窮，從那裡出山要徒步四十里，走的是像天井嶺到歌舞鄉似的山路，然後才到公路，到公路才有車。

一九九三年的傍晚，日頭已掉到大山那邊，山巒像塊墨將天空一點點洇黯，幹了一天農活的聶樟清正坐在家門口納涼，二十一歲的聶騰飛滿頭大汗地出現在眼前：「爸，我想跟別人合開一家公司。城裡人忙，親友生病沒時間去看，我們要開的公司可以幫他們送遞鮮花和禮品。」

聶樟清對兒子找到的商機很當回事兒，第二天一早就跟兒子去了杭城。考察一番後，他說：「有市場，行！」

辦公司需要本錢，這個聶樟清懂，做生意就像村裡的壓井，得先把一瓢水灌進壓井的肚子去，然後才能把井下邊的水壓出來。可是，夏塘村實在太窮了，窮得找不到那瓢「水」。公路不通，村裡的木頭和竹子等山貨就運不出去，換不成錢，只能靠侍弄那點兒薄地維持生存。村裡的農民日沒出就作、日落還沒息地幹著，結果連飯都吃不飽，哪還有餘錢呢？

聶樟清從小就想改變命運，想走出這窮山溝。十八歲那年，他終於盼來了機會，參了軍，穿著嶄新的軍裝走出深山，隨著所在的高射炮部隊輾轉南北，好不風光。他以為自己像夏塘溪裡的小魚游進了大海，再也不回歌舞，不回夏塘村了，誰知臨轉業部隊有了新規定，哪來的回哪去，原來幹什麼的還幹什麼。機會像朵謊花沒結果就凋謝了，跳板變成了跳臺，聶樟清又回到原點，回到夏塘村，像幾年前那樣繼續種那幾畝薄地。

可是，他的夢沒有像天上的白雲似地逝去，而是寄託在兩個兒子的身上。他給大兒子取名為騰飛，給二兒子取名為騰雲。這兄弟倆相差十七個月，個性和外表各異，騰飛身高隨母，一米六五，性格隨父，熱情奔放，敢想敢拚；騰雲身高隨父，一米七九，性格隨母，內斂含蓄，凡事不想成熟不吭聲。聶騰飛初中畢業，去了杭州一家印染廠打工。第二年，聶騰雲考取了杭州商業職業技術學校。

聶樟清怕兒子像自己似地「旅行」一圈兒再回山裡種地，每當兒子回來，他就瞪大眼睛，手向前抓著地說：「城裡遍地都是機會，你要找到它，抓住它！」

聶騰飛在印染廠幹了兩年就失望了，一天幹八九個小時，月收入才二十元錢，這樣幹下去，得到哪輩子才能過上好日子？他跳槽到一家酒店做服務生，沒過多久就晉升為領班。酒店不同於印染廠，不再眼盯著染料、水和布匹，見多識廣了，夢也像風箏似地升到了天上。

聶樟清的腰包與兒子的夢想有著天壤之別，他不僅沒錢，還有一屁股債務，債是建房子和老婆生病住院欠下的。俗話說：「好借好還，再借不難。」舊債沒還就不好開口再借，何況這筆錢相當於建房子的幾十倍，要三萬元！即便把夏塘村所有的口袋都洗空也沒有這麼多。聶樟清夫婦想起一個人——周柏根。

周柏根是百江鎮人，稱聶騰飛的媽媽為姐姐，這樣聶騰飛和聶騰雲自然要叫他「舅舅」了。不過，他跟聶騰飛的媽媽沒有親戚關係。年過而立的周柏根不僅頭腦靈光，而且做事穩重，在村裡辦了家木材加工廠，算得上有錢人。

夏塘村到周柏根住的百江鎮的村子直線距離也就數里之遙，可是隔著山，要繞一個五十公里的大圈兒過去。聶騰飛的媽媽坐了幾個小時的車去見周柏根，跟他講了兒子發現的商機，邀請他跟兒子一起創業。周柏根的木材加工廠生意還不錯，一年有二十萬塊好賺，哪裡會拋家捨業去做快遞。農民對城裡有點打怵，別看寬敞的柏油馬路，一片片的建築猶如鋼筋混凝土的森林，在他們的眼裡卻像一片沼澤地，讓人感覺深一腳、淺一腳的，說不上哪腳沒踩好就陷進去了。五個月前，周柏根去上海談生意，被騙去了一萬四千五百元。

聶騰飛的媽媽談了幾個小時，周柏根也沒撒口。這事放在誰身上也不會撒口，自己的企業辦得好好的，把它關掉跟別人辦那看上去不大靠譜的快遞公司，這不是等於扔下綢緞撿鋪襯[3]麼？

見周柏根不肯加盟，聶騰飛的媽媽說：「你真的不去的話，就幫個忙。」

「能幫到我肯定幫。孩子創業，做長輩的能幫點忙兒總歸是好的麼。」周柏根爽快地說。

周柏根第一次去聶家時就喜歡上了聶騰飛他們哥兒倆。那時，他們哥兒倆才十來歲，見到周柏根就跑過來，又是搬凳子，又是倒水的，很親切。周柏根覺得這哥兒倆不僅聰明、懂事、上進，還很有頭腦。

[3] 編按：鋪襯，碎布頭或舊布，做補釘或圍兜用。

認識之後，聶騰飛他們哥兒倆偶爾會到周柏根家坐坐，聊聊天兒。有一年春節，在杭州商業職業技術學校讀書的聶騰雲去給周柏根拜年，兩人聊到凌晨。爐膛的火早已熄了，寒氣像水似地漫過來，襲在身上，他們還在熱聊著做人、做事和做企業。

聶騰飛媽媽說：「我已借到一萬塊，還差兩萬塊。」

別看周柏根一年賺二十多萬元，資金也很緊張，前幾個月，他中了標，沒錢投，從銀行貸了五萬元。三個月前，他手頭有了點兒錢，想先還銀行兩萬塊。對老實巴交的農民來說，欠銀行的錢心裡總不踏實，有時連覺都睡不穩。

誰知在去銀行還錢的路上，周柏根把包丟了。包裡有一萬七千元現金和三千元的支票，還有財務章和個人名章。他沮喪地回到家，老婆一聽他把包丟了，一下子就急了。上次在上海被騙後，老婆還安慰他一番。也不怪老婆，你說一家之主在短短幾個月的時間就損失了三萬四千五百元，哪個女人能不著急？再說了，男人有錢就學壞，誰知道這錢到底是被騙了，丟失了，還是另有去處呢？

「我家裡有一萬八千塊，要不要再去銀行取兩千塊？」周柏根豪爽地說。

他沒跟老婆商量就答應了。

「一萬八千就一萬八千吧。」聶騰飛媽媽沒讓周柏根去取。

一萬八千塊錢太重要了，倘若沒有它，也許聶騰飛就創辦不了盛彤，沒有盛彤就沒有「三通一達」，沒有桐廬農民快遞，桐廬也就成不了中國快遞之鄉。

歌舞鄉在二十世紀九〇年代有多少錢流入快遞，沒有統計。不過，有一點肯定的，除中通之外，申通、圓通、韻達的創始人，以及他們下邊的加盟商、承包商的第一瓢「水」都是村民一家一戶湊的。

一九九七年，快遞還像灰濛濛的天空，看不到什麼光亮，除申通等少數的幾家快遞公司之外，或慘澹經營，或賠得難以維持。鄧德庚和哥哥要去金華建網點，需要八千元錢，他們的父母不知借了多少家才湊夠。

二〇〇二年，圓通因資金匱乏難以維持時，張小娟的叔叔有心幫助卻拿不出錢來，他就和兩個哥哥一起從鄉信用社貸款十萬元，拿給了喻渭蛟。有了這筆錢，圓通才開通網絡運輸班車。圓通在低谷時，張小娟的叔叔從家鄉趕到上海，把六個自營的網點管了起來，從而每天多收一兩千元，這樣圓通才漸然走出虧損，下邊的加盟商和承包商才有了信心。

聚資能力是商人的首要素質，沒有第一瓢「水」，看得再準的商機、再有把握的生意、再有前景的行當都等於零。讓我們納悶的是為什麼在商賈富豪如雲的都市借錢都比登天還難，人們寧肯送給你一筆小錢，也不肯借你一筆大錢，在偏僻貧窮的歌舞鄉卻能借得到錢？緣於山裡人的淳樸善良，緣於仁、義、禮、智、信的傳統文化。歌舞鄉的村民窮卻有志氣，有骨氣，有尊嚴。無論天井嶺還是夏塘村、子胥村都夜不閉戶，路不拾遺，他們不占別人便宜，拒絕施捨。這讓我想起有關土地改革的記載，工作隊白天把地主的財產分給了窮人，有的窮人晚上悄悄給地主送了回去。工作隊認為這些窮人沒覺悟，膽小怕事，怕地主老財找機會反攻倒算，打擊報復。其實，這是窮人的風骨，他們不會要別人的東西。

像歌舞鄉這樣的村民借錢能賴帳麼，能不還麼？倘若生意失敗，他們就是砸鍋賣鐵也會還。

賴梅松說，他不論做木材生意，還是做中通快遞，沒從銀行貸過一分錢。做木材生意時，遇到資金緊張，下邊的員工就會主動借錢給他。員工每人都有幾萬積蓄，二十四個人就有一百多萬了。歌舞鄉借款利息是兩分，銀行一年期的利息是九釐，賴梅松跟員工借錢只需要付一點二分的利息就可以了。有時應急，賴梅松也會跟邱飛翔借，打電話借十萬元、二十萬元，馬上就會送過來，從來不用打借條。做中通後，賴梅松和那幾個股東都經常借錢給公司，而且一分利息也不要。

賴梅松也借錢給別人，尤其是做中通後，有許多網點都借過他的錢，藍柏喜想買輛麵包車沒錢，他借給了五萬元；李鑫沒有一個自己的網點，賴梅松就主動提出借給他五十萬元錢，讓他把網點買下來。賴梅松說：「我有一種習慣，人家向我借錢，我認為可以借的都會借，而且借出去後不會去討。這個就是信任的基礎。你不還給我，一是以後你不好意思再開口；二是你再開口，我也不可能借給你。我爸爸就是這樣人。我就認為信任很重要。」

歌舞人若不講究仁、義、禮、智、信，借錢的人若不講仁義，欠債的人不講信用，也就沒有「三通一達」。

二、兄弟們，浩浩蕩蕩去加盟

在中通的初期沒有什麼新的舉措，順著申通的路子一路走來。他們以加盟制實現了網絡的快速擴張。加盟制是桐廬農民快遞的法寶，倘若沒有加盟制也就不會有「三通一達」了。

對快遞公司來說，與其說經營企業，不如說經營網絡平臺。網絡不僅決定了快遞公司的規模和實力，也決定其生死存亡。西方的民營快遞大都是直營的，而直營快遞的網絡是用錢砸出來的，比如聯邦快遞，他們創建時投以鉅資，除購買飛機之外，網絡建設是其重要的投向。

歌舞鄉的農民絕大多數都是窮人。賴梅松在歌舞算是有錢人，在某一時間節點還稱得上首富，也不過有七百萬元人民幣，即便傾囊投在快遞上也建不了多少網點。聶騰飛創辦盛彤時，投資區區三萬，僅憑一己之力是無論如何也建不起網絡。

聶騰飛的網絡是根據客戶的需求一點點鋪開的，先是同城快遞，立足杭州，後建了上海、寧波、慈溪、常州等網點，這些是直營的。他自己負責杭州，女友的哥哥陳德軍負責上海，父母和弟弟負責寧波與慈溪，叔叔負責常州。對快遞來說，沒有規模就沒有效益，可是他已沒能力再建其他網點了。沒錢人自有沒錢人的思路，農民有著農民的韜略，他們想到農村的聯產承包制和土地租賃制，愣是把不屬於自己的區域像荒山和土地似地承包和租賃了出去，讓加盟者和承包者自己在承包的地盤打樁，開荒，播種，收穫。

對聶騰飛來說，面臨的最大難題是加盟商和承包商將貴重快件捲走怎麼辦？這些人必須要可靠，而且絕對可靠。誰絕對可靠？親朋好友、鄰里同鄉。可是，對加盟商和承包商來說，盛彤既沒實力又沒名氣，憑啥加盟和承包那虛無縹緲的、並不屬於盛彤的區域？萬一把錢投進去，網點建起來了，總部關門了，投進的真金白銀不就打了水漂？憑的是信任。

誰會信任剛二十歲出頭、個頭僅有一米六五的聶騰飛？還是親戚、朋友、老鄉和同學——熟人社會。這些人是不會做出格事的，倘若攜件潛逃，將沒法回村見父老鄉親，沒臉進宗祠和祭祖，這是比任何刑罰都重的，這是沒人敢觸碰的律例。

在聶騰飛和陳德軍的呼喚下，夏塘村、子胥村的父老鄉親紛紛借錢籌款，呼朋喚友，抱團走出大山，到城市去，到省城去，到有錢的地方去，做加盟，去承包，當老闆，建網點……葛建綱說，他們顛覆了人們對桐廬人的看法：「桐廬人是不願意離開家鄉的，他們看不到桐君山就要哭的。」

申通的加盟與承包費很低，農民只要象徵性地交點錢，在城裡租間房子，安部電話，買幾輛自行車，這個網點也就OK了。產生業務後，每做一單向總部交一元或一點五元的面單費，再扣除運費之外就是他們的利潤了。

他們像一棵棵榕樹，根鬚不斷地在城市延伸、繁衍。他們在地級市[4]站穩腳跟後就向區縣發展，在區裡站穩腳跟就向各個街道擴張，建起了二級、三級網點。盛彤快遞的網絡像歌舞鄉天尊巖的茶樹枝葉漸漸茂密，葉芽越來越多……

「抱團扎堆發展」是浙江農民文化的一大特點，也是弱勢群體想做大做強，快速發展的必要抉擇。這一文化特點不僅使得浙江的「塊狀特色經濟」越來越發達，也帶來了成本與價格上的競爭力。

這些從大山走出去的村民四海為家，白天像辛勤的蜜蜂似地四處奔波，晚上幾人或十幾人擠在一個房間；他們不怕吃苦，為賺十元錢，肯騎著自行車往返四五十公里；他們不在意分內

4 地級市，中國第二級行政區劃之一，因其行政建制為地區級別的市，故稱「地級市」。如上海、北京、天津、重慶為直轄市，為省級市；廣州、杭州、南京等省會級城市為副省級城市，珠海、汕頭、桂林、麗江、紹興等為地級市。還有縣級市，如浙江省的慈溪、奉化、東陽、永康、諸暨均為縣級市。

分外，不管多重的件，客戶想放在哪兒，他們就給搬到哪兒；他們小心謹慎，即便吃了虧也不跟客戶發生衝突；他們淳樸實在，容易得到客戶的信任。

對快遞公司來說，加盟制起碼擁有五大優點：

一是可「空手套白狼」，以極低成本或無成本即可以建立起快遞網絡，門面、人員、運輸工具等成本均由加盟商承擔。

二是可實現迅猛發展，快速擴張，可一次性增加十幾個、幾十個，甚至上百個網點，易於實現全覆蓋。

三是網點自負盈虧，不僅降低快遞公司運作與管理成本，還分散了風險。

四是加盟商在給自己做，不僅有投資的積極性，而且八小時幹不完可幹十六小時，自己幹不過來，親朋好友齊上陣。

五是加盟商自創造、自驅動、自運轉，這樣就可以把指揮權交給能聽得到槍聲的人，讓他們制定作戰方案，讓他們根據市場的實際情況去定價，去行銷。

金任群說：「『浙江系』加盟體系的遊戲方式不是某一個高人設計和規劃的，是自然天成的，一切都是基於『快遞文化』。什麼是文化？文化是一種普遍的並且是浸淫在骨子裡的一種認知和價值觀，而不是口號和標語，其最終都會體現到人的具體的自然而然的行為上。」

盛彤依靠加盟制在短短幾年的工夫就在全國各地建了數百個分公司和網點，成為長三角地區網絡最廣、規模最大的民營快遞企業。

一九九七年六月，商學兵在杭州申通總部對聶騰飛說：「我想到下邊做網點，想自己幹，行嗎？」

「行啊，你有多少錢？」聶騰飛閃爍著興奮的目光，問道。

「六千元。」商學兵有點兒底氣不足地說。

兩個月前，他去上海找歌舞鄉初中的同學陳德軍，說自己想改行學做快遞。陳德軍是位老實厚道之人，對同學更為實在：「你要學快遞的話，最好別跟我幹，回杭州找我妹夫聶騰飛好了，他比我懂。」

商學兵跟聶騰飛幹了兩個月，覺得這行當真是不錯，比過去蹬三輪、擺地攤和炒栗子強多了，收票件就能賺十幾元錢，不禁摩拳擦掌，要自己去闖蕩了。

六千元錢，去掉兩千元的加盟費，還餘四千元錢，緊一緊，差不多夠建一個網點了。

聶騰飛把他和鄧德庚叫過去，讓他們挑選建點的城市。聶騰飛說了幾座城市，商學兵像面臨戈壁似的，茫然搖了搖頭，這些地方對他來說太陌生了，一個都沒去過，鄧德庚選擇了金華。鄧德庚不僅做快遞時間比商學兵長，還有過丟件的洗禮，對快遞的瞭解與認識遠比商學兵深刻。聶騰飛又點了幾座城市，聽到「溫州」兩個字時，戈壁陡然變成綠洲，商學兵的臉龐一下就「春風楊柳萬千條」了。

「溫州。」

商學兵去過溫州，在那兒買過人力三輪車。不過，溫州留給他的印象是遠，太遙遠了。那時，諸永高速和甬金高速還沒開通，往回運車時，三輪車前輪卡在貨車廂外，商學兵手把著三輪車，從溫州到金華顛簸了一天一夜。半路下起雨來，搞得他飢寒交迫。到蘭溪，又從蘭溪搭車回到桐廬，一天一夜，吃了不少苦頭。他選擇溫州並非它的遙遠，而是覺得那個地方挺繁華。他基於一個樸素的想法，城市越大，越繁華，經濟就越發達，經濟越發達，快遞就越好做。在浙江，溫州算得上大城市了，除省城杭州，再就是寧波和溫州了。寧波被聶騰飛父母和聶騰雲占領了，溫州就是最好的選擇了。

點兒太背了，加盟簽協議那天，商學兵準備好的押金被小偷竊去。他只好一臉沮喪，兩手空空地站在聶騰飛面前，不知說什麼好。聶騰飛二話沒說，讓妻子取出兩千元錢，替商學兵墊上。臨別時，聶騰飛還叮囑他好好幹。商學兵是位知情知義的漢子，時至今日仍對聶騰飛、陳德軍兄妹懷有感激。

溫州網點開業後，生意冷清得已不是門可羅雀，而是連雀的影子都沒有。他著急上火地枯守在出租屋時，聶騰飛坐著大巴風塵僕僕地從杭州趕來，不僅耐心地指導他如何開展業務，還鼓勵他好好幹，賺錢是一定能賺到的。

商學兵的生意猶如凌晨的東方漸然泛亮泛紅時，卻驚悉聶騰飛車禍身亡。他如萬箭穿心，悔之腸斷：「聶騰飛來時，我怎麼沒好好招待一下？」世上最寶貴的不是錢，不是權，而是機會。現在就是擺下滿漢全席也請不來他了，沒機會感恩和報答了。商學兵年年清明去給聶騰飛掃墓。歌舞人看重的不僅僅是錢，不僅僅是生意，更看重情義。

金任群先生說：「桐廬系加盟快遞的核心參與者的祖墳都是在一個山頭上的，故而大家的思維方式和價值觀都是一樣的，這樣執行力很強，成本很低。」韻達、圓通和中通與申通血脈相通，他們是沿著中通加盟制的壟溝在自己的「諾曼第」登陸的。

中通起步時，歌舞鄉的「優質資源」已被申通、韻達和圓通瓜分了，跟隨賴梅松創業的除初中同學賴建法、商學兵、勻碧文物古建築工程有限公司的邱飛翔，再就是他的木材生意夥伴，以及他們幾位股東的親朋好友。要建立一個全國性快遞網絡，要有成千上萬個網點和幾萬、十幾萬個快遞員，憑他們這點兒人脈哪成？且不說天井嶺，就是歌舞鄉與鐘山鄉合併後的新鍾山鄉，男女老少都算上也就兩萬一千多人。

中通被迫降低門檻，加盟費從兩三千降至一千元，押金為五千元，而且不論歌舞的，還是桐廬的，抑或是其他什麼地方的都歡迎。這樣一來網絡就變得複雜，魚龍混雜，給以後的扣件埋下了隱患。

且不說中通，比中通早起步三年的韻達也是舉步維艱。二〇〇一年，為擴展網絡，聶騰雲和懷有身孕的妻子陳立英坐火車前往北京、天津和山東等地聯繫加盟商。那時，韻達在很多城市都沒加盟點，有時不得不用代理商和雇用當地快遞公司來送件。他們的代理商用的是自己的品牌，不僅代理韻達，還代理其他快遞。

那時在快遞江湖，申通、天天已是龐然大物，拔根汗毛都可能比韻達、圓通和中通的腰桿還粗。申通一年的郵政罰款就是五百萬元，比韻達、圓通、中通三家的利潤還高。這三家想跟申通競爭就等於鬣狗從獅子嘴裡奪食。據媒體報導：「圓通六年後進入蘇州時，僅能攬到申通業務量的十分之一。」

戴著細邊眼鏡、面皮白淨、有幾分斯文的何世海進中通時，中通的網絡還不完善，許多重要城市還是盲點，不僅沒人去做，也沒人想做，已有的網站還不穩定，或做不起來，或做起來卻不賺錢，再加上郵政不斷打壓，不斷地檢查和罰款，搞得加盟商和承包商灰頭土臉，毫無尊嚴。不要說他們了，連中通總部都有人動搖過，想要撤出。隨賴梅松過來的那撥做木材生意的人一個接一個地走了。

何世海是桐廬人，高中畢業後在縣裡的紡織廠和印刷廠幹過。浙江人似乎是為當老闆而生的，他們「寧做雞頭不為鳳尾」，只要有一點兒力氣就要自己做。於是，何世海從企業辭職去當「雞頭」了，他開了一家小店，自己當老闆。

二〇〇一年，他和老婆放棄了小店，意氣風發，鬥志昂揚地投入到申通的隊伍。他不僅有文化，能吃苦，還忠厚可靠，很快得到上司的信任，從押車員提為管理人員，負責中轉運營。

兩年後，何世海的大姨姐做服裝生意賺了錢，想投資快遞，可是申通的網絡已趨於成熟，賺錢的地方已有人做了，不賺錢的地方又沒人想去。二〇〇三年，機會像一道霞光漫了上來——做上海南浦中通網點的親戚不想做了，何世海幫忙參謀後，大姨姐以十萬元錢買了下來。網點有了，可是她和老公從沒接觸過快遞，不懂業務，何世海的老婆只好辭去申通客服的工作，幫忙打理。

老婆離開了申通，何世海在申通有種孤零零的感覺，加上中通這邊的寬鬆、自由與和諧令他嚮往。二〇〇四年，他放棄申通的每月三千多元的薪水，到中通來賺兩千多元了。他在中通除負責中轉運營之外，還兼做「統戰」——發展和穩固加盟商。

「賴總，這個地方你派人來做吧，我真就做不起來了。」加盟商L心灰意冷，滿眼淒絕地說。

最難做的就是「統戰」，中通下邊的網點生意清淡，沒錢賺不說，還很辛苦。有些加盟商堅持不住了，跑來找賴梅松要求退出。

L在中通稱得上老快遞，他們夫妻最早做申通，折騰了一陣子，沒做起來，改換門庭到了中通，又折騰了一番，還沒做起來。「一鼓作氣，再而衰，三而竭。」屢戰屢敗後，L真就「竭」了，想金盆洗手，退出江湖了。

「你看看，申通丟了，中通又要丟掉，你又沒有別的產業，不做快遞幹什麼？你要有信心，要相信快遞這個行業是好的，做中通是有前途的，蛋糕肯定會有的。」賴梅松苦口婆心地勸道。

這話賴梅松不知跟多少人說了多少遍。他說的都是真心話，絕不是想要忽悠誰。他不僅跟過去不認識的加盟商說，對親朋好友也這樣說。

當時想放棄快遞的加盟商有三種：一是沒賺到錢，甚至還賠了的；二是嫌做快遞太辛苦，起五更爬半夜，不論颳風下雨，還是風雪交加都要取件、送件；三是有小富即安思想的，賺了幾十萬或幾百萬就不想做了。沒有合法身份的「黑快遞」不好做，在許多人的眼裡跟乞丐差不多。現在有了錢，誰還幹事兒？還不趕快回老家的縣城買套房子，那時桐廬縣城的房子均價每平方米三千多元，三四十萬就能買一套百八十平方米的房子，再花二三十萬買輛車，花個百八十萬也就過上有房有車的日子了。

有些加盟商沒有文化，也沒遠見，上海松江的一位加盟商本來做得好好的，突然說什麼也不想做了，要賣掉網點回家了。他跟賴梅松是髮小，他的老婆還是賴梅松的表姐。

「把網點賣掉，你將來會後悔的。」賴梅松勸他。

「不做了，做快件太苦太累，現在能賣一百六十萬元呢！」髮小破釜沉舟地說。

「你千萬不要賣掉，賣掉的話，過幾年就是翻上幾番都買不回來。」

他沒聽賴梅松的勸阻，最終還是賣掉了。那網點很快就像上海的房價似地漲了上來，真就像賴梅松說的那樣，他賣一百六十萬元的網點就是花上一千萬元也買不回來了。

有的加盟商把做快遞當成了炒股，發現牛市就出手。上海普陀中通做得很出色，年收入達六七十萬，加盟商見網點的價格上漲，以一百多萬元匆匆忙忙出手。普陀中通被三個人買了去，三分天下。四年後，連最小的都值四五百萬。加盟商當初要是不賣，普陀中通至少值一千六七百萬元，他悔之腸斷。

賴梅松對不景氣的公司和網點能幫扶盡力幫扶，經營不善的，派人過去指導，資金短缺的，他注資入股。實在經營不下去的，他幫忙找人接盤，不讓加盟商和承包商血本無歸。

他一次次派人到L的公司進行指導，可是不見起色。最後發現癥結在L身上，他對快遞缺乏信心，錢攥在手裡不肯投。下邊有六七十個網點，L的公司卻連個門面都沒有，夫婦倆開輛麵包車在網點之間轉來轉去，給下邊承包商的感覺他們好像隨時都要逃之夭夭似的。這個樣子，下邊網點哪有信心，沒信心哪會投資，不投資怎麼會做大做強呢？

賴梅松對L說：「這樣吧，把你公司的股份賣我一半，我再借你二十萬元，公司還由你經營，利潤你拿六成，我拿四成。怎麼樣？」

那幾年，下邊的公司或網點做不下去了，賴梅松就採取這個辦法，這樣一來，北京、武漢、天津、大連、杭州、蘇州等十幾家公司都有了他的股份。

L一聽還有這等好事，立馬來了情緒。他想，賴總都投資了，說明這個公司還是大有前景的。於是，他信心大增，該投資的投了，公司的門面也有了，利潤節節攀升了。

「賴總，是你救了我。當初你要是不投資，或者不給我做的話，我就沒有今天了。你教育了我，讓我知道了堅持，知道用心去做……」二〇一三年，L的公司盈利五百五十萬元，給賴梅松送來兩百二十萬，L感激不已地說。

當時，像L這樣的喪失信心的加盟商並不少見。一對夫婦花十萬元兌一個網點，經營一年也不見起色，老婆不想幹了，丈夫卻不想罷手，於是夫妻倆大吵三六九，小吵天天有，上一層的加盟商調解幾次都不行，老婆撂下狠話：「你是跟快件過，還是跟我過？有它沒我，有我沒它，你自己掂量著辦吧！」

熊掌和魚水火不容了，這下丈夫傻了。他們夫妻的感情還不錯，孩子才七八歲，既不能沒爸爸，也不能沒媽媽，狠狠心跟快遞拜拜吧。

上一層加盟商見勸是勸不了了，怎麼辦？眉頭一皺，計上心頭，他說：「既然這樣，你們還是把網點轉讓出去吧，我也懶得再調解了。你們自己聯繫，我也留意一下，看有沒有人接手。」

回來後，加盟商就找人給那網點打電話：「怎麼的，聽說你們網點要出兌？都有什麼？有多大的門面，有沒有麵包車？你們也沒什麼值錢的東西啊，我出六十萬元，再多一個子也不給了，你們商量一下賣不賣。」

老婆一聽就驚呆了，原打算二十萬元兌出去，把本收回來，賺五六萬就行了，沒想到這個網點這麼值錢，只幹一年就漲了幾十萬，除了房價還有什麼升值這麼快呢？她跟老公商量了一下，最後決定不賣了，照這個趨勢再幹兩年也許就值一百萬元了。

網點轉讓，車可以作價，為什麼不買一輛麵包車呢？有車不僅可以提高效率，還可以讓網點像模像樣。於是，他們就買輛麵包車。快遞關鍵在於投資，投資上去了，網點陡然風生水起，他們真的就賺了。

賴梅松認為，網點是有價值的。它有門面，有客服人員，有快遞員，還有客戶，怎麼會沒有價值？只要網點做起來就不能讓它停掉，只要他加盟了中通就不能讓他虧本，這是對中通品牌的維護。

「你不做也沒問題，你不要扔掉，我儘量想辦法叫人來接。」加盟商實在做不下去時，賴梅松就會這樣說。

投資三萬元，經營一番再以三萬元轉出去就等於白幹。遇到這種情況，賴梅松就會介入，比如補貼買家兩萬元，這樣賣家就可賺兩萬元，而買家以三萬元買下價值五萬元的網點，將來轉手時至少不能低於五萬元，如此一來，買賣兩家都有賺，中通的品牌也得到提升。

在「三通一達」，這種退出機制是通用的，它不僅體現了「三通一達」的情與義，也有利於長遠發展。

三、給你個家，那是很大的地方

何世海在中通如魚得水，找到了家的感覺。他喜歡賴梅松一家人，賴梅松的父母淳樸慈祥，賴梅松的夫人賴玉鳳開朗隨和，平易近人，而且不像桐廬系其他快遞公司的老闆娘插手管理與經營。賴梅松是在二〇〇三年春節後把家人接到上海的。何世海接觸最多的是賴玉鳳的哥哥賴建昌，他倆還同庚，均屬狗。賴玉鳳也稱何世海為哥哥。何世海跟他們在一起像一家人似的，一起買菜，一起做飯，一起吃飯。

賴建昌閱歷豐富，在歌舞鄉政府當過會計，下海辦過企業。他頭腦靈光，生意卻不順，幾起幾落，最後加入中通，任汽運中轉部經理。

賴梅松、賴建昌他們都愛吃小龍蝦，何世海又很擅長做這道菜，於是他們動不動就買回一些。可是，洗小龍蝦則是細緻活兒，拿刷子一點點刷乾淨。小龍蝦可不會像撓癢癢的豬那樣老實，更不會抬起腿來配合，牠不僅像古代武士戴著堅硬的盔甲，還動不動就威武地舉著兩隻大鉗。

「又叫我洗啊？」賴梅松的媽媽一見在網兜裡亂爬的小龍蝦就打怵地說。

她被小龍蝦鉗傷多次，卻不抱怨。

飯菜做好了，大家七手八腳地端上來，然後圍坐在一張大圓桌旁，不僅有賴梅松的家人，還有司機、做飯阿姨、外邊來的加盟商，他們像過大年似的熱熱鬧鬧地喝著楊梅酒，剝著小龍蝦。

這時，賴梅松一家可能會有種回到天井嶺的感覺。何世海也特喜歡這種氛圍，開心了，他這個屬狗的就開起另一個屬狗的玩笑，稱賴建昌是巴兒狗，要被人抱著、寵著的。

賴建昌說何世海是獵狗，屬於為主人不惜命的那種。

何世海聽後哈哈大笑，他喜歡屬狗，也願意被別人稱為狗。他認為做人做事就該像狗那樣忠心耿耿。賴梅松對他信任，他願意為這份信任而賣命。他自信地說：「這十多年下來，相互都比較瞭解，我相信這份信任不管以後我們分開，還是怎麼樣都不會變的。」

徐霞是中通的第一個大學生。中通剛成立，她就來了。她沒打算在這種企業幹長，想把它當作泳池，試一下水。徐霞畢業於南京炮兵學院電腦專業，在部隊服役五載，轉業待分配時看見中通的招聘就過來了。她是在中通成立的第二天報到，是中通最老的員工之一。

徐霞最初進的是中通南京公司，在客服部。在那兒幹了兩個月，賴建昌去南京公司處理業務，發現了徐霞。他不由眼前一亮：「喝，你們這兒還藏著個大學生啊。」

那時，做快遞的人層次大都較低，大學生是不大會進快遞公司的。賴建昌見到徐霞就像發現寶貝似的。那時，總部正好缺一個文員，他建議徐霞去上海中通總部工作。

徐霞還記得第一次走進董事長辦公室的情景，那是一間設施特別簡陋的十五六平方米的房間，一前一後擺放著兩張辦公桌，靠牆還有一張單人床。一看就知道這是一家沒什麼實力的企業。坐在辦公桌後邊的一位留著板寸頭的男人接過她的簡歷，匆匆地掃一眼，像鄰家大哥似的寬厚地笑了：「你來幫我了？來了就好。」

這樸實的話語和笑容，讓她的心一下就踏實了。這個男人就是賴梅松。

總部也只有十多個人，賴梅松忙得團團轉，有時飯都顧不上吃。徐霞白天處理公司的文案和日常事務，晚上跟著分揀快件，忙到很晚才能休息。

賴梅松對有知識、有文化的人敬重有加。當年沒復讀，沒讀高中是他的一塊心病。他對徐霞很器重，對她的意見和建議認真對待，好的立刻就採納，這讓她有種自我價值得以實現的感覺。

三個月過去了，徐霞接到安置辦的通知，她被安置在南通市下面的如東縣計生辦，公務員編制。她要離開中通去如東計生辦報到了，既感到戀戀不捨，又感到內疚，對不住賴梅松的信任。她沒講實話，說是家裡有事，要回去一下。

臨別時，賴玉鳳拉著她的手說：「回去有什麼需要幫忙的就打電話告訴我們。路上注意安全，快去快回啊。」這樸實而充滿情義的話差點把她的眼淚說出來。

徐霞在如東縣計生辦報到後，坐在辦公桌旁動不動就走神，想中通，想那既艱苦又火熱的生活，想平和而親切的賴梅松夫婦……

「你怎麼還不回來？我早上給賴總端去一碗麵，到了晚上還沒動……」賴玉鳳在電話裡快人快語地說。

徐霞在時，賴玉鳳把督促賴梅松吃飯的事兒交給了她，不管多忙他的飯都按時按晌。她走了，他的飯就變得有一頓沒一頓的了，讓賴玉鳳心疼。

「爸，我想辭職，回上海，回中通工作。」

父親也是公務員，覺得女兒轉業後能進政府機關已很不錯了。他勸她不要任性：「天底下哪有放公務員不做去做快遞的？快遞算什麼？既沒社會地位，又不被法律承認，收入還低，生活沒有保障，說不上哪天就倒閉了。你要是辭了職，恐怕這輩子都別想進政府機關，做公務員了。」

父親沒有阻止得了徐霞，她最終還是放棄公務員，回到中通。二〇〇四年，中通成立行政人事部，任命徐霞為部長，賴梅松把人員招聘培訓、員工薪酬和福利等工作都交給了她。

劉蘭波比徐霞晚進中通兩年，這位嬌小輕盈的姑娘在臺資企業搞過銷售，被分到客服中心。上班的第一天，她跟一位女同事去網點，她負責收件，同事負責收款。劉蘭波覺得這位梳著短髮的同事皮膚白皙，氣質優雅，待人親熱隨和。

到了網點，下邊的人紛紛稱同事為「老闆娘」，劉蘭波驚得半天沒合上嘴巴，他們是開玩笑還是她真的是老闆娘？她一點兒架子都沒有，也不像是老闆娘啊。

原來，那個同事就是賴玉鳳。劉蘭波一下就喜歡上了賴玉鳳。賴玉鳳待她特別好，天井嶺的茶葉下來了，帶給她喝；下邊送來枇杷和櫻桃，也不忘拿給她吃，親得像姐妹似的，有什麼事不忘她。

一次，劉蘭波去網點收錢，交帳時發現少了六百元。她想了好一會兒，終於想起來在哪兒少的了。她打電話過去，對方卻不承認。那是總部的掛曆款，收上來要交給賴建昌的。看來只得自認倒楣了，從家裡拿六百元錢補上吧。可是，六百元錢對她家來說不是個小數，她每月工資也就是千八百元，她和老公剛成家，沒有什麼積蓄。

「小劉啊，你不要往心裡去，不要難過。你也挺不容易的，這六百塊錢就讓我哥貼上好了，沒關係的，他不差這六百塊錢，你千萬不要有壓力啊……」賴玉鳳知道了就跑過來安慰她。

她的眼淚嘩地流了下來，這不是六百元錢的問題，這是信任，這是多少錢也買不來的信任。

二〇〇五年，劉蘭波休完產假回來上班，賴玉鳳跟她交接了一下就回杭州了。從那以後收款的事兒就由劉蘭波承擔了。劉蘭波想：「我跟老闆娘已有一年多沒見面了，她還這麼信任我。」

賴梅松夫婦是用人不疑，疑人不用。劉蘭波每次交帳，賴玉鳳從來不查對，也不看各網點交了多少錢。劉蘭波每天收一萬多元錢，有時三四天，有時一週交一次帳。賴玉鳳不在，她就直接交給賴梅松。

「董事長，你數一下吧。」她把錢放辦公桌上，對賴梅松說。

「哎呀，沒事兒，你不會出錯的，不用數了。」賴梅松每次都這樣對她說。

劉蘭波想：「這個公司的老闆娘好，老闆也好，對我充分信任，我說什麼也不能辜負他們。」

後來，劉蘭波被調到仲裁部，遇到一件棘手的事，有好幾個網點投訴，說有的快件信封完好無損，可是裡邊的東西卻不見了。劉蘭波調來信封，發現信封的封口膠粘性很差，把一本書放進去，把信封拎起來，封口「叭」地就開了，書掉在地上。

「董事長，你看一下這信封，封口一點兒粘性都沒有，書本、票據或者身份證什麼的放進去，經過幾個中轉環節就掉了出來，客戶收到的只是一個空口袋。」她拿著信封跑去找賴梅松。

賴梅松馬上打電話叫來物資部的負責人，說：「你馬上找印刷廠，把這個問題解決了。」

她瞭解賴梅松的性格，他不會說：「這事我知道了，你把信封放這吧。」也不會說，你去找誰誰誰說一下就行了。

然後，賴梅松對她說：「你把信封放在這裡，把該給下邊的賠償發下去。」

快遞進入白銀時代後，有公司想挖劉蘭波，答應給她相當於在中通的兩倍薪水，還許諾更好的職位，她都沒動搖過。她說：「我這樣走的話，對不起老闆娘和老闆，我覺得這個面子上都過不去，人情上我也過不去，就是這種感覺。再說，一個人在做事情的時候就算工資再高，做得不開心的話，他照樣不想去做，開心才是最重要的。」

沈伯是中通成立時來的，來的時候已經五十六歲了。五十六歲在城市已接近退休的邊緣，要是在縣裡當局長的話不僅沒有希望再提職，而且要「退長還員」，退居二線了，在農村的話，已到了含飴弄孫的年齡，甚至退主為客，許多事都不管了，交給下一代了。可是，沈伯偏偏在這個年紀來到上海，進入了快遞。

沈伯在中通做出納，中通成立那天起，他就住在財務室。沈伯是中通上上下下對他的尊稱，身邊的人往往把「沈」字去掉，而稱他為「老伯」。

沈伯沒讀過會計專業，也沒有出納資格證，不過他有從業資歷——在農村做過財務。別看沈伯的學歷和資歷的底子薄，近乎「一窮二白」，可是，沈伯在公司的威信卻很高，誰都知道他做事兢兢業業，一絲不苟，哪怕是一元錢對不上帳，他都不睡覺了，要翻來覆去地查對，絞盡腦汁地想，說什麼也要找到錯在哪裡。

中通不大景氣時，沈伯掌管的現金不多，隨著中通的發展，他掌管的現金越來越多，而且有些錢是晚上送過來的，沒法送到銀行，只好由沈伯掌管。賴梅松開玩笑說：「沈伯是我們中通的大內總管。」

有一次，「大內總管」出事了，現金少了三百五十元。這下可把他急壞了，不知算了多少遍也沒弄清楚差在哪兒。他想自己出錢把這個窟窿堵上，那時他的月薪有八百元。可是，這不是錢的問題，這關乎他一個老出納的尊嚴，關乎他的自信，也許還關乎他這個「大內總管」還能管多久，他畢竟年逾花甲，即便是廳局級也該「解甲歸田」，頤養天年了。他感到失落、鬱悶、沮喪和無奈。

賴梅松來了，沈伯緊張了，怕董事長讓他退休，讓他告老還鄉。他捨不得離開中通，捨不得離開大家，捨不得離開財務室。可是，他知道自己老了，不會用電腦，不會上網，做個表什麼的還得用格尺，還得用手畫。

「賴總，我年紀這麼大了，現在年輕人這麼多，如果用不來我了，你就跟我講，我沒意見的……」

沒想到，賴梅松卻從兜裡掏出三百五十元錢遞給他，讓他把帳上的窟窿堵上，然後安慰道：「沈伯，沒人叫你回去，你在這裡好了，錯誤誰都會犯的。」

沈伯熱淚盈眶。這些年來，賴總不僅沒嫌棄他，還把他當成親人，家裡有什麼新鮮蔬菜、水果都不忘給他送來一份，有時還給他搬來兩箱酒，讓他慢慢喝。過去，賴總家沒搬到上海時，每次回杭州都要把他帶上，讓他藉機回一趟家。

賴梅松也批評過沈伯。沈伯很重感情，有人跟他借錢，他就把公司的錢借了出去。賴梅松批評他說：「沈伯，這個不行，你是管錢的，怎麼能夠隨便把錢借給別人呢？」

如今，沈伯已經六十九歲了，還在當出納。他在裡邊的大間辦公和居住，賴玉鳳在外邊跟別人擠在一張辦公桌。賴梅松說：「沈伯不走，我肯定讓他在這兒的，他在這兒很開心，很有成就感。」

沈伯說：「我從來沒賺過這麼多的錢，現在回村裡可揚眉吐氣啦。」

05

一舉打通任督兩脈

一、摸別人的石頭蹚自己的河

二〇〇五年七月，位於上海普善路二百九十號的中通總部在潮濕悶熱的圍困下似乎更為逼仄了。位於二樓的董事長與總經理辦公室，煙霧繚繞，賴梅松邊吸煙，邊對地圖琢磨著。地圖上百座城市畫有紅色標記。畫有標記的意味著中通在那已設立了網點，也就是說中通任意網點都可以將快件寄到那裡，那裡的快件也可以順著中通的網絡抵達其他任何一個有網點的地方。

中通羽翼漸豐，三大區域網絡趨於成熟——以上海為中心的華東地區，由總部掌管；以北京為中心的華北地區，主戰場是華北與東北，由陳加海經營；以廣州為中心的華南地區，主戰場是珠三角地區，由吳傳龍經營。華東、華南和華北三大區域早已開通網絡班車，實現「當日達」和「次日達」。可是，三大區域之間不通班車，長線運輸主要依靠鐵路與航空。

賴梅松思考著：能不能開通省際班車，打通南北壁壘，走出一條自己的路？

這三年來，中通是順著申通、韻達、圓通蹚出的路走過來的，也就是說「摸著別人的石頭，過了自己的河」，這樣不僅繞過急流與漩渦，也少走不少的彎路。這樣做對剛起步的快遞企業是明智的，也是必要的。可是，現在中通已經「過了河」，該跟申通、圓通、韻達學的都已學到手了，該從快遞初級班畢業，不能再跟在他們的屁股後面亦步亦趨，要大膽地創新，走一條自己的路。

二十世紀九〇年代，桐廬農民快遞的起步階段，兩城間的快件靠鐵路運輸，即送件員坐著火車送快遞，隨著快遞的發展，業務量增大，包裹越來越多，靠這種辦法就不行了。送件員扛三五個包裹還可以，扛八九個，甚至十幾個，列車員就有意見了，客運又不是貨運，你一個人拿這麼多包裹不僅行李架上放不下，還擋住車廂內的通道。

於是，汽運應運而生，開始時是幾家快遞公司包一輛車，幾家快遞的包裹之間沒有隔板，駕駛員踩幾腳剎車就麻煩了，包裹混到一起了，你中有我，我中有你，甲家拿走乙家的包裹，乙家又拿走丙家的……汽運帶動快遞的發展，規模上來了，速度提高了，業務量上升了，各家快遞開通了自己的網絡班車。

「開通省際班車？不行，不行，在『三通一達』，我們中通的業務量最少，我們只有申通的十幾分之一，圓通、韻達的幾分之一，申通、圓通、韻達還沒開通省際班車呢，我們開通？不行，不行。」有人把腦袋搖得像撥浪鼓似的。

「我們就這麼點兒快件還開省際班車？快遞費還不夠支付過路費和燃油費呢，那不是幹賠麼？」有人憂心忡忡地說。

「這事可要慎重，省際班車開通了，做不下去停下來，那可讓人家恥笑了。可別到時候騎虎難下。」有人告誡說。

這些說法都有道理，「三通一達」其他三家之所以沒開通省際班車，主要是省際間的業務量不大。那時，電子商務還像春天的天井嶺茶樹上的嫩芽，淘寶還沒廣為人知，快件大都是信件。媒體今天報導「黑快遞」被查被扣、被罰款，明天報導「黑快遞」偷件、損件、扣件，有誰敢把件交給「三通一達」？再說，寄快件的大都是機關企事業單位，人家不差錢，幹嘛不把件交給EMS？那是官辦的，即使把件丟了也有理由。

中通正處在盈虧的平衡點，省際班車開通後，倘若業務上不來，跑的是空車，有可能一下子就跌回虧損的陷阱，再想爬出來就難了。

「你們想過沒有，省際班車將會成為我們中通新的增長點。省際班車開通後，我們從上海發往北京、廣州的快件就可以不走航空，不走鐵路。航運成本太高，一公斤要十五元；鐵路的運費不高，可是限制太多，省際班車不開通，我們就要受制於人！省際班車不僅可以保障時效，還可以提高速度，從上海到北京，走航空的話，白天收件也要晚上空運，第二天運到，然後從機場運到轉運中心，送到客戶手裡起碼要在下午，甚至是晚上。」賴梅松說。

二〇〇四年，中通已開通早航班業務，實現江、浙、滬、皖到北京、廣州、深圳、東莞、廈門的「次日達」業務。

「開通省際班車，白天收件，晚上發車，第二天上午送到北京或廣州等地的轉運中心，下午就能送到客戶的手裡。省際班車還可以大大降低運輸成本，華東區域內的運費每公斤三元錢，華東到華南、華北的運費可控制在八元到十元，運費降下來了，快遞費也隨之下調，這樣量就會衝上去。另外，省際班車開通後，過去依靠空運不能運的化妝品就可以接單了，我們中通的競爭力就上去了。」

「三通一達」之所以能在快遞市場上立足，能從ＥＭＳ的鐵飯碗裡分得到羹，一靠速度，二靠價格。從杭州到上海，ＥＭＳ要隔日達，「三通一達」是次日達，整整快了一天；ＥＭＳ收費二十二元錢，「三通一達」高則收十五元，低則收十元。ＥＭＳ痛失半壁江山後，為奪回市場份額，他們不僅提高了速度，也降低了價格。這樣一來，「三通一達」在速度和價格上越來越沒優勢，競爭力也隨之減弱了。

賴梅松認為，中通開通省際班車的條件已趨於成熟。開通省際班車的條件有二：一是擁有一定的業務量，這點中通還不具備，不過省際班車的開通將會刺激業務量的大幅度上升；二是轉運中心要有足夠的規模和實力。

轉運中心，也叫分揀中心、集散中心和中轉站，具有存儲、分揀、集散和銜接作用。從快件攬收到送達的整個過程是靠眾多的點與點的銜接完成的，其中最關鍵、最重要環節就是轉運中心，不管快件走航空還是走鐵路、公路都要經過轉運中心。轉運中心是快遞公司最重要的基礎設施，有人稱之為快遞的命脈。

聯邦快遞進入中國後，二〇〇三年與廣州白雲國際機場簽訂了「合作設立亞太快件轉運中心框架協議書」，聯邦快遞總投資額為一億五千萬美元，白雲機場方面投入近三十億元人民幣，這包括滑行道、機坪、轉運中心的場所區、徵地改造等方面的投入，建成年輸送量達六十萬到八十萬噸，分揀能力達到每小時兩萬四千件的轉運中心。

美國聯邦快遞建轉運中心，為何中方要投入幾十億？轉運中心對拉動當地經濟的作用非同小可，聯邦快遞在亞太地區建的第一家轉運中心設在菲律賓蘇比克灣，該中心通過亞洲一日達網絡連接了十八個主要經濟與金融中心。一九九五年，聯邦快遞亞太轉運中心入駐時，蘇比克灣地區的年產值為二千多萬美元，到二〇〇一年已經增加至十億美元。轉運中心的入駐還帶動了四十個國家的將近五百家企業到蘇比克灣落戶。

聯邦快遞在世界各地擁有五萬多個收件中心，員工近十四萬人，飛機六百三十八架，運輸車四萬三千輛，空運航線遍佈全球，一天在兩百一十五個國家運送的快遞就高達三百一十多萬票，一年即十一億兩千萬票。這時的申通一年只有一億來票，中通還不到一千萬票，而且運送的都是國內件，利潤比紙還薄。若說聯邦快遞是深海巨鯨，「三通一達」也不過是水溝裡的小龍蝦，還處在「老鼠過街，人人喊打」的窘境，不論白雲機場還是黑雲機場都不可能給他們投資建轉運中心。

不過，「三通一達」農民快遞雖然不及美國聯邦快遞專業，可是他們已經意識到轉運中心在網絡建設上的重要戰略意義，二〇〇四年，賴梅松已把轉運中心列為中通的重點建設，他把這一重任交給了何世海。

中通最早的轉運中心分別在杭州、南京、無錫、寧波，不過這都不是總部的，有的是加盟商的，有的是總部與加盟商合資的。在二十世紀九〇年代，申通的快件量少，有些困難還能克服，比如有幾蛇皮袋快件，讓人坐長途汽車送過去，或給司機點兒小費，讓他給捎過去也就罷了；快件的量上來了，十幾個蛇皮袋子就裝不下了，就得開通網絡班車了。

中通一成立就開通上海到杭州，再到寧波的網絡班車。杭州與寧波網點承擔了分揀和中轉作用，可是溫州、臺州、金華、麗水等地距離杭州上百公里，每天往返取件送件不僅辛苦，成本上也吃不消，這就需要選擇合適地點建轉運中心了。

何世海在申通建了幾處轉運中心，這事對他來說駕輕就熟。何世海建的最早的轉運中心在嘉興。申通總部的車把他送到一幢兩層的、髒不拉嘰的小樓就走了。他獨自一人樓上樓下視察一番，樓下那間有點兒空曠，適合做操作間；樓上那間吊著一盞黑不溜秋的小燈泡，燈下有一張破得不能再破的高低床，床上不要說席夢思，連張席子都沒有，裸著一張硬邦邦的木板，這間可以做辦公室和宿舍……

天漸漸暗了下來，他晚上要住在這裡了。還好，他口袋裡有總部下撥的第一筆資金——五百元人民幣。他在附近找到一家食雜店，買了一盒蚊香，一張席子，還有一隻熱水瓶和一箱速食麵。他將「補給」搬到樓裡，打來熱水，泡碗麵。吃飽了，把席子鋪在床上就睡了。

第二天，他就上街找來木工裝修操作間和辦公室，五百塊錢既引進不了裝備，也安裝不了流水線和傳送帶，很快就裝修完了。他招了幾個分揀工和裝卸工。想找一位懂電腦的客服，卻說什麼也找不到，懂電腦的不願意來，願意來的又不懂電腦，實在沒轍了，何世海就把自己老婆叫來了，既解決了客服，又解決了兩地分居、他一人在外沒人照顧的問題。

客服有了，沒電腦不行。何世海又請示總部，要求投入一筆「鉅資」——八千元，買一個大件——電腦。電腦一到，這個轉運中心的軟硬體就齊全了。何世海把嘉興各網點的頭兒請過來開個會，把總部的意圖講一下，轉運中心就運營了。

這一轉運中心與聯邦快遞的相比，猶如鄉村中學的操場與北京鳥巢、水立方相比，簡陋歸簡陋，輸送量和功能不好比，功能還是有的。

何世海在嘉興轉運中心沒「主政」幾個月就被派去建紹興轉運中心，他接著又建了寧波、南京、無錫等地的轉運中心……十來個轉運中心建了起來，何世海就成了這方面的行家裡手。

賴梅松派何世海建的第一個轉運中心在金華。何世海跑到金華轉了幾圈兒，選擇好合適地段，租下一處在一樓有間空蕩蕩的房間、可以做操作間的房子，然後把附近的「各路諸侯」——加盟商、承包商都請過來。儘管要建的轉運中心設施簡陋，沒有聯邦快遞的停機坪和滑行道，以及各種分揀設備，那也需要銀子啊，場地要租金，人員要開工資，網絡班車也有開銷，這些不是轉運中心建起來就拉倒的，是每天、每小時每分鐘都在發生，一切都要總部包攬，總部也吃不消。

在家徒四壁的空房子裡，七八位「諸侯」每人搬塊磚頭，坐上去；沒有茶杯，沒有熱水，何世海給他們每人發瓶礦泉水，就暢所欲言地商談起來。何世海掰著手指頭給「諸侯」算了筆帳：「不建轉運中心，你們每天就得往返杭州送件取件，自己沒車的要花多少運費，有車的養車成本是多少，油耗是多少，高速公路費是多少，人工費是多少，還有風險呢，郵政在路上圍追堵截，你們就得躲、就得跑，出一次交通事故，損失是多少，這幾年，你們出的車禍還少麼？不少。像薛建偉連出幾次車禍，扔進去多少銀子？」

薛建偉是金華的加盟商，籌資建起中通金華網點後，口袋的錢也就花差不多了，連買車的錢都沒有了。金華到杭州兩百多公里，沒有運輸車哪行？賴梅松雪中送炭，借給他一筆錢，讓他把一輛貨車開回來。

為降低成本，節省開支，薛建偉是駕駛員、押車員、裝卸工一擔挑。車跑起來，他就是司機和押車員；車停下來，他就是裝卸工，不分嚴寒酷暑、狂風暴雨，他都按時按點地往返於金華與杭州之間，那份勞頓與辛苦只有他自己知道。

薛建偉的貨車不是廂式的，不能把快件裝進廂裡，門一關，「吧嗒」鎖上。快件裝車後，他要罩上苫布，以免被雨淋濕，或路上巔簸掉件。一次，苫布罩好了，他從車上掉下來，把腿骨摔折了。「傷筋動骨一百天」，腿好不容易養好了，沒過幾天車翻了，他差點丟了性命……

有了轉運中心，金華附近的加盟商和承包商就不用天天跑一兩百公里到杭州取件、送件了，帶來的好處是節省時間、降低費用、減少交通運輸的風險。何世海說：「總部不賺錢是不正常的，網點不賺錢也是不正常的，要平衡公司與網點之間的利益，轉運中心的費用總部承擔四成，網點承擔六成，這樣行不行？」

何世海這麼一說，一切透明了，原來有意見、有想法的加盟商和承包商也都接受了。

在「三通一達」，最早重視轉運中心的是韻達。

二〇〇三年，韻達發生一起震驚快遞江湖的內訌，差點兒被徹底顛覆。總部與加盟商之間的利益難以擺平，讓韻達意識到建立轉運中心的重要性。要想掌控加盟商和承包商就得就近管理，可是總部又不是一輛天南海北到處跑的郵車，今天在上海，明天在廣州，後天在北京，大後天在長沙，怎麼就近管理？建轉運中心！總部若在長沙設一個轉運中心，就可以遙控湖南省的網點。轉運中心還有一個重要功能——有利於資金回籠。過去加盟商是「先上車，後補票」

件發完後再補交面單錢，有的加盟商拖著不給，下邊欠債最多的時候高達上千萬元，總部得像小品中的黃世仁似的低三下四地找楊白勞討債，還不見得討得回來。快遞不怎麼賺錢，有的加盟商幹一段時間就蒸發了，你就是挖地三尺也找不到他了。有了轉運中心，加盟商就得「先買票後上車」，拖欠問題也就迎刃而解了。

韻達一下子建立兩個轉運中心，一個在無錫，一個在杭州。劉樹紅被委以重任，去建杭州的轉運中心。

劉樹紅是誤打誤撞幹的快遞。他原來跟陳德軍、喻渭蛟是同行——木匠，除了做桌椅板凳之外，還承包裝修工程。不過，他不是桐廬人，既不認識陳德軍，也不認識喻渭蛟。他是杭州毗鄰的湖州人。幹工程的特點是活兒好幹，款難要，甚至是要不回來。二〇〇〇年，劉樹紅不想再包工程了，包輛計程車，在杭州開開。木匠活幹膩了，想跳槽了，木匠哪有出租司機好，坐在車裡邊，不用大汗淋漓地推刨子、鑿眼子，可以沿著西湖邊觀賞風景邊賺錢。再說，打得起車的人腰包裡都有幾個錢，是不會欠費不給的，就是欠費不給，也不會欠上幾千幾萬。

可是，這年頭不論幹什麼都講硬道理，承包計程車也不例外，外地人想包車不僅要有暫住證，還得有在杭城居住一年以上的資歷。劉樹紅也算是老實人，沒想歪門邪道，沒弄虛作假，而是想老老實實地在杭州住一年。可是，他不能乾住著，坐那兒幹靠時間，即便坐那兒幹靠時間也還得吃，還得喝，還得住宿，這都需要成本。他找個地方打工，一年後再去承包計程車。結果，他就這樣誤打誤撞地扎進了半死不活的韻達杭州分公司，謀得一份開麵包車的差事。

半個月後，也許老闆發現劉樹紅這人不僅車開得不錯，而且肚子裡還有點兒墨水，在快遞領域算得上人才，於是把他從「駕駛艙」挪到操作間，任命為主管。那時，韻達杭州分公司的操作間在七樓，不管收攬的件，還是派送的件都得坐著電梯上上下下。不過，好在量很少，一天一百四十票，也就十幾蛇皮袋子，樓裡的鄰居還能忍受，最起碼沒拉出抗議的橫幅。

沒效益自然就沒情緒，下邊的加盟商平日打蔫，開全網大會就吵架，一個個像苦大仇深似的，終於有了訴苦的機會。杭州分公司的生意猶如雞肋，既不賺什麼錢，又賠不著，可以說處在盈虧的平衡點。韻達僅有幾條幹線開通了網絡班車，其他幹線還沿著聶騰飛當年的路子往前拱，也就是跑車板——派人坐火車送件，火車上有他們的押運員，杭州網點把兩蛇皮袋子快件送上車，再把寧波等地發來的快遞取回來就ＯＫ了。

有句老掉牙的話兒：「只要是金子，在哪兒都發光。」劉樹紅在韻達發了光，而且一發光就被總部發現了。二〇〇三年七月二十日，劉樹紅被總部調去組建轉運中心。轉運中心組建起來後，劉樹紅就留在那兒了。轉運中心僅有八個員工，除了房子之外，幾乎沒什麼硬體，也不需要什麼設備，整個浙江省每天只有兩萬來票快件，一個人報貨單號，一個人拿筆登記，然後再錄入電腦就ＯＫ了。電腦並不比人腦好使，尤其是他們轉運中心那臺，遇到一票多件，它就迷糊了。電腦迷糊了，人腦沒迷糊，工人把面單貼在一個件上，在其餘幾票件上貼上影本，以免得被電腦誤認為幾個件。

周柏根認為，快遞做大靠的是轉運中心。杭州轉運中心成立後，蕭山、義烏、臺州、溫州、嘉興等地的快件就都要集中到了杭州，然後再從杭州分流。幾年後，經過杭州轉運中心的快件量猛然上升，高達每天十萬件。轉運中心的快件量太少不行，量過大也不行了，於是，韻達就在嘉興又建了一個轉運中心，把嘉興的快件從杭州分流出去。過去嘉興到上海或無錫的快件要經過杭州轉運中心再轉到上海等地，有了嘉興轉運中心後，件就可以直接發往上海等地了，杭州轉運中心的壓力減小了，從十萬件降至八萬件。這還不行，韻達又在蕭山建個轉運中心。最後，又在臺州和溫州各建一個轉運中心。

韻達的轉運中心就這樣一個接一個建了起來。

二、這是一棵難長大的樹

中通的金華轉運中心運轉起來後，何世海又打起背包出發了，去建無錫轉運中心。無錫轉運中心建起來了，卻招不來工，不能使用，這可急壞了何世海。

在美國，想當快遞員可不是件容易的事，不僅要沒有犯罪紀錄，還要沒有拖欠過銀行貸款。儘管快遞員很辛苦，不過卻受人尊敬。英國對快遞從業人員要求就更高了，不僅沒有犯罪紀錄，還不能在從事相關職業時受到過警告、解雇等處分。

在中國，快遞員是社會的底層，不僅沒有尊嚴，勞動強度大，風裡來雨裡去不說，還要像螞蟻似地從早上八點幹到晚上六七點鐘，有時還要加班到凌晨。工作十五六個小時，日收幾百票件，送上百票件，還得忍受顧客的抱怨、訓斥，甚至謾罵，送件延誤要罰款，取件遲了也要罰款，損件、丟件還要自己去賠，工作壓力可想而知。

有報導說，最難招工的三個行當：一是快遞，二是家政，三是餐飲。許多快遞公司採取包吃包住、免費體檢、生日節日贈送慰問品，甚至法定節假日派件的利潤全部歸快遞員所有，仍然難招到人。有的網點經理說：「我們就是好吃好喝地哄著他們幹，還是不斷有人離開。」招工難，快遞的門檻也就越降越低，只要能跑能動，能送件、取件就可以。

轉運中心就更沒人願意去了，勞動強度大，賺錢不多，而且還是夜間工作，從天黑站到天亮。晚上一輛輛網絡班車開來，工人要裝件卸件、分揀，然後再裝車。

偶爾也會有一下招進許多人的時候，那些都是什麼人呢？來江浙打工一時找不到合適單位，沒地方吃飯，沒地方睡覺的。他們一聽還有這等好事，包吃包住，夜間上班，白天就可以出去找活兒了。當他們找到合適的活兒就拜拜了，有的連招呼都不打，不就兩三天工資麼，不要了。於是，轉運中心像走馬燈似的，每天都是一群新面孔。

他們跑了，轉運中心跑不了，還得運轉下去。可是，昨晚二十多人，今晚只剩七八人，這活兒怎麼幹？快遞快遞，關鍵是快，不能網絡班車到了，轉運中心的件還沒分揀完，讓車等在那裡吧？

何世海聽說義烏勞動力市場招工容易，一下就興奮了，那裡有聞名全國的小商品批發市場，是很聚人氣的。他一人從無錫趕了過去。

他一進人才市場，哇，這裡人山人海，人力資源太充沛了，別說招幾十人，就是招幾百人都不成問題。

他像在深山老林轉悠好幾個月終於發現了金礦，驚喜地撥通賴梅松的電話：「賴總，義烏這邊找工作的人太多了，我們要不要多招點兒？」

賴梅松聞之大喜，中通許多地方都需要人，那就多招一些回來吧。

何世海對著那擠擠壓壓的人群吆喝一嗓子：「有想去杭州、上海、無錫工作的嗎？我現在要招的是無錫的，有去的沒有？」

呼啦一下子，男的、女的，高的、矮的，胖的、瘦的，像與組織失聯已久似地湧了過來，將何世海裡三層、外三層團團地圍住了。

何世海詳細地介紹了轉運中心的性質、工作特點和薪酬。人群不僅沒散，反而人越來越多了。何世海那個高興勁兒啊，就甭提了，立即給中通義烏網點的老闆打電話，讓他幫忙雇兩輛大巴，往回拉人啊。

「去無錫的，想去無錫中通轉運中心的請上這兩輛大巴！」何世海興奮地喊道。

人群像水似的，一下子就將第一輛大巴湧滿，第二輛大巴湧進一半人。何世海帶著這一車半的人浩浩蕩蕩地離開義烏勞務市場，朝無錫而去。

車剛駛到義烏郊外，一個矮個兒的人從車後面躥了過來，說：「老闆，我不想去了。」

何世海奇怪：「怎麼改主意了？」

那矮個兒男人大聲說：「我給老婆打了電話，老婆說，無錫離家太遠，不讓我去。」

他的話引起一場哄笑。何世海想，敢情這是一個怕老婆的男人，不去就不去吧。酒桌上不是有個流行順口溜麼：「聽老婆的話跟黨走，多吃菜少喝酒。」這年頭女人比男人優秀，聽老婆的話不丟人，他老婆不讓去，去了也幹不長。讓他下去吧，這麼一大車人，不差他一個。

車在路邊停下，讓那聽老婆話的男人下去。他卻站在車門口上下一通亂摸，把渾身上下的口袋掏個遍，挓挲著兩隻手說：「老闆，我沒帶錢，這麼晚怎麼回去？您能給個打車錢麼？」

何世海想起賴梅松說的，要善待手下的人，善待為中通服務的所有人。雖然這個男人連中通的門都沒摸到，畢竟是要去中通工作的，算了，給他幾十塊打車錢吧。

那男人接錢下車了，車剛要起動，又從後邊躥過來三個男人，說他們也不想去了，要回家，跟何世海要打車錢。

何世海有點蒙了，車後面有人開腔了：「老闆，我們這些打工仔都很可憐，你當老闆的也不差這倆兒錢，給點兒錢讓他們回去吧，難道這麼遠還讓他們走回去麼？」其他人紛紛幫腔。

何世海想想也是，那就給吧，不只為這幾個人，也給其他人看看，讓他們知道選擇中通沒錯，車上還有五六十人呢，這趟收穫還是滿大的。快遞企業怕就怕招不進人，快件堆在轉運中心沒人分揀，網點的件沒人送。

那幾個拿著錢下車走了，車繼續往無錫方向開。

何世海就給無錫轉運中心經理打電話，讓他們準備幾十號人的飯菜，還特意叮囑一下：「我招了很多人，燃眉之急解決了，晚上有人幹活了。多加兩菜，他們餓一天了，怎麼也得讓他們吃個飽飯。對了，碗要備齊，人家不可能帶碗過來。」

接著，他又通知後勤部門，趕緊準備席子和被褥，他注意到了，這些人大都隨身帶個小包，沒有行李。初來乍到的，怎麼也不能讓他們睡光禿禿的床板吧？

何世海心裡甭提有多高興了，這麼多人招進來了，轉運中心就不愁了。轉運中心不同於網點，網點少一個兩個，對全網的影響有限，轉運中心要停擺了，那可就不得了了，影響的是一個區域。

大巴開進轉運中心的大院，轉運中心經理和相關人員紛紛迎上來，面帶著笑容。一下子招這麼多人，何世海覺得臉上有光，聲音都比以往高了幾個分貝，吆喝著，把人帶進食堂。

誰知這一群人下車後竟像非洲饑民似地湧向打飯的窗戶，亂成一團。

何世海見情況不妙，忙擠上前去維持秩序：「大家排排隊，好不好？不用擠，有足夠的飯菜，保證讓每個人吃飽。」

一個粗黑的大漢一把把何世海撥拉到一邊，怒目相向。何世海愣住了：「這個人哪像是過來打工的？分明是黑社會啊，他上車時怎麼沒注意到呢？」

「這飯是人吃的麼，你把我們當成什麼了，當成豬了？」那黑大漢說罷，「叭」一聲把碗摔在了地上。

飯堂做飯的阿姨來氣了，開口罵道：「這飯菜怎麼不是人吃的？你把這麼好的米飯倒在地上，造孽啊？」

這句話像一碗鹽倒進火裡，頓時炸開了，那夥人有的把碗摔到地上，有的扣到桌上，還有的摔到了牆上。

何世海平常也在這飯堂吃飯，沒覺得不好吃，那位大嫂做的飯菜雖不比其他飯堂好，也不比其他飯堂差啊。平時是一葷一素，今天還特意加了一道葷菜。剛才進食堂時，他還特意看了一眼，那菜的品相和撲過來的味道都不錯啊。

「我們不幹了，賠錢，讓他們把我們送回去！」黑大漢大聲吼著。

何世海一下明白了，這些人不是來幹活的，而是鬧事的，是來敲詐的。

操作部的工人跑了出來，聽說新來一批工友，以為人多好幹活兒，這樣大家就不必像狗攆似的緊張和辛苦了，沒想到這幫人卻在食堂撒野，把飯菜扣在了地上和牆上，還說這飯是豬吃的。怎麼是豬吃的？轉運中心的人天天都吃這個，這不是罵我們是豬麼？他們火了，想過來教訓一下這群人事不懂的傢伙。

氣氛像拉圓的弓，越來越緊張了，雙方的火藥味也越來越濃，何世海怕打起來，冷臉對轉運中心的工人說：「這裡的事情交我處理，你們該工作工作，都回去！」

快遞江湖多草莽，是魚龍混雜之地，一句話說不來就可能抄傢伙，動武打群架的事情並不少見。加之快遞的不合法身份，出了事公安介入，對雙方都是麻煩。

不過，何世海的帳操作部的工人還是買的，他們面帶惱怒悻悻而去。

中通的人少了，只剩下何世海、轉運中心經理，還有三兩位管理人員。

對方氣焰更加囂張了，幾十號人站的站，坐的坐，幾乎個個凶神惡煞。

何世海平靜一下，說：「大家都是老江湖了，僅僅是飯菜不合口嗎，不至於這樣吧？中通究竟哪兒做得不對，儘管說出來。」

「騙我們來這種鬼地方，還有什麼好說的，拿錢走人！」一個精瘦精瘦的男人說道。

「對，有什麼好談的，給我們賠償，讓我們回家！」幾十人跟著嚷嚷。

「拿錢？憑什麼，說出個名堂來聽聽。」何世海問道。

「你把我們騙來了，要賠償誤工費；我們要回去，你要出路費！」還是那個精瘦男人。

看來這傢伙是頭兒，他每說一句，那群人就跟著應和。

「你們究竟是來工作的，還是來訛人的？別以為中通好欺負，告訴你們，今天一分錢也別想訛走！」站在何世海後面的年輕人火了，衝那精瘦男人喊道。

這下壞了，那幫人正找不到碴兒呢，他們忽地衝了過來。何世海見勢不妙，拉著年輕人就跑，那群人衝進辦公室，見到東西就砸，見人就打。何世海見局面失控，趕緊撥通一一〇報警，隨後撥通上海總部的電話……

總部速派幾十人乘坐大客車趕過來。警方也來了，經過一番調解後，中通給那群人買了返程票，這場招工風波總算過去了。中通連雇車，再買返程車票損失了數千元。

事後，何世海才知道，這群人是專門吃這碗飯的，他們蹲守在義烏勞務市場，尋找敲詐的機會，搞得知情的企業都不敢去招工。

無錫轉運中心的招工風波過去了，沒過兩年無錫轉運中心又遭遇百年不遇的大雪襲擊。

無錫轉運中心是鋼架塑膠棚，二〇〇八年那場大雪沒完沒了地下著，棚頂的積雪越來越厚。一名操作工人無意抬一下頭，咦，這棚頂不大對勁啊，好像有點兒歪了。他急慌慌地叫來頭兒，頭兒歪著腦袋往上看，可不真就歪了。

頭兒四下撒眸一圈，發現牆角倚著一把掃帚，過去抓起來，踩著梯子爬上去，把掃帚搆著的雪都掃了下來，搆不著的就沒辦法了，塑膠棚禁不住人。

何世海聞訊心急火燎地趕到無錫。他到時轉運中心支柱像撐不住了的漢子似地發出呻吟。壞事兒了，操作間要倒塌了，得趕快往外搶快件，要不然就被壓在裡邊，埋在雪裡了。何世海不顧一切地帶領工人衝進去，像抗洪似地手拎肩扛地往外搶運。

何世海邊跑邊喊：「客戶的件絕不能損失。客戶是什麼，客戶是我們快遞的祖宗！」最後一包件搶出來，放在地上，那個工人還來不及喘口氣兒，就聽背後「轟隆」一聲巨響，回頭一看驚呆了，操作間像被砍斷腿的巨人倒了下來，又像遭到轟炸，飛濺起的積雪在空中揚起一片片白色的晶瑩的迷霧。

轉眼間，操作間變成了廢墟，一片狼藉。

轉運中心坍塌了，等候在外邊的網絡班車怎麼辦？無錫轉運中心是全網輸送量最大的一個，每天進出的網絡班車絡繹不絕，停一會兒門外就排起長隊。上海的一百多個網點，再加上無錫周邊的網點都要將收上來的快件送到無錫轉運中心分揀，然後發往全國各地；全國各地寄往上海和無錫的快件，也要經過這裡分揀後送往下邊的網點。

無錫轉運中心是不能停的，它一停就會造成網絡大面積癱瘓，那就出大事了。客戶不能及時收到件，那就等於中通沒兌現自己的承諾，快件快件，要是不快，客戶憑什麼多花錢發快件？再說了，這快件中可能有醫院亟需的特殊手術刀和心血管支架，這些快件送不到，病人就得不到及時的救治；快件裡可能還有投標書、海運提單、合同、訂單和樣品等急件，也可能有學生急需要的高考複習資料，哪裡耽誤得了？還有，有些客戶收不到快件會直接投訴到國家郵政局，郵政局不管你什麼緣故都要處罰。罰款是小事，這關係到中通的聲譽與尊嚴。

何世海急忙指揮現場的一百多個工人卸件，把車上的件卸到院內，用雨布苫上。分揀是晚上進行的，分揀快件的操作平臺都被壓在廢墟之下。分揀不能停下來，快件一天都不能積壓，可是又不能在雪地上分揀，融化的積雪會汙損快件。沒有辦法了，何世海咬咬牙，扒，把操作平臺從廢墟裡扒出來！

工人們七手八腳地移開鋼架雨棚，操作平臺終於露出來了。工人在露天地，頂著西北風分揀。雪後的天氣格外寒冷，沒一會兒，工人的臉凍紅了，手指凍僵了，腳趾凍得像貓咬似的，可是他們還在緊張地分揀著……

何世海被感動了，趕緊讓食堂熬幾鍋滾燙的薑湯送來，又派人找來一些禦寒的大衣和手套。幾天後，何世海以高價租下一個臨時場地做操作間，無錫轉運中心終結了露天操作。

招工風波過去了，大雪壓塌操作間的事情過去了，拆遷又出現了。

溫州轉運中心位於市郊，是跟村裡租的場地。當初選擇在那個地方考慮的是租金便宜。誰知運營沒兩年，突然接到一紙拆遷令，限在一週內搬遷。

要在一週內找到新的場地，還要將電話安上，將掃描器、電腦的線拉上，把設備搬過去安裝上，這哪辦得到？

溫州轉運中心說了，已派人找過場地，沒有合適的。

何世海急三火四地趕到溫州，找拆遷辦交涉，請求寬限幾天。

拆遷辦虎著臉說：「不行！這是市政府的重點工程，耽擱了，誰負責？你們必須在一週內搬走。」

看來只能背水一戰，沒有退路了。何世海馬不停蹄地到處找場地。轉運中心對場地要求比較特殊，一是要寬敞，有足夠大的空間，便於安裝設備；二是交通方便，四通八達，還要便於車輛停靠和出入；三是租金不能過高，租金高了承受不起。

何世海腿都快跑斷了，也沒找到合適的場地。

拆遷辦不停地上門催，並發出最後的通牒。

何世海火了：「搬走？找場地要花時間，搬遷也要時間，你們只給一週的時間，讓我們往哪兒搬？」

拆遷辦說：「你先把東西搬走，再慢慢找嘛。你要是一年找不到地方，我們還等你一年？」

說罷，人家一甩手走了。

哪裡像拆遷辦說的那麼輕巧，轉運中心不能停，它要一停那麻煩可就大了，外地寄來的件無法分揀，派送不了；本地寄往外地的件無法分揀寄不出去，就像人腦出現了梗塞，相應的部位就要癱瘓了。

一週很快過去了，何世海急得滿嘴大泡，總算找到一處場地，那地方破破爛爛，收拾起來得下番功夫，不過交通還算便利。他正猶豫這合同簽還是不簽，要不要再另找，手機響了，剛一摁接聽鍵，那頭聲音就迫不及待地鑽了出來：「何大，你快回來，拆遷辦的人把挖掘機開過來了，要強拆……」

何世海的頭「轟」的一聲，血湧上來，拚命往回趕。他趕到時轉運中心前邊有三四輛車，百十個全副武裝的城管，轉運中心的房子已變成一片廢墟。

何世海的眼淚一下子就下來了，衝著那群拆遷的人喊道：「砍頭之前也給碗殺頭飯呢，你總得寬限幾天哪，快遞是服務大眾的，這裡的每一個快件都是客戶的，你們總得讓我們把快件搬出來啊……」

轉運中心經理見何世海跑了過來，眼淚汪汪地說：「何大啊，我已盡力了，能搶的我都搶出來了。」

何世海明白了，他是說快件已搶了出來。何世海不禁鬆了口氣，不管怎麼說快件搶出來了，沒給客戶造成損失。可是，分揀平臺、設施、空調和電腦、電話都被埋在廢墟裡。何世海領著工人把設備扒出來，拉到新的場地，馬上分揀，一刻也不能耽誤。

那幾年，屬狗的何世海像一條獵犬似的疲於奔命地奔波著，除抓轉運中心之外，還跟另一位屬狗的人——賴建昌處理郵政的處罰。

一次，中通的網絡班車在江陰境內被查扣，何世海跟著賴建昌過去處理。

郵政執法人員在中通的班車上發現了一票信件。信件屬郵政專營的，民營快遞經營是違法的，整車快遞被扣下。賴建昌突然有事離開，第二天夕陽西下時，何世海把查扣事件處理完，乘坐大巴返回上海。

他實在太累了，這兩天心一直懸著，飯吃不下，覺睡不安，尤其是跟郵政打交道太難，他們居高臨下，頤指氣使，根本就不聽你說。他們讓把一車件卸到地上，然後一件件地排查，查出來就罰款。

有時罰得太多，何世海就得跟他們磨：「能不能少罰點兒，我們做快遞的也真的很不容易。」遇到通情達理的給減免點兒，遇到蠻橫不講理的，你說什麼都沒用，只得乖乖地交罰款走人。

何世海上了大巴就睡著了，不知睡了多久，突然感到身體離開了座位，飄了起來，「咣」撞在車棚，又跌落下來，眼鏡飛了出去……

「壞了，出車禍了。」緊接著是一聲聲巨大、驚悚的撞擊聲，車裡一片哭喊聲。劇烈撞擊之後，大巴終於安靜下來。何世海驚魂未定，抹一把臉，滿手是血，伸一下胳膊，動一下腿，還好都在。外邊黑乎乎一片，什麼也看不見，他摸到車窗跳了下去，還好兩腿還能行走。這時發現有多處擦傷，疼痛難忍。

可能是司機太疲勞了，撞上高速公路邊上的護欄。後面的車輛來不及反應，一輛接一輛地撞上來，發生了五車連撞，死傷慘重，何世海乘坐的大巴死亡四人，傷者眾多，到處都是哭喊聲和呻吟聲。

何世海慶幸自己還活著，還能一瘸一拐地走動，這得益於坐在大巴車的中部偏後，而且他習慣於兩膝頂在前排的椅背，覺得這樣坐著舒服，要不是這樣的話，他也許早就成為「空中飛人」，飛出車窗之外。

一個孕婦被卡住了，不能從車上下來，何世海幫忙把她弄下來。可是，她傷勢很重，下來後就一聲不響地躺在地上，直到救護車到來把她抬走。何世海沒有手機，跟乘客借用一下，給賴梅松打電話，匆匆說了兩句：「賴總，我坐的車出了車禍，我還好……」

何世海回到總部時已是夜半。賴梅松自接到電話後就坐立不安地等待著，總算把他給盼了回來。賴梅松的父母也都沒有睡，何世海一進來他們就把他圍住了，將他全身上下檢查了個遍，見沒大礙才放心。老人又把熱好的飯菜端了上來，他餓壞了，幾乎一天沒怎麼吃東西，可是端起碗來手卻抖個不停……

從那之後，何世海患了乘車恐懼症，只要一提坐車就兩腿打戰。可是不行啊，他的工作就是要不停地外邊跑，不坐車哪行？兩天後，他又跟著賴梅松坐車去了杭州。沒辦法，全網很多事情要做，每個人都要身兼多職，忙得跟奔跑的兔子似的。為省錢他們時常坐網絡班車出去，網絡班車像老鼠似地晝伏夜出，他們也是如此，天一黑就坐車走了……

三、要像追姑娘那樣做快遞

二〇〇五年，中通的省際班車開通了。先開通的線路是杭州到北京、杭州到廣州這兩條幹線。

省際班車要沿途停靠，杭州到北京的幹線先停靠上海，然後是武漢、鄭州、石家莊等城市的轉運中心，最終抵達北京，將送的快件卸下，再將發往沿途各地的快件裝上。可是，即便這樣，車上的件也少得可憐，甚至連一廂底都不到。

中通總部上上下下都在關注省際班車開通後快件增量變化。

三天過去了，量沒上來；六天過去了，量沒上來；九天過去了，量仍然沒有什麼起色……許多人的心都懸了起來，而且越懸越高。這樣不等於倒拎著錢口袋撒錢麼？別說剛剛跨越盈虧平衡點的中通，即便是實力強大的申通也撐不住啊。

「停下來吧，跟什麼較勁也別跟錢較勁，面子哪有錢重要啊？」

「不能再開下去了，再開下去就把中通拖垮了。」

各種議論像波浪湧來，越來越大，攪起一片悲觀與失望的泡沫。

賴梅松一直在關注省際班車經過的那幾個網點增量的變化，不過該做什麼做什麼，看不出有什麼波瀾。中午，大家一起吃飯時，賴梅松扒拉完碗裡的飯就坐到一邊吸煙去了。其他人也吃飽了，擱下碗筷，圍坐在他的四周。

這是飯後小憩，是一天最悠閒、最從容的時光。

賴梅松邊吸煙，邊跟大家扯閒話。

他說，前段時間回了一趟歌舞鄉，見到過去一起做木材生意的那幾個村幹部。想當初，他和他們一起扛著行李捲，從歌舞鄉出來，到杭州麗水路的木材市場做生意。也許感覺木材生意沒那麼好做，也許不願過那種遠離家鄉和親人的孤苦日子，他們都回去了，只有賴梅松和另外一個人堅持了下來。堅持下來的人都賺到了錢。

這次碰到，他們對他說：「你現在做得好啊，成了大老闆了，我們可倒好，還在家種地呢。」

賴梅松說：「這幾個村幹部論智商、論闖蕩社會的經驗、論當時的資金實力都比我強。可是，他們退回來了，沒有堅持下來，到底是為什麼？」

「為什麼？」有人瞪大眼睛問。

賴梅松的話調動了他們的好奇心。

賴梅松吸一口煙說：「他們除做木材生意之外還有很多路可以走，比如回到村子裡還可以繼續當他們的村幹部；他們的生活比我優越得多，對城裡的生活不太適應，覺得在杭州不如在家裡舒適。我沒他們那麼多選擇，我回村不可能當村長或者書記，我是沒有退路的。

「在做木材最難時，難以堅持下去時，我就想，我從小是在山裡長大的，最熟悉的就是木材，我沒有別的長處，就這麼點兒長處，而且這個木材生意，我已做了好幾年，人家能做好，我做不好，我首先要檢討自己，從自己身上找原因，而不是放棄不做。」

「這個世界上，這樣的人太多了，站這山望那山高，做這一行，總覺得那一行好，結果哪樣事情也做不長，哪樣事情也堅持不下來，沒有一樣能做成功的，」他話鋒一轉，接著說，「做快遞也是這樣。有時候，我也會感覺到煩。煩又怎麼樣？放棄不做了？」

他頓了頓，聲音突然提高了：「不能放棄不做。煩的時候要自我解壓，自我調節，要想著我去做快遞，比其他什麼行業都好，不管遇到什麼事情，抱定做下去的信念。實際上三百六十行都是一樣的，不管你做哪一行，都會有成功與失敗，你失敗的時候就要調整策略，而不是放棄不做。」

「做快遞，就好比追姑娘，一天不行兩天，最後總能追到手。最重要的是你要堅持，要專一。」

賴梅松對省際班車充滿信心，快件速度提高了，價格降低了，量怎麼可能不上來？這好比車從每小時四十公里提升到一百二十公里，你不可能一腳油門踩下去立馬就是一百二十公里，總需要一個過程，需要有點兒時間吧？另外，不同的車需要的時間也不同，排量大的短一點兒，排量小的就得長一點兒。同理，像中通這樣市場份額還不到申通的十分之一的小公司，量上升的速度自然要慢一些。中通開通第一輛網絡班車時，全網不是僅有五十七票麼，不是也有人提出要停下來麼，結果怎麼樣，網絡班車沒有停，量卻上來了。

這樣的事情在「三通一達」其他公司也有過。二〇〇三年，韻達杭州轉運中心建起來，網絡班車卻沒開通，不是加盟商自己開車取件、送件，就是通過火車和長途汽車送件。韻達在溫州地區開會時，劉樹紅提議開通溫州到杭州的網絡班車。這一提議得到溫州加盟商和承包商一致贊同。可是，當談到費用攤派問題，有的加盟商就「螞蚱眼睛——長長了」，最後攤來攤去，還有四百三十元錢誰都不肯出，也就是說這四百三十元錢若消化不了，網絡班車就不能開了。

劉樹紅跟董事長聶騰雲彙報時，強調杭州轉運中心建起來後，杭州到溫州的網絡班車就必須得跑了，攤派不下去四百三十元錢總部先墊上，等車開通了，快件量上來了，也就不虧了。

對總部來說，四百三十元看似小數，可是每天四百三十元，一個月下來就是一萬多元，重挫之後還沒恢復體力的韻達是否能承受得了呢？

劉樹紅是個執著的人，認準了的事就要做到底，他又跑去跟聶騰雲的妻子陳立英說，讓網絡班車先跑起來吧。三個月後，總部就不用再墊錢了。

劉樹紅的建議被韻達採納了。網絡班車開通三個月了，總部貼的錢不僅沒有減少，反而越來越多了。有了網絡班車，加盟商和承包商什麼活兒都接，甚至連床和沙發那麼大的件也敢接，結果把網絡班車塞得滿滿的……

後來，轉運中心和網絡班車的效益凸顯出來了，韻達又在嘉興和義烏建立了轉運中心。鄧小平說：「發展才是硬道理。」沒錯，韻達發展了，有錢賺了，總部也就穩定了。韻達在浙江和江蘇占有一定市場份額之後，他們才有力氣向北京、廣州等地擴展。

省際班車開通半個月後，量升上來了；兩個月後，中通的利潤大幅度上升。其他幾家公司意識到開通省際班車的重要意義，也相繼開通了，可惜晚了一步，他們開通一輛省際班車時，中通已開通了五輛；他們開通五輛時，中通已開通十輛了，而且中通不斷在開闢新的幹線，江浙滬通往華南、華北的幹線一條接一條地開通了……

為加強車輛的管控，中通隨後為所有車輛安裝了GPS系統，將原來的車輛外包，改為自己投資買車。在隨後的幾年裡，中通的省際班車覆蓋了全國三十一個省市自治區，省際班車的開通為中通的發展壯大起到極其關鍵的作用。

二〇〇五年年底，中通全網實現每天收件七八萬票，比前一年增長百分之六十，利潤四百萬元。

二〇〇六年一月十九日，中通快遞進入「中國快遞行業十大影響力品牌」，董事長賴梅松榮獲「中國品牌建設十大企業家」稱號。

06

揮之不去的夢魘

一、一場顛覆性的內訌

有人形象地說，加盟制就好比十人捧著一口鍋。

要是十人捧著的一口鍋，有一人不僅不捧，還爬上鍋沿撈著吃呢？其他九個人會有何反應？會不會爬上鍋沿的人由一個變成兩個，由兩個變成三個、五個……爬上鍋沿的人比捧鍋的人還多，最終鍋被摔在地上，誰都沒飯吃了。

十人捧著一口鍋重在心齊。人心齊，泰山移。可是，這世上最難的事恐怕就是人心齊。無論是戰場上的兵敗如山倒，還是企業的一夜崩盤，十之八九都是敗在人心。

誰攪亂了人心？是第一個爬上鍋沿的人，還是機制？

可能有人說：「沒小偷也就沒必要有鎖，沒人爬上鍋沿，十人捧著一口鍋的遊戲規則也就不會被破壞。」也可能有人說：「人性是醜陋的，人的本性是自私的、貪婪的，必須把這些裝進制度的籠子裡。沒有制約機制勢必會有人爬上鍋沿，有了制約機制即使有人想爬也不敢爬，即使爬上去，也撈不到吃的，反而還會遭受懲罰，連捧鍋的機會都沒了。」

可是，任何籠子都是有缺欠的。

眾人拾柴火焰高，加盟制讓沒資本、沒背景、沒合法身份的歌舞鄉農民創造了「三通一達」的奇蹟，讓他們的網絡快速鋪向全國。可是，每個加盟商都是獨立的法人，「三通一達」下邊的公司和網點是獨立核算、自負盈虧的。加盟商和承包商除交總部面單費、中轉費、管理費、物料費之外就是他們的毛利潤了。

有人將加盟制快遞的發展模式稱為「爆發式增長」、「野蠻生長」，是「跑馬圈地，盲目擴張」，他們認為，加盟制易導致網絡不穩，管理鬆散，服務品質下降，導致「奪命快件」、加盟商和承包商偷件，以及大打價格戰，引發行業混亂等現象出現……

加盟制的確有其弊病。

二〇〇三年六月二十三日，周柏根在桐廬縣參加完駕駛證考試，回到在百江鎮農村的家裡，電話響了。

「老舅，你馬上趕回上海……」聶騰雲急切地說。

「這麼晚了，怎麼趕得回去呢？」周柏根望了望窗外滿天的星辰，犯愁地說。

桐廬是被鐵路遺漏的縣城，浙江像這樣的縣城還有一些。沒有鐵路就得靠公路和水路，過去桐廬水路發達，現在歷史悠久的碼頭也都廢棄了，從百江鎮去上海只有坐大巴了。大巴有兩種坐法，一是千島湖到上海的大巴經過百江鎮；二是坐縣內公交去五十多公里外的縣城，坐桐廬到上海的大巴。可是，這深更半夜的，哪還有車呢？

當年，聶騰飛在世時多次打電話給周柏根，勸「老舅」過去一起做。周柏根自己沒過去，卻沒少幫聶騰飛招兵買馬，把親朋好友介紹去。那時，他沒看好快遞這一行當。

一九九七年十月，周柏根突然接到聶樟清的電話，說聶騰飛在紹興出了車禍，請他立即過去。他聞訊大驚，叫輛麵的[1]，領著幾個兄弟連夜趕了過去。

周柏根幫忙料理了聶騰飛的後事。葬禮上，數百加盟商、承包商從全國各地趕來弔唁，桐廬縣的花圈幾近售罄，不僅震驚歌舞鄉和桐廬縣，也讓周柏根對快遞這個行當刮目相看。

葬禮後，聶樟清和聶騰雲父子對周柏根說：「聶騰飛沒了，你這回一定得過來！」

二〇〇〇年九月，周柏根把自己生意上的事都處理利索了，像進城務工的農民似地扛著行李捲上了大巴，風塵僕僕地趕到上海的韻達總部。

他進門一打聽，聶騰雲不在，有點失望。再問，聶騰雲攜新娘回老家結婚去了。這麼大個事兒怎麼能不告訴老舅一聲呢？再怎麼說也得請老舅喝杯喜酒啊。他讓人立馬給聶騰雲打電話，告訴老舅來了。

聽說周柏根來了，聶騰雲喜出望外，婚禮一結束就從桐廬趕了回來。

「公司哪個地方最重要？」聶騰雲給周柏根介紹了一下韻達的情況，然後轉過身問旁邊業務主管。

「慈溪。」

[1] 編按：麵的，即麵包車的士，也稱「麵包車」，即廂型車計程車，於一九八〇年代到一九九〇年代在中國北京以及天津一帶頗為盛行的一種廉價計程車。

慈溪是韻達的兩個支柱網點之一，每月收入高達數萬元；另一個就是聶樟清和老伴執掌的寧波。慈溪過去是聶騰雲打理的，韻達成立後，他擔任了董事長，不得不離開慈溪。

聶騰雲點點頭，讓周柏根鎮守慈溪。

周柏根在韻達是個特殊角色，名義上是慈溪網點的責任人，實際上管得很多，也很雜，上海總部有什麼事，打一個電話他就要趕過去。

這深更半夜讓自己趕回上海肯定是急事，周柏根想。

聶騰雲沉吟一下，簡要說明了一下情況。

周柏根不禁大駭，原來下邊的加盟商和總部的高管勾結起來，企圖將韻達全部人馬帶走，連看門的老頭兒都不留。他們新組建一個公司，公司分為十股，每股八萬元，韻達部分加盟商和高管已經成為新公司的股東。倘若這一陰謀得逞，韻達就像被蜜蜂遺棄的空巢，除周柏根管的慈溪、聶樟清夫婦管的寧波網點和聶騰雲叔叔管的南京網點之外，其他的網點都沒了。韻達失去了網絡，靠那三個網點是無法生存下去的。聶騰飛離世後，申通歸了陳德軍兄妹，韻達這次若被顛覆，聶氏父子十年的心血則付之東流。

在加盟制快遞，這類事情屢見不鮮，周柏根在慈溪就遇到過。

「你現在怎麼還沒回來，要不要我過去幫你？」周柏根打電話問Y。

Y是慈溪網點下來的承包商，平時晚六點鐘要回網點交件。Y的手下有好幾個大客戶，有時件多得弄不過來，周柏根就過去幫忙，不過距離網點不遠，也很方便。

「我不敢過去了。」Y說。

「你不回來，那你幹嘛去了？」周柏根不解地問。

「我把收來的件交給天天發了。我不在你那邊做了，去天天做了……」

周柏根腦袋「嗡」的一聲，Y負責那部分每月為慈溪網點創利高達兩萬多元錢。可是，木已成舟，無法改變，周柏根懊惱不已，三天三夜睡不著覺。他那個後悔啊，怎麼就那麼相信Y呢，怎麼就沒把重要的幾個點盯死呢？

周柏根在次日一早趕到了上海，瞭解一下情況，覺得江蘇下邊的網點恐怕是保不住了。江蘇的加盟商是安徽人，此人在蘇、皖兩地頗有實力，下邊的二級、三級加盟商聽他的。他已拋棄韻達，成為新公司的股東。這時，浙江的加盟商和下邊網點還處於猶豫徘徊之中。

周柏根建議聶騰雲當機立斷，一是將參與「謀反」的高管解聘，斷其在韻達活動的機會；二是召集上海的加盟商，他們大都是桐廬人，比較可靠，要求他們將業務立即停下來。

高管解聘了，危機卻沒解除。上海的安徽幫把韻達總部的大門口堵了個嚴嚴實實，上海發往外地的件運不出去，外地發到上海的件運不進來……

一天過去了，兩天過去了，那邊的新公司開張了，韻達的件被他們運了過去。可是，那邊還不甘心，發了狠話：不僅要把韻達困死，還要衝進去搶件。

周柏根對聶家父子說：「等死不如戰死。」他讓人準備三百根鋼管，每根長八十釐米，有人衝進來搶件就跟他們拚個魚死網破。

傍晚時分，上百人手持器械衝進來。當過兵的聶樟清把他們攔住了。

「你是誰？」對方問。

「我是我啊，」聶樟清瞪大眼睛說，「我是韻達的法人，公司是我的，快件是客戶的，誰敢進院搶劫，我就砸碎他的腦袋！我還就不信了，堂堂大上海，共產黨的天下，還敢公然搶劫！」

接著，他又以老子教訓兒子的口吻說：「誰派你們來的？拿人家幾個錢就出來打打殺殺？我已經報警，警察馬上就到。你們沒有老婆孩子嗎？你們被抓了，誰給你們養活？」

一位工人用手推車把三百根鋼管推出去，「嘩」幾百名韻達員工紛紛操起鋼管，衝向前去。劍拔弩張，氣氛空前緊張，一場驚天動地的肉搏即將拉開帷幕。

突然，警笛大作，對方陣營霎時大亂，像打開捆的稻草散落了。韻達也不再往前衝，危機被化解。

最終，對方有三十多人被捕，那家新公司也隨之銷聲匿跡。

二、驚心動魄的索件

「三通一達」最早的加盟商以歌舞鄉村民為主。山裡的農民一是淳樸厚道，講情講義講道理，願賭服輸，不會自己的生意做砸了，胡攪蠻纏地找別人算帳，逮著誰賴誰；二是鄉里鄉親的，誰要是做了不仁不義的事兒，脊樑骨都要被人戳穿，無顏回鄉。他們即便賣房子賣地、砸鍋賣鐵、傾家蕩產做快遞，做賠了，做不下去了，也不大會幹出扣件的事來。可是，隨著「三通一達」規模的擴大，網絡的延伸，下邊的加盟商和承包商越來越龐雜，歌舞鄉之外的人越來越多。在二〇〇六年之前，民營快遞還屬於「黑快遞」，經營信件還是違法的，做快遞的人層次很低，什麼人都有，有的願賭不認輸，賺錢怎麼都好，輸了就擺出一副無賴相。

二〇〇三年的夜晚，夜色將波濤翻滾的喧囂吞沒，溽熱悄然將上海淹沒。子夜與凌晨交割時，萬籟俱寂，似乎整座上海都沉睡了。突然，電話鈴聲大作。

剛入夢鄉的賴梅松被驚醒了。晚上，賴梅松跟工人一起把快件分揀好，打包裝車，然後看著網絡班車駛離總部。回到房間時，夫人賴玉鳳也剛攏完一天的賬，他們每天都睡得很晚。

賴梅松伸手摸過叫個不停的手機，按下接聽鍵。做快遞這一年來，手機像一一〇、一二〇和一一九似地保持二十四小時開機。最怕的就是這種午夜電話，不僅聽著驚心動魄，而且絕沒好事，不是網絡班車被查、被扣、被罰款，就是出了交通事故，猶如一團團亂麻冷不丁地塞進心裡，即便不深更半夜爬起來趕過去處理，這一夜的覺也被攪散了，翻過來，倒過去，無論如何也進不了夢鄉了。

「賴梅松麼？我是……」語氣比寒冬臘月的西北風還要冷冽。

賴梅松聽出來了，是承包商E。此人平素對賴梅松挺恭敬，張嘴閉嘴都是賴總長、賴總短的，從沒直呼過名字，今天不大對勁兒，賴梅松的心不由得懸起來。

E是蘇北人，一年前投資中通網點，成為加盟商下邊的承包商。可是，他折騰來折騰去不僅沒把網點做起來，沒賺到錢，反而還賠了。這人屬於願賭不服輸，能賺不能賠那種，賠了錢就像被人割了肉似的蹦躂，不斷地找加盟商，找總部，而且越來越理直氣壯，好似那生意不是自己做賠的，是別人給他弄賠的。

賴梅松和副總張惠民沒少往E的網點跑，業務上給予扶持和指導，鼓勵他好好做下去，可是仍沒見起色。

「有事？」賴梅松問道。

「有一車快件被我拉回老家鹽城阜寧了。」

怕啥來啥，E扣件了。

「你要想要那車件的話就馬上過來，拿錢換件……嘟嘟嘟……」話一說完，對方就掛斷了電話。

賴梅松急忙起床，賴玉鳳也醒了，意識到出麻煩了，悄悄穿上衣服。

二十一世紀初，對民營快遞來說，扣件是一種司空見慣的事情。

賴梅松找來中通的副總張惠民。張惠民是老快遞，不僅經驗豐富，而且跟加盟商和承包商熟絡。聽說件被扣了，張惠民陡然緊張起來。對剛起步的中通來說，扣件是重創，甚至有可能會致命。新快遞攬件本來就難，件沒及時送到，還被扣下了，客戶不翻臉才怪呢。遇到這種事，快遞公司只得任人宰割，跟對方協商，只要開價不那麼離譜也就答應對方，把件贖回來。

凌晨三點多鐘，賴梅松他們乘坐的桑塔納[2]*就駛進阜寧境內，見到E的車。

E打來電話，讓賴梅松跟在其後，兩輛車一前一後駛離省道。

賴梅松突然發現E的車沒駛往阜寧城裡，而是駛向山裡，在山道上繞來繞去，越繞越沒人煙，越繞越荒涼。車裡的氣氛陡然緊張起來，E會不會在什麼地方設下埋伏，把他們綁架了？

---

[2] 編按：桑塔納（Santana）牌轎車，是德國大眾汽車公司在美國加利福尼亞州生產的品牌車。

跟還是不跟？

跟！無論如何也要把那車件要回來。

賴梅松感覺坐在身邊的張惠民似乎在抖。

「老張，你不用害怕，他們衝我來的，不是衝你來。他們要綁架的話只會綁架我，不會綁架你的，我是老闆，你是打工的。不論發生什麼，我肯定會保護好你的。他們要打要殺衝我來，是不會動你的，你是無辜的……」他安慰張惠民道。

夜色像浩瀚的海水在車燈劃開的瞬間合上，樹林陰森恐怖，路邊的懸崖像一張開闊的大嘴，隨時都可以將車吞下……

八年前的一場車禍給賴梅松留下驚心動魄的記憶。那是在婚禮前，他的錢都壓在生意上了，而且大部分壓在賴玉鳳的父親，也就是他未來的岳父的木材生意上。那年，賴玉鳳的父親進了許多木材堆在家裡沒有賣掉，眼看就要結婚了，沒錢辦婚事哪成？

對中國農村，對歌舞鄉，對天井嶺村來說結婚都是天大的事情，婚禮必須辦得隆重熱鬧，令人難忘，何況賴梅松是村裡的首富，賴玉鳳的父親又是村支書。可是，隆重就要場面宏大，就要請很多人，就需要一大筆錢來支撐。翁婿倆一商量，賣掉一車木材。

天不作美，下了一場在江南少見的大雪，以往的雪落地就化了，變成了水，而這場雪沒化，越積越厚，遠近山頭銀裝素裹，賴梅松押著裝滿木材的卡車上路了。滿載的卡車像穿著厚厚的、笨重棉衣的老人行走在被雪覆蓋的蜿蜒山道，雪被輾得「咯吱、咯吱」地響。上坡時，車若負重的老牛，氣喘吁吁；下坡時，像患了腦血栓似的蹣蹣跚跚、踉踉蹌蹌，時常冷不丁地一跳一滑，讓人心驚肉跳。

這時，拉木材出山是危險的，山上浮石在雪的擠壓下會順著坡滾落，山路的一邊即懸崖，稍不小心就會連人帶車滾下山去，粉身碎骨。賴梅松生性沉穩，很少幹這樣的懸事，這次為迎娶玉鳳也只得跑一趟了。玉鳳的父親一大早就趕到鎮上，在木材公司等他和這車木材。

賴梅松不停地叮囑駕駛員，當心，當心，慢點兒開！再過一個星期就是新婚大喜的日子，早已收拾好新房，盼望著這一天的到來，說什麼也不能出事。

車終於拱到了水庫。那汪碧水猶如美人沉靜的眸子，在白雪的陪襯下更加動人。賴梅松和駕駛員都長舒口氣，過水庫就出山了，前邊的路將越來越好走。車接近水庫時，也許是道窄路滑，也許是車上拉的圓木過長，刮著了什麼，突然一歪，車翻下數丈的山溝……

車在山溝裡翻了幾個跟頭，終於停了下來。幸運的是車沒翻進水庫，卡車在翻滾時駕駛室沒有摔扁，多虧那些長長圓木包裹在駕駛室的頂部，相當於套上盔甲。賴梅松和駕駛員從駕駛室爬出來，還好，他們僅受了點兒輕微的擦傷。

賴梅松放棄了賣木材，跑到杭州跟朋友借了三萬元錢辦的婚禮。

天有點見亮了，前邊的車還在山道繞來繞去，絲毫沒有停下的跡象。他們要去哪兒？扣件，要脅，談錢，有必要搞得如此陰森恐怖麼？有必要跑到深山裡邊去談麼，跑到山裡談什麼呢？這不是想敲詐，還想耍弄麼？

「調頭，去縣城。」賴梅松突然對駕駛員說。

「那一車件不要了？」張惠民疑惑地問。

「那車件肯定要，多少錢都可以談。不過，我們不能讓他們這樣牽著鼻子在山裡打轉轉，要談到縣城去談。」賴梅松生氣地說。

賴梅松最忍受不了的就是受人牽制。十六歲那年，他賣掉了織布機，離開親戚的絲織廠時就發誓：一定要把命運把握在自己手裡！

賴梅松他們的車進入阜寧縣城時，天已大亮。這時，中通的另一部車也到了，那車上有七八個人。扣件對全網來說是件大事，不論哪個網點收攬的件被扣下都很鬧心，不僅要跟客戶賠禮道歉，弄不好還會失去客戶。

「我們不跟他談了，回上海吧。」賴梅松對張惠民說。

「不談了？」張惠民驚詫地望著賴梅松問道。

賴梅松是對扣件危害性不清楚，還是被對方牽著鼻子在山裡繞來繞去繞煩了，想放棄了？

「阜寧是他的老家，在這裡是談不好的。那些件除對客戶有用之外，對他是沒有什麼用的。他拿這些東西跟別人是換不來錢的。我們回去，讓他去找我們。」

「賴總，您怎麼回去了，這個事怎麼辦啊？」當賴梅松的車行駛至江陰大橋時，E打來電話。

也許他想耗盡賴梅松他們的耐性，然後再來個獅子大開口；也許沒想到賴梅松調頭走了，沒有像被釣到的魚兒任其擺佈，他一下慌了神。

賴梅松氣憤地說：「你沒誠意！給我們搞到烏漆麻黑的山上去，繞來繞去的，你要幹嘛？我們感到不安全，回去了，不談了。」

E不吱聲了，也許不知如何是好了，賴梅松真要是放棄那車件，麻煩就大了，他的網點兌不出去，那車件又換不來錢。

「你把那車快件一票都不少地送回來，給你十萬元轉讓費，我們另找人接你那個網點。」E聽了這話長舒口氣，沒再討價還價。也許他的心裡價位也就這麼多，也許他自己也失去了耐性，恨不得立即將網點脫手，不想再耗下去了。

賴梅松做人是這樣，不論在什麼時候都要為對方考慮一下，儘量給對方留有空間和餘地。他想，對方也許搭進了老本，走投無路才走這一步險棋和賴棋。有人說：「在賴梅松的心裡根本就沒有什麼壞人，所有的人都是好人。」

最終，對方收下十萬元錢，乖乖交出所有扣的快件，中通保住了網點和客戶。

三、扣件與反扣件的較量

有報導說：「據粗略估計，一個城際間特許加盟連鎖式的快遞網絡品牌，在數百個公司和辦事處中一年至少發生加盟公司扣件敲詐現象三到十起，或員工扣件敲詐加盟公司的現象至少十餘起。所謂扣件敲詐是指加盟商、承包商或員工將外地發來的快件全部扣下，然後提出有理或無理的要求。一般情況，被敲詐者基本上會滿足敲詐者的要求，有時經過雙方的討價還價可能付給敲詐者的金額比其要求的少。一般敲詐的金額每票約為一百元至三百元不等。」

相比之下，中通發生的扣件現象還是少的，並且少得多。不過，提起扣件來，何世海油然想起南通那起。

那是一對夫婦，他們以為網點從別人手裡兌下後，會像一隻被一群餓狼追趕玩命往山頂上躥的兔子，越躥越高，誰知它卻像跟兔子賽跑的那隻烏龜，不論你把鼓擂多麼響，它就是慢悠悠地爬著，有時還爬錯了方向，還得爬回來。你說，氣不氣人？

不過，那個點也的確難做，網絡班車不能直達，件要去無錫交接，一天僅車費就要一百元錢。這樣一來，搞得夫妻關係很緊張，老婆對這事意見很大，兩口子動不動就打起來。鬧得兇時，老婆就決絕地說：「不做了，有快遞沒我，有我沒快遞，你說話吧！」

老公見此，立馬妥協，夫婦達成共識，化干戈為玉帛，同仇敵愾，齊心協力與快遞決裂。

他們夫婦達成了共識，何世海倒楣了，要一遍遍往南通跑，像指導員[3]似地做耐心細緻的思想工作，他勸那對夫婦要捨得投資，沒有投入哪有產出？勸歸勸，民營快遞連個合法的身份都沒有，何世海自己也看不到什麼遠大的前途。

他們像其他慘澹經營的網點一樣，希望總部能給點兒優惠政策，這個何世海沒法答應，他知道總部的日子也不好過，再「優惠」下去，總部就會被拖垮。總部垮了，下邊的網點也就完蛋了。

老公想了想，這快遞還得做：一是不做幹啥？二是不做了，這網點兌給誰？這活兒又不像倒賣古董，不想幹了把古董收起來，過兩年再接著賣，快遞這活兒只要上手就像老鼠蹬輪，停不下來，即便你不攬件，還得送件吧。沒幹幾天，老婆就覺得這網點像土改中分到一塊薄地，

---

[3] 指導員是政治指導員的簡稱，中國人民解放軍連級政工幹部，主要精力組織進行政治工作。指導員制度始於北伐戰爭時期的國民革命軍，原來叫「黨代表」，大多由共產黨員（跨黨兼有國民黨員身份）擔任。

種吧，打的糧食不夠吃，不種吧，又沒別的地種，越想越憋氣，越憋氣就越上火，憋氣加上火就得吵，於是「天高雲淡，軍閥重開戰」，戰後又達成共識。

何世海又去勸，又去鼓勁，對他們說，快遞的前景是好的，只要堅持下去，一定有錢賺的。這麼折騰了十幾次後，那對夫婦達成新的共識，這次不是做不做快遞的問題了，而變成扣件了，通知中通拿錢過去取件。

何世海和賴建昌帶著人心急火燎地趕過去。總部僅十幾號人，說是各有分工，實際上卻一個蘿蔔幾個坑，名義上賴建昌負責汽運，何世海負責轉運中心，有突發事件就都得上。

他們來到那家網點時，已像雪後的田野，「白茫茫大地一片真乾淨」，快件一票也不見了。那對夫婦寒氣逼人，好像天底下所有人都欠他們的債沒還似的。

賴建昌是賴梅松的大舅哥，是個急性子，可這事卻是急不得的。他只得耐著性子對那對夫婦說：「你們扣的件不是我們中通的，而是客戶的，這屬於協力廠商財物，扣押協力廠商財物屬於違法。」

這對夫婦哪裡聽得進這個？他們的邏輯是網點賠了，要找個埋單的，爺這雷扔出去了，管他是誰的呢，只要有人出錢就行。賴建昌沒轍了，件在人家手上，這就像被綁了票，有理沒用，有鈔票才行。那就談錢吧，這對夫婦擺出「三年不開張，開張吃三年」架勢，張口就是十萬。南通的網點不同於上海，不值那麼多錢的。賴建昌走南闖北練就了好口才，結果談了好幾個回合仍然沒有結果。他們的態度像防盜門似的堅固，啥也別說，拿錢取件，沒錢沒門。他們夫婦之間達成共識都不容易，更何況跟別人達成共識呢。

件都扣了，面子沒了，理也就不講了。大凡走到這一步的加盟商或承包商往往是不達目的絕不甘休的。鹽城有過一起，那加盟商是女的，她的網點開張就賠，總部給些優惠政策，還不行。賴梅松覺得這事解決不好就等於埋下一枚地雷，說不上什麼時候就引爆了。結果沒過多久就扣件了，賴建昌在那兒待了一個月，問題也沒解決，最後中通以十七萬元的高價收回了那個網點。在交件時，她卻沒將一批貴重快件交還。待中通發現時，她已拿到了錢，而且死活不認帳。中通無奈，只好賠給客戶三十二萬元，裡外裡等於花了四十九萬元的天價購回那個網點。

吃一塹，長一智。賴建昌和何世海的智慧就是這麼一點點地積攢下來的。賴建昌跟那對夫婦談話時，何世海就自由了，悄悄地溜出來，四處轉悠轉悠。他們會把件藏到哪兒呢？他有點兒好奇，邊轉悠邊查找。沒想到，他還真就找到了，那些件一部分在麵包車裡，還有一部分在後院的房間裡。他叫人拖住那對夫婦，把賴建昌換下來。

賴建昌和何世海悄悄地把後院房間的門弄開，把裡邊的快件拿了出來，裝在自己的車上。麵包車上的件可就不那麼好拿了，車門是鎖著的，他倆無論如何也打不開。腦袋靈光的賴建昌從街上雇個人，把車窗打開了。何世海的手伸了進去，卻搆不著件；他想鑽進去，車窗又太小。何世海讓賴建昌試試，他塊頭小。何世海托起賴建昌的屁股就把他送進車裡。賴建昌如魚得水，三兩下就把車裡的快遞全部拿了出來。

賴建昌和何世海再回到談判桌上，那對夫婦聽說件被他們運走了，失去了籌碼，一下就癟茄子了，理性也回歸了，條件像熊市的股票一頭跳了下去。

賴建昌和何世海想，不管怎麼說南通也是地級市，不能讓它空著。最後，那對夫婦提出將網點轉給親戚。賴建昌和何世海讓他們把親戚找過來，考察一下。扣件把賴建昌和何世海扣怕了，何況南通網點本來就不好做，他們的親戚可別接過去再扣件。還別說，他們的親戚看上去挺可靠，還有一定的經濟實力，賴建昌和何世海也就答應了。

這次扣件事件處理得順暢，賴建昌和何世海開心極了。這個網點要是沒人接，他倆的麻煩可就大了，索回來的件要花錢雇當地的其他快遞派送。一次在溫州樂清，找不到合適的快遞送件，何世海只好租輛三輪車送件。人生地不熟，哪兒都找不到，快遞員一小時送十幾票件，他一小時送不了幾票。

回去的路上，這兩個屬狗的人又開起了玩笑，賴建昌說何世海是條好獵狗，聰明、機靈、警覺，能嗅到藏件的地方；何世海說賴建昌是寵物犬，是被人抱在懷裡的那種，今天卻鑽進車窗把件弄了出來。

不過，賴建昌他們高興得早了，那對夫婦的親戚接手後，由於經營不善，沒過多久就做不下去了。為讓中通在南通有一枚棋子，讓網點存在下去，賴建昌借錢把它盤了下來，委託別人去經營。那時，不論賴梅松還是賴建法都是這個樣子，沒人做的地方，虧錢的地方，扣件處理完沒人接盤的地方，他們就自己投資去做。賴建昌接了好幾個這種網點，搭進去好幾十萬元。

回顧那段歲月，何世海開玩笑說：「那時建新網點非常不容易，也許找那些神漢巫婆能行，他們能把人說得神魂顛倒，鬼迷心竅，不計較個人得失。」

二〇〇六年，中國快遞服務企業累計業務量突破十億件，民營快遞企業高達數十萬家，從業人員多達三百多萬，承擔了百分之八十以上的同城快遞服務和百分之六十以上的跨省市快遞服務。在「十一五」[4]規劃中，首次出現了「現代物流業」的提法，民營快遞的處境有所改善，扣件現象漸漸少了。

在快遞江湖影響最大的一次扣件發生在二〇〇七年，淮安的加盟商不想做了，於是扣下了幾百票件，想敲中通總部一筆竹槓。當時，中通正在對華東地區的網點進行審評，審評小組成員有總部的，也有下邊網點的，聽說淮安發生了扣件，大家都坐不住了。淮安扣的件不是他們自己的，是各網點發去的，客戶收不到件不會找他們，會找收件的網點。

「去淮安！把件要回來！」群情激憤。

帶隊的何世海請示過總部之後，率領著幾十人浩浩蕩蕩奔淮安而去。

在淮安網點，他們遭遇的是幾十個短打扮[5]、有紋身的人。

扣件的加盟商有恃無恐，蠻橫無理地說：「要件可以，先交五十萬，少了一分錢免談！」

「你虧了不要緊，先讓網點運轉下去，邊做邊轉讓，要是二十萬，或十五萬能轉讓出去，那是再好不過的了。如轉讓不出去，這個網點我們收了，給你十萬元錢，你看怎麼樣？」從上海專程趕過去的賴梅松對他說。

4 「十一五」規劃：從一九五三年開始，中國開始編制實施國民經濟和社會發展五年計劃的框架體制。十屆全國人大四次會議二〇〇六年三月十四日表決通過了關於國民經濟和社會發展第十一個五年規劃綱要的決議，決定批准這個規劃綱要。

5 編按：短打扮，中國戲曲中武戲表演作戰時，演員穿短衣開打。這裡可能指這夥人短裝打扮，準備隨時開打。

賴梅松想告訴他：「困難是暫時的，挺一挺也就過去了。堅持，只要堅持下去就會見到光明的。你現在要是放棄了，將來一定會後悔的。」

扣件的加盟商不為所動。

賴梅松又勸道：「想轉讓網點，這沒問題。可是，你想轉讓也得講究個方式方法啊，你開價這麼高是沒人要的，強買強賣是不行的。」

加盟商腮幫繃得很緊，說什麼也不答應。

賴梅松沒辦法了，只得找當地派出所。這時，民營快遞已有了合法的身份，不再是「黑快遞」。賴梅松對一位張姓的所長說：「這個事情你們要給我們解決，他扣的件不是我們中通的，是客戶的。這些快件大都是企業的，是企業的生產經營資料，是不能隨便扣的。」

張所長對一位副所長說：「你到現場看一下，讓他們把快件交出來，有什麼事可以談，談不了還可以上法院，件是不能扣的。」

賴梅松不禁有幾分感動，做了五年快遞，經歷過數次扣件，頭一次有公安部門撐腰。

誰知副所長空手而歸，沒要回扣件，淮安的加盟商躲了起來。

前往淮安要件的越來越多，已高達數百人，有各地網點的，也有客戶。拿不到件，他們就找記者，找律師，動用所有能運用的人脈資源……

有人提出，得給淮安市公安局施加壓力。於是，幾百人扯著標語圍在公安局門口。淮安是共和國開國總理周恩來的故鄉，這樣一搞當地政府哪裡吃得消？何況還去了不少記者，長槍短炮地到處掃瞄。

淮安市公安局把賴梅松找了去。賴梅松說：「外邊那些人不是我們中通的，被扣的件也不是我們中通的，是客戶的，客戶有權要回自己的件。這些客戶絕大多數都是企業，按照刑法第二百七十六條：『由於洩憤報復或者其他個人目的，毀壞機器設備、殘害耕畜或者以其他方法破壞生產經營的，處三年以下有期徒刑、拘役或者管制；情節嚴重的，處三年以上七年以下有期徒刑。』扣件人已犯了破壞生產經營罪，應該把他關進去，對吧？他只要把件拿出來，還給客戶，這些人也就散了。」

賴梅松還舉個案例，嘉興發生過扣件事件，最後扣件人吃了官司，以破壞生產經營罪被處罰了。

局長見賴梅松講得入情入理，下令以涉嫌破壞生產經營罪刑拘那個加盟商。那加盟商一看警方動了真格的，頓時就嚇傻了，當晚就把件交了出來。

賴梅松說，那個加盟商也不是不好，只不過一時糊塗，扣件之後，我們也不可能再把那個網點交給他做了。淮安網點被別人接了過去，越做越好，收益不斷翻番。

賴梅松他們不僅要回了扣件，而且打擊了扣件的歪風邪氣，加盟商和承包商終於知道扣件是違法的，這樣不僅不能要脅總部或上層加盟商，反而還要吃官司。從此之後，扣件的事件越來越少了。

四、內鬼是這樣鏟除的

快遞企業的核心競爭力是「三S」，即速度（Speed）、服務（Service）、安全

（Safety）。對加盟制快遞來說，往往重視速度，忽略安全，在媒體時常出現「奪命快遞」、「快遞失火」、「快遞丟失」、「快遞運毒」、「快遞起火導致航班迫降」等報導，從而飽受詬病。

「三通一達」哪家不注重安全？哪家沒投入大量的人力物力？這些年他們罰過加盟商和承包商多少款？恨不得把那些拒不執行安全生產操作規程的加盟商罰個傾家蕩產，可是仍然有人鋌而走險。

安全問題，這豈止是以加盟制為代表的「三通一達」快遞，哪個國家哪個行業不存在？

二〇一〇年，美國聯合碳化物（印度）有限公司的七名高管被判刑。二十五年前，由於公司虧損，他們大幅度削減安全措施方面的開支，從而導致四十噸毒氣洩漏至博帕爾市上空，兩萬五千人死於因毒氣引發的後遺症，超過五十五萬人死於和化學中毒有關的肺癌、腎衰竭、肝病等疾病，還有二十多萬博帕爾居民永久殘廢……

削減一筆安全措施方面的開支，美國不僅支付印度四億七千萬美元賠償金，而且給一座城市帶來空前絕後的劫難。

賴梅松一次次在中通全網大會上說：「我們的網點大都是加盟式的，為了網點的發展，為了經濟利益，拚命地往前衝，往前跑。卻不知道在向前奔跑的途中，有可能從山上掉一塊石頭下來，砸到你的頭上。安全就是懸在我們頭頂的那塊石頭，絕對不可掉以輕心。」

「安全大於天，責任重於山。」這誰都知道，當把它們與幾摞鈔票放在一起時，就有人「天」不要，「山」不要了，甚至連自己的小命也不要了……

怎麼辦？要嚴厲監督，要派得力幹將，賴梅松選擇了李鑫。

李鑫何人？建德的農民，個頭不高，動作靈活迅速；皮膚白，單眼皮兒，眼睛不大，目光凌厲。他比賴梅松大一歲，做快遞比賴梅松早四年，而且「三通一達」幹個遍。這小子不僅腦袋靈光，肯付辛苦，剛入道時，給十元錢，他就能吭哧、吭哧地蹬自行車跑到幾十公里外送一票件，晚上沖澡時短褲都粘在屁股上了。二〇〇九年，賴梅松是在上海盧灣網點挖到這個寶貝的。那時，李鑫在中通已經幹了兩年半，拿過兩次全網的先進。盧灣網點有他百分之十七的股份。他跟賴梅松說，這個網點做得不太理想，不想幹。

賴梅松說：「你不要不做，中通是很有前途的。我給你拿五十萬元，你把這個網點的股都收購了，你自己做經理，以後賺了錢再給我。」

李鑫卻說：「不可以。我知道中通以後肯定會賺錢，可是我賺這個錢，回到農村老家會被人家戳脊樑骨的，會挨罵的。因為那百分之八十三的股份是親戚的。我要是賠了，村裡人會嘲笑，你把親戚擠走了，把他們該賺的錢拿去了，自己卻賠了，農村會有這種狹隘思維的。」

賴梅松聽罷看了看他，遞過一支香煙：「你這個人還是比較正直的，那好，你把盧灣網點的股份轉讓掉，到我總部來吧。」

李鑫就這樣成為安全監察中心總監。賴梅松再三叮嚀李鑫：「快遞的收、轉、運、派，各個環節都要嚴格地把控安全，一旦出現安全問題，後果不堪設想。」

他還對李鑫說：「快遞連著老百姓的生活，連著千家萬戶，一定要保證快件的安全。」

李鑫倒挺適合幹這差事兒，不僅膽大，而且過去還在派出所當過三年協警。真不知道這小子還有什麼沒幹過的。他去安全監察中心時，加上他才有三個人，下邊有幾百個網點。上任三個月，公司就給他漲了兩次工資，從兩千五百元漲到四千五百元，憑啥？幹得好。上來就查出三個偷拆快件的員工，其中有一個曾犯盜竊罪服刑三年，剛刑滿釋放沒幾個月，這種人要是「潛伏」下來危險得有多大？

一次，廣州發往成都的一百九十二部魅族[6]手機被盜。一百九十二部魅族手機，價值幾十萬。按規定客戶沒買保險的話，中通只需要賠付快遞費用的三倍到五倍就可以了。賴梅松卻指示安全監察中心：儘早破案，不惜代價找回手機。

手機被盜是客戶拆包驗貨時發現的。這票件從廣州到成都將近兩千公里，經過接收、分撥、運輸、遞送幾個環節，究竟是在哪個環節被盜的？李鑫調來包裝一看就發現了問題。按要求打包要用中通專用膠帶，這票件外包裝上的原來的膠帶被撕掉，用的是宅急送的膠帶，這肯定是內鬼所為。

中國快遞諮詢網首席顧問徐勇說：「百分之二十以上的快件丟失是內部盜竊。」快遞員、分揀員、班車司機每天經手的快件不乏價值成千上萬的貴重物品，容易讓人產生貪念，導致捲逃和偷盜行為的發生。北京宅急送某營業網點的經理將錯發到網站的快遞打開，用瓷磚換下原來的手機，再將包裹發出；UPS員工利用公司系統漏洞，裡應外合，侵占UPS運費近千萬元之巨……加盟制與直營快遞公司相比，內盜的現象會多些。總部與加盟商之間鬆散的管理關

[6] 編按：魅族，魅族科技有限公司簡稱，是中國一家行動通訊終端裝置研製與軟件開發的企業，於二〇〇三年成立。

係，導致對旗下的網點約束和監管不力，造成管理上的漏洞。快遞招工難，使得各網點和加盟商對員工的身份審核不嚴，從事快遞的人員素質參差不齊，魚龍混雜。

李鑫決定魅族手機一案暫不報警，由安全監察中心來處理。李鑫不動聲色地讓廣東客戶再發來一箱魅族手機。同時，派一名安監員從上海飛到廣東，坐著班車寸步不離地守著那箱貨，班車的車廂還放置了針孔攝像頭。班車抵達成都後，安監員親眼看著那件貨卸車、分揀和送到客戶手裡，沒有發現任何異常。也許上次內鬼偷竊手機數量過大，這次不敢輕舉妄動。

李鑫不死心，調來手機被盜那次的全程監控錄影，請來專業人士反覆進行對比和分析，發現成都轉運中心有三個裝卸工鑽進班車時，工裝的口袋還是癟的；從班車下來時，口袋就鼓鼓的了。這三個裝卸工，有重大作案嫌疑。

跟賴梅松彙報後，當天晚上九點半時，李鑫帶領兩名安監員，飛往成都。

第二天下午，他們穿上了隨身帶來的中通工作服，去了成都轉運中心，潛入了中轉管理部。為了避免打草驚蛇，來之前，他們沒有跟成都轉運中心的任何人打招呼。成都轉運中心原是加盟的，後來雖被收購，裡面的人全是七大姑八大姨的親戚關係，稍有不慎走漏了風聲，人跑掉了，這案子就成了死案。

找到中轉部的主管，問起那三個年輕人，主管說，前幾天，他們辭職走掉了。

李鑫一聽就傻了，千小心，萬小心，人還是走掉了，這個數額高達幾十萬的案子難道真就成了死案？他不死心又調出錄影反覆看，發現除那三個裝卸工外，還有一人也上過班車，不過下車時工裝的口袋是癟的。但看得出他跟那三個裝卸工很熟，可能知情。

第二天，李鑫他們找到那個年輕人。李鑫說：「有個案子，請你配合調查一下。」他把一張列印好的承諾書遞過去，內容大致是：「我是中通的員工，我願意配合中通總部安全監察中心手機失竊案進行調查，並為自己所說所做的承擔法律責任。」

那個年輕人雙手撐在桌面上，看著承諾書，就是不肯簽字。李鑫問話，他低頭不語。李鑫突然大喝一聲，對方抬起頭。李鑫近乎頭挨頭地逼視著，從對方的目光裡看到了膽怯和躲閃。最後，對方垂下了眼皮兒，汗水順著面頰涔涔而下。

李鑫轉身而去，把那人晾在那兒。他想，對方還抱僥倖心理，何況盜竊數額巨大，抓住就會判刑。聽說，他的媽媽和女友都在轉運中心工作。李鑫決定，從她們身上打開缺口。

李鑫先叫來他的媽媽，那可憐的女人緊張得不停地往廁所跑。

李鑫又把他女友叫來，講了一番，然後問道：「我能不能去你們的住處看看？」

「房間就不要去了。」女友低垂著頭，小聲說。

「那麼，我們只好報警了，這樣性質就不一樣了。」李鑫溫和地說。

最後，女友領著李鑫他們去了出租屋。李鑫一進屋就看見地板上放著魅族手機的空盒子，床邊桌上的三隻魅族手機在充電。

突然，外邊的門吱的一聲開了，一個年輕女人探了一下頭。她見到李鑫後愣了愣，轉身欲溜。

李鑫一個箭步躥出去，喝住了她：「幹什麼的？」

她邊順著樓梯往下走，邊背對著李鑫說：「串門子的。」

「串門子的？XXX是你的老公嗎？」

女人驚訝地回過頭來：「你怎麼知道？」

李鑫說的正是消失了的三個搬運工中的一個。原來，這個女人，是另一個犯罪嫌疑人的老婆！

李鑫在那個房間找出一百四十六部手機，他們帶著手機和那兩個女人回到轉運中心。那個年輕人見到李鑫的第一句話就是：「我要交代……」

原來，他雖然沒親自動手卻是主謀。

最後，兩個逃犯聽從家人的勸告，當晚自首。另外一個逃到了越南。

案子就這麼破了，丟失的手機追了回來。

加盟制快遞是以價換量的，加盟商的利潤和快遞員的提成都取決於收件量。中國快遞協會首席顧問徐通認為：「沒有時間去驗視，假如說去驗視，只能做到目前業務量的三分之一，這個三分之一不能保證他有正常的月收入。通達系下面的網點大都是加盟或承包的方式，他們不願意因為安全問題而導致利益受損。」

其實，有時客戶也抗拒開箱驗視。有的說，我都包裝好了，你再打開不是弄壞包裝了嗎？有的物品涉及隱私，如成人性用品、性愛娃娃，客戶肯定不希望給快遞員看到。當然，還有些快遞是違禁品，如毒品、槍枝、危險化學品、易燃易爆品等，客戶害怕開箱驗視，加盟商和業務員為了攬件也就遷就客戶了。

賴梅松說，開箱驗視是保障寄遞管道安全的重要一環。不僅能把各種禁寄物品阻擋在中通網絡外，減少經濟損失，而且通過目測、實物驗收，還能確定寄遞物品的真實性，防止網路欺詐的發生。

中通不僅在全網所有網點簽訂寄遞安全承諾書。按照「誰經營，誰負責；誰攬收，誰負責」的原則，將快件安全責任落實到每個業務員和網點負責人的身上。他們還強推快件百分百開箱驗視，要求凡是在旅館、車站、碼頭等人流量較為集中的地點，收寄陌生客戶（及散戶）交寄的物品時，除要求其出示身份證等有效證件外，還必須提供確實可信的收件人固話或手機號碼。對於拒絕開箱驗視者，業務員有權不予收寄。

中通多數網點做到了「開箱驗視，拒收違禁品」。比如中通南京建鄴三部公司，他們收到一票快遞，經驗視發現裡邊裝的是警用對講機，公司安檢員打電話諮詢警方，得知有可能發生不可防範的意外，立刻聯繫客戶，讓其將貨品取了回去。有一個客戶想寄遞兩百公斤電纜到無錫，安檢員要求客戶提供公司證明以及身份證影本，再交到派出所備案。客戶大怒：「送生意上門，你們不做，卻百般刁難。沒見過你們這樣的快遞公司！」帶著電纜去了另一家快遞公司。

中通上海陸家嘴一部網點也是如此，一個淘寶電商提出與他們合作，這個電商是做化妝品生意的，在網上銷量很大。業務員經驗視，發現化妝品是保濕噴霧類的，噴霧類的商品在運輸過程中很容易發生自燃，他們委婉地拒絕了客戶，客戶像看外星人一樣看著業務員。也難怪，一般大客戶上門了，沒有哪家快遞公司敢於怠慢，而且，這還是一個可以長期合作的客戶。拒絕了客戶，相當於把源源不斷地流進來的錢堵到家門外！客戶憤怒地摔門而去。

一天，一個客戶抱著一個包裝完好的紙箱，像風似地進了陸家嘴一部網點寄件，業務員欲開箱驗視，客戶擺了擺下巴：「打好包了，包裝得這麼好，還開什麼箱啊？」拒絕開箱驗視。

不開箱驗視怎麼行呢？快遞給人們生活帶來許多方便，有的客戶什麼都想寄，有寄兔子的，有寄狗的，還有寄鱷魚的。一次，七夕要到時，一個年輕人想把一瓶螢火蟲寄給異地的女友。那螢火蟲是他特地跑去山裡，請山民幫忙捉來的。業務員很理解他的心情，可是卻婉拒了他的要求。《郵政法實施細則》嚴禁郵寄各種活體動物，而且運輸途中如果護理不當容易導致螢火蟲死亡。在業務員的勸說下，男孩將螢火蟲放生了。

業務員堅持一定要開箱驗視，否則不予寄遞。僵持了一陣子，最後終於打開了快件包裝，裡面赫然出現了一把菜刀……業務員抬頭看客戶，客戶突然「噗哧」笑了，原來是總部安全監察中心的，在開展違禁品大檢查。

不過，總有個別加盟商、承包商或業務員沒做到開箱驗視。一次，李鑫接到有關部門通知，說有一票毒品，有可能從廣東揭陽發往上海。李鑫急忙趕往揭陽瞭解情況，調取監控錄影後發現，那個疑似發送毒品的人戴著一頂帽子，帽檐壓得很低，每次都來去匆匆，話都不多說一句。

兩天後，這個人又來寄貨。李鑫通知公安部門暗中截下那包貨，檢驗後重新包好，寄往上海。

收件人極為狡猾，接到通知後先對快遞員說他自己來拿，突然又打電話讓快遞員送去。

李鑫開著車，車裡坐著警察，他們跟在快遞員後面進了那個社區。快遞員上了樓，怎麼敲門都不開。快遞員打電話給收件人，收件人說他去商場了。

原來，這人住在六樓，他的衛生間正對著社區的大門。他從窗子往外看發現有輛車跟在快遞車的後面，於是產生疑心，不敢接貨。

傍晚，收件人見沒什麼動靜，派了兩個馬仔去快遞網點取貨，被埋伏的警察抓獲，繳獲了三點六公斤的毒品。在中通的配合下，警方除端掉了一個販毒團夥。

還有一次，從武漢發往烏魯木齊的貨物中，安檢人員發現了一支疑似仿六四式手槍及滿滿的兩整盒子彈。李鑫向警方報案後，經查驗是真槍。經警方允許，將槍枝、彈藥截留了，並在網上發佈了虛假的送貨資訊，給犯罪分子造成的錯覺是，槍枝蒙混過了安檢，正在平安送往目的地。同時，嚴密監控該網點發出的所有貨物。一週後，又發現了一支同樣型號的手槍，從武漢發往青島。

李鑫把全部的監控資料及兩支手槍交給武漢警方，警方將罪犯抓獲，同時，還繳獲了十一支仿六四式手槍。武漢警方的領導親自趕到上海，對中通表示了感謝，並送來了兩千元獎金。

中通考慮到快遞員半數以上文化素質較低，對危險品沒有鑑定能力，尤其是對液體危險品難以鑑別。賴梅松不惜人力成本，在全國每個分撥中心的操作部，都配備了安檢員，並將最優秀的人才調到一線做安檢員。中通上海航空操作部有四臺安檢儀器，每臺配備了四名安檢員。一臺儀器一晚上驗視的包裹，最少達到兩百個。畢業於西安交通大學的高秉源，最初就在這裡工作，他們利用安檢儀器，準確識別包內的違禁物品，及時做出相應處理。

他們實行安全預警檢測機制，將全年分成紅色、橙色、黃色。黃色是從每年的十月到次年的三月；橙色是次年的四月到五月；紅色是每年的六月到九月。紅色預警為一級預警，是危險係數最高的季節。同樣一單網點違規案，在黃色預警季節，罰二百元；那麼在橙色季節，就要罰四百元；而在紅色季節，就要罰八百元了。

他們經常組織大規模的安全巡查活動，分批次對全網部分重點城市進行寄遞安全管道抽查、測試工作，對各片區、網點的安全防護措施進行檢查，查錯防漏，從而將重大安全隱患扼殺在萌芽狀態。對從新疆、西藏、廣州、雲南等地區發出的快件，進行仔細盤查。

安全監察中心還加大了對違禁品的罰款，曾經有一週，僅對下面的網點罰款就高達三十萬元！查到一隻打火機，罰款高達五千元到五萬元！被罰的網點對李鑫恨之入骨，李鑫也收到過威脅的短信和電話。賴梅松知道後，讓李鑫及其家人搬進公司的宿舍住。

07

十人抬的那口鍋偏了

一、大佬的肉就那麼好割？

會議開了兩天，還沒達成共識，房間煙霧瀰漫，做快遞的哪個不吸煙？二三十人就是二三十支「煙筒」，何況還有幾個像賴梅松般煙不離手，這支掐了，那支點上了。有償派費的提議難產了。

怎會不難產，割誰的肉誰不痛，誰痛誰不跳？逐利是人的本性，尤其是商人。做生意的往往是「我的你不能動，你的咱倆商量商量」，現在要「商量」大佬腰包裡的鈔票了，這哪好商量？大佬實力雄厚，是既得利益者，是強勢的。有人說：「有償派費是殺富濟貧。」殺富濟貧那是綠林好漢幹的，帶有暴力色彩，有償派費是協商的，大佬同意才行。

兩年來，中通取得了令人矚目的成就，自從省際班車開通後，業務量不斷刷新，節節拔高，先後榮獲「中國快遞行業十大影響力品牌」、「中國快遞行業客戶滿意安全放心十佳品牌」和「誠信企業」等榮譽稱號。二〇〇六年，他們告別了寒酸、簡陋的舊址，以每年兩百四十萬元的租金租下嘉定區曹安公路三千八百一十八號的場地。二〇〇五年，中通的年收入僅四百萬元，拿出年收入的百分之六十租新場地，在中通內部和快遞江湖引起了議論。有人說：「舊場地年租金才十八萬元，是新場地的百分之七點五，花這麼多錢租新場地不划算，這不等於中通給房東打工了，這不是冤大頭麼？」還有人說：「中通成立後，股東從來沒有分過紅，現在是不是該分紅了？花兩百四十萬元租那麼大個場地有必要麼？」

賴梅松看到快遞的發展勢頭，對中通充滿信心。二〇〇四年，中通全網日業務量還不足一萬票，二〇〇六年達一千九百萬票，二〇〇七年有望突破三千萬票，原來的一百多平方米場地哪裡夠用？必須有超前意識。

結果，新場地帶來了新的氣象，員工多了希望，有了尊嚴，增強了信心。也就在這一年，賴梅松加大中通快件資訊系統的優化與改進，在各轉運中心配置了快件分揀流水線，分揀效率大大提高，分揀的差錯明顯降低，客戶的滿意度上升了，中通的品牌得到了升值。

加盟制是十個人抬著一口鍋，鍋是什麼？是品牌！哪個加盟商不希望加盟的公司品牌升值，不希望自己的品牌超過競爭對手？品牌升值了，意味著這個品牌旗下的所有分公司及網點得到了升值。升值是啥？是財富增多，是鈔票變多了！只有中通強，加盟商和承包商才有競爭力。有人說，加盟制快遞是烏合之眾，是一群散兵游勇打著一杆旗，順風順水可以勇猛直前，勢如破竹，撞入險灘後就作鳥獸散，甚至相互算計，扣款、扣件。可是，天底下有多少勁旅不是從散兵游勇開始的呢？誰說他們打造不出永不磨滅的番號？

二〇〇七年，中通召開了五週年暨第七屆全國網絡大會，成立了中通快遞網絡第一屆理事會。在第一次理事會就要「割肉」，割大佬的肉。

從有桐廬農民快遞的那天起就實行無償派送，或者說互免派送費用，上海寄往杭州的件，或南京寄往寧波的件，上海和南京網點是不需要支付杭州網點和寧波網點派送費的，杭州和寧波網點必須按時送達，違者罰款。圓通和韻達複製的也是申通的模式，中通為什麼要改呢？

賴梅松說：「中通要走得遠就必須創新，就要有跟人家不一樣的打法。」

有人說，無償派送是鼓勵先進，有償派費是保護後進。無償派送可以激勵加盟商、網點或快遞員的鬥志，你想想，你攬不到件就沒錢賺，外邊要是發來十票件，你還要免費去送，你就等於做「義工」。這樣，你就會想，我幹嘛要白給別人送十票件呢，為什麼不攬二十票，讓其他網點白給我派送十票呢？有了有償派費，加盟商、承包商、網點和快遞員就沒了攬件的壓力，我不攬件也可以有錢賺，為什麼要費勁巴力地攬件？這樣一來落後的得到保護，全網的業務量就下降了。

激烈反對的是大佬。誰是大佬？就是那些收件量大的加盟商，即經濟發達地區——珠三角、長三角和北京。加盟制快遞企業的網絡是靠大佬支撐的，有的加盟制快遞企業的樹枝比樹幹還粗還壯，下邊的加盟商比總部的老闆還有實力，可以呼風喚雨，跺跺腳就可能引發公司地震，甩甩袖子就能推翻總部的決定，誰還敢動他們盤子裡的乳酪？

北京中通，日收件大約一萬票，相當於五十個湖北省。每票收他一元錢的派送費，一天就是一萬元，一個月即三十萬元，一年是三百六十萬元！他們怎會接受？

可是，提出有償派費的不是別人，而是賴梅松。若是別人，沒準大佬早就跳起來罵娘了。北京中通的負責人是陳加海，他是安徽人，年紀比賴梅松小四五歲，做快遞比賴梅松還早好幾年，在拎著蛇皮袋子坐火車送件的時代就做了。二〇〇二年以前，他做ＥＭＳ的代理商，中通成立後，加盟了中通，很快就把浦東下邊的一個網點打理得風生水起。

那時，上海的網點每天都要到總部送件、取件，晚上送完件了，他們就聚在一起打牌。賴梅松也喜歡打牌，沒事就打幾圈兒。

「賴總，北京做得那麼不好，還不如讓我去做呢。」一天打牌時，陳加海說。

北京中通是桐廬人做的，一直沒做上去，業績較差，偌大個北京市每天僅一百多票，還不如上海下邊的一個網點。

「好啊。」

賴梅松喜出望外，覺得陳加海不僅精明強幹，而且業務精湛，是一個難得的人才，他若去的話肯定能做起來。

「不過，我沒錢……」陳加海說道。

「需要多少錢？」

「六十萬元就可以了。」

六十萬元，在二〇〇四年不是小數目，有些快遞公司的總投資還不到這個數。

「我幫你把網點賣掉，差不多有三十萬元吧？我再出三十萬元，我們一起做，你去經營怎麼樣？」

陳加海這還能不答應？北京是個廣闊的天地，北京中通的發展空間比上海一個網點不知要大多少倍。

於是，賴梅松勸一位開印刷廠的親戚買下了陳加海的上海網點，然後他們買下了北京中通，賴梅松給陳加海百分之二十的管理股，利潤的百分之二十作為他的工資收入。

陳加海接手北京公司後，甩開了膀子幹，缺少人手，他就親自騎自行車下去收件，然後將當地的件委託給同城快遞，外地件通過中通網絡，業務量不斷上揚。

賴梅松是疑人不用，用人不疑，對自己投資的網點從不查帳，也不過問。他對陳加海說：「你只管把北京中通做起來，沒錢我想辦法。」這樣一來，陳加海放心大膽地把賺的錢投出去，擴大再生產。陳加海不僅有經商頭腦，還很有魄力，敢於投資，也善於投資，北京中通的網點像雨後樹林裡的蘑菇一片接一片地湧現，業務量像牛市股票的K線一個勁兒往上躥。

北京中通沒車，陳加海就將賺來的錢買車，先開通北京市內的網絡班車，然後又開通河北、東三省、西北和西南地區的網絡班車。網絡班車四通八達，北京中通如虎添翼，不到幾年的工夫，北京公司就成為中通全網的第一大戶。

現在要割陳加海的肉，他能不跳起來麼？他的理由很充足：「你們對我北京中通實施有償派費，申通、圓通、韻達的北京分公司都沒有搞有償派費，這樣他們的成本就比我低，讓我怎麼跟他們競爭？讓我怎麼做下去？」

陳加海態度堅定，一錘定音地說：「這個不能討論，不能實行有償派費！」

廣東中通的吳傳龍自然站在陳加海一邊。好在長三角的網點大都是總部直營的，沒像北京中通和廣東中通那麼強烈反對。

可是，經濟欠發達地區，比如中西部、東北等地是淘寶件的消費地，派件量大，收件量很小，這些地方的網點就是累吐血也達不到發達地區的水準，只能是虧損，虧損，再虧損，電子商務越發展他們虧損越大。過去派件量少，網點有一兩個快遞員就行了，現在派件量大增，不得不增加人手，虧損越來越大，已經挺不住了。

湖北的藍柏喜慷慨陳詞：「沒有有償派費，你們經濟發達地區收件越多，我們欠發達地區虧得就越多，你那邊天天收，我這邊天天派，天天虧，我又不是開銀行的，哪來那麼多錢給你們虧？你們讓我天天免費給你們派件，天天做好事，我自己怎麼生存？這樣下去，我們撐不下去了，垮掉了，你們收了件就得自己跑過來送，那樣成本不就更高了？加盟制企業最關鍵的就是利益分配問題，沒有派費，這個利潤分配就不合理。不合理的話，你這個企業就不會發展。」

藍柏喜代表了東北、西北和中原的加盟商的心聲。可是，參會的不發達地區的加盟商不多，除遼寧的瀋陽、山東的濟南、四川的成都等之外，甘肅、新疆、青海、內蒙古等地公司的規模太小，不是中通快遞網路理事會理事，沒有資格參會。

一邊是沒有償派費就做不下去了，就快要倒閉了；另一邊是「申通、圓通、韻達都沒搞有償派費，我們為什麼要搞？這樣搞的話，珠三角、長三角和北京的中通競爭力減弱，積極性受挫，中通有可能在主戰場失利」……

雙方爭得不可開交，上午會沒完，下午接著開；第一天沒開完，第二天接著開……

「賴總，您快回去吧，我們守不住陣腳了……」賴梅松有急事出去一下，總部的一位部門經理就急三火四地跑來找他。

有償派費爭論不下，有的加盟商話就越說越難聽了，有的說：中通這不好，那也不好，不論從哪個方面都不如「三通一達」的老大——申通。

賴梅松回到會議室，見一個加盟商正揮舞著手臂，跳著腳說：「我們中通拿什麼跟人家申通比？你們居然做出這樣的議案來，必須賴總來……」

見下邊靜悄悄的，他扭頭一看，賴梅松冷著臉坐在身後，不再作聲了。

賴梅松平靜地說：「你說得沒錯，跟申通相比，我們中通確實差得很遠，業務量還不到人家十分之一……」

停頓片刻，環視一下，他話鋒一轉：「我們這戶人家剛剛起步，確實條件很艱苦，但是從我的角度來講，信心是有的。我們跟人家是有差距，但是這個差距是要大家共同努力去縮小的。有些人端著中通這隻碗吃飯，卻一個勁兒地說中通不好，就好比喝村裡的水長大，老是說這個村不好。這就像我們村的仨兄弟，弟弟出去講大哥不好，大哥出去講老婆不好、二弟不好……就是不檢討自己的問題。中通確實有問題，沒有達到最好的程度，但是中通有一點，很開放，很透明。你嫌不好可以不在中通幹，申通，你這種人是進不去的。」

賴梅松從不講什麼大道理，講的都是自己的人生經歷，生活過的村子及村子裡的人，那家鬧不團結的三兄弟已講了多次，給中通的上上下下留下了很深的印象。他這番話入情入理，說得大家心服口服，說得那幾個罵中通的人啞口無言。

「今天叫你來，是讓你發表意見的，但是你的意見不代表大家的意見，不管你最後同不同意，有些決議都是要執行的。如果中通被你這種人左右了，我們這個網絡還怎麼運轉下去？」

這就是賴梅松，親和而隨意，做事有著山裡人的淳樸和善良，待下屬像親兄弟似的信任，可是，你想要動搖中通，侵犯中通的根本利益，他是絕不留情的。

有人想離開中通，他都會約談一次，問他為什麼要離開，盡力挽留，講明中通是一家有前途的企業。對方要是堅持離開，那麼離開之後，他就不允許其再回來了。他認為，這種人沒有跟你共事的理念，就像夫妻過日子，老婆老看人家的老公好，她就會跟別人跑的。哪怕回來了，有個風吹草動，她還會再跑的。這種人只能同甘，不能共苦，是不能要的。

最後，那位總說中通不好的人將自己手裡的網點轉讓了出去，離開了中通。幾年後，那些網點就升值到五六千萬元。後來，他也許悔之腸斷，可是這又怨誰呢？

在會議將要結束時，廣東的反對漸然冰釋，表示可以接受。陳加海仍堅持己見，寸步不讓。

賴梅松意識到這樣爭論下去是不會有什麼結果的。加盟制的特點就是諸侯割據，各有各的利益，各自為利益而戰，誰也不肯為別人犧牲自己，這又不能硬來，工作要慢慢來做。其實在商界，往往關照了別人的利益，也就獲得了自己的利益，遺憾的是中國的許多商人還沒有意識到這一點，他們僅能看到自己眼皮底下那一點點利益，看不到那麼遠。

賴梅松說：「我希望大家思考一下，我們中通究竟是要做生意，還是要做事業，我們是要做一年，還是要做十年，或者做百年不垮的偉大企業？」

好在堅決抵制的不是廣東而是北京。中通北京分公司是賴梅松與陳加海的股份，他們是一條船上的，陳加海的損失也就是他的損失，從這點上說，工作相對好做得多。

賴梅松是不會強迫別人的，他要做通陳加海的思想工作。

二、憑啥該我做「義工」？

一年前，藍柏喜躊躇滿志地率十幾個親朋好友浩浩蕩蕩地開進九省通衢的武漢。

在藍柏喜的眼裡，湖北也許不僅是可以大有作為的廣闊天地，還是個巨大的金礦。通過一組資料就可以發現這座金礦的價值與意義：藍柏喜過去做的上海盧灣區才三十一萬人口，區域面積八平方公里；湖北省有五千八百一十六萬人口，區域面積十八點五九萬公里，有十二個省轄市和一個自治州。盧灣平均每人發三票快件還不到一百萬元，湖北人均發一票就是五千八百一十六萬元！

可是，讓藍柏喜萬萬沒有想到的是那湖北近乎快遞行業的「羅布泊」，近乎一塊不毛之地，無論如何也做不起來，搞得有幾十年經商經驗的他折戟沉沙，無顏見江東父老。

在快遞領域，藍柏喜還是個菜鳥，剛做了兩年。他書讀得不多——小學畢業，識文斷字是沒有問題的，用桐廬農民視角來評價就是：「文化夠用。」什麼叫文化夠用呢？「夠用」是有條件的，是相對的，煮茶雞蛋有可能夠用，搞原子彈就不夠用了。人們說到學歷習慣於用小學畢業、初中畢業、高中畢業或大學畢業、研究生畢業來確定。在務實的浙江農民眼裡夠用就好，多了用不上，等同於浪費。可是，他們很少有「小富即安」的想法，財富多多益善，永遠不會嫌多。

藍柏喜書讀得不多，可是閱歷豐富，很有魄力，也可以說膽大過人，遇到商機絕不放過。他長賴梅松三歲，辦過企業，跑過運輸，二十世紀九〇年代就挖到了人生的第一桶金，每年有一二十萬元好賺。快遞在桐廬可謂是「星星之火，可以燎原」，加入快遞的人越來越多，藍柏喜眼看著村裡一撥撥的鄉親像搞傳銷似地到處籌錢，然後天南海北地建網點，他卻穩如磐石，絲毫不動。有鄉親勸他，他說得很實在：「做快遞是違法的，跟郵政搶生意，郵政就要攔你，就要扣你的件。我是農村出來的，憑良心，我不能做違法的事，我不敢，也怕。」

可是，到了二十一世紀初，村裡做快遞的人漸漸發達了，逢年過節，他們像凱旋的英雄開著價格不菲的汽車回來了，藍柏喜這會兒動心了：「人家都能做，我為啥不能做呢？說做快遞是違法的，也沒聽誰做快遞被判刑入獄，這說明這事可做。對沒做過快遞的人來說，那是件輕鬆的活兒，邊走邊逛就把件送了，錢就像傍晚回圈的羊群湧進腰包，這差事多好？」

聽說藍柏喜有意做快遞，親朋好友都幫忙。聽說北京有個申通網點要轉包，藍柏喜正月初四就趕過去，對方說，要交二十萬元承包費，然後每月還要上交一部分利潤。藍柏喜有點猶豫，承包的主動權在對方，也就是說那網點可以讓他去經營，不過是在人家的土地上種自己的莊稼。這有點像中國的樓盤，不論你買一層，還是二層，抑或是整個單元，地都不是你的。這不是他想要的，他想要的是建在自己土地上的房子，經營自己的公司，幹自己的買賣。

上哪去找自己的買賣呢？他正在猶豫，忽然聽說上海盧灣區有家中通的網點要轉讓，轉讓費僅十七萬元，付款後網點就是自己的了。藍柏喜大喜，這正是他想要的，於是快馬加鞭地趕到上海，經過幾輪洽談，最終以十六萬八千元成交。押金一付，藍柏喜就成為中通的加盟商。這時候，藍柏喜才搞清申通、中通、圓通是怎麼回事兒，才知道在「三通一達」裡中通起步最遲，品牌的影響力最弱，才明白為什麼申通與中通的網點存在這麼大的價差。

藍柏喜就這麼誤打誤撞地進了中通。桐廬人做生意一是肯付辛苦，二是肯投入。那時，快遞還是純手工操作，沒有巴槍[1]，沒有電腦，件收來了，抄份清單，把錢和清單一起交上去；件取回來了，抄份清單，然後分給快遞員去送。件到哪兒了，在清單做個標記，客戶要查件，電話打過來，找出清單來查一下。

藍柏喜買下盧灣網點後，投入二十萬元擴大網點的門面，又花十六七萬買了一輛麵包車，條件改善後，士氣大振，攬件量上升，派件和服務品質也大幅提高，很快就成為全網的先進。

上海各網點都要去總部取件、送件，藍柏喜跟賴梅松有了頻繁的接觸。賴梅松喜歡打牌，藍柏喜也有這個愛好。玩牌不分遠近親疏，不分大小上下，牌桌上沒有董事長和加盟商。打了幾個月牌後，藍柏喜跟賴梅松就熟絡起來，加上是桐廬老鄉，彼此也有了信任。

藍柏喜在牌桌上聽說，湖北中通已成為全網的軟肋，日收件僅百八十票，派件也是百八十票，猶如一頭陷在沼澤的大塊頭的野牛，哞哞叫著往下沉，眼看著就不行了，加盟商喪失了信心，想轉讓出去。

藍柏喜接手盧灣時日收件一百票左右，偌大個湖北省怎麼還不如上海一個區？這地方有巨

---

[1] 巴槍，一種電子儀器，可以對運單號上的條碼進行掃描，將相關資訊進行存儲，如客戶姓名，簽收時間，貨物狀態、異常資訊等。

大的上升空間。藍柏喜覺得自己終於等來機會，沒有多想就跟賴梅松提出要去湖北發展。

賴梅松喜出望外，藍柏喜去湖北那是再好不過了：一是藍柏喜這人具有影響力和號召力，一呼百諾，許多人都願意跟他幹；二是這人有魄力，敢投資；三是會管理；四是桐廬老鄉，桐廬人願賭服輸，肯定不會幹扣件耍賴之類的事情。

見賴梅松點頭了，藍柏喜欣喜地在中國地圖上找到像隻臥著的金蟾似的湖北，這地方太好了，東鄰安徽，東南鄰江西、湖南，西連重慶，西北與陝西接壤，北與河南毗鄰。他又將目光聚焦在省會武漢，距北京、上海、廣州、西安等大城市都在一千公里左右，也就是說，在政治、經濟、文化上，北京是中心，在地理位置上，武漢是中心，它四通八達，承東啟西，南通北暢！那裡除了有熱乾麵和鴨脖子之外，還是汽車城，雪鐵龍等品牌汽車都產於那裡，被譽為中國的底特律。熱乾麵和鴨脖子就算了，那時網購不發達，那東西還不能快遞，汽車城每天每小時會產生多少快件？地大物博，這地方簡直是太好了。去，幹嘛不去？

藍柏喜是個爽快人，說幹就幹，將盧灣網點轉讓出去，他手裡有了五十萬元，賴梅松出資五十萬元，這下就一百萬元了。賴梅松給藍柏喜的待遇跟陳加海相同，百分之二十的管理股，利潤的百分之二十作為他的工資收入。

俗話說：「打虎親兄弟，上陣父子兵。」藍柏喜帶上兩個弟弟，叫上一幫鄉黨。十幾號人浩浩蕩蕩地開赴武漢。

藍柏喜接手後才知道，湖北中通已經飢貧交迫，除武漢市的二十多個網點之外，整個湖北省幾乎空白。湖北中通竟然設在一間不足二十平方米的黑乎乎的車庫裡，公司上下沒一件值錢的東西，最值錢的就是一輛破舊的麵包車，開動起來，除喇叭不響渾身上下幾乎就沒不響的地方。幸虧載的是沒有知覺的快件，要是載客的話，沒準上車前精神正常，下車就精神錯亂了。

不過，藍氏三兄弟像站在一片荒地上的農民，儘管這片土地還很貧瘠，卻喜上眉梢。他們相信只要不惜汗水，這片地就會一點點地肥沃起來，就會長出豐碩的果實。

藍柏喜和二弟管理湖北中通，讓小弟負責漢口網點。

天還沒亮，藍柏喜的二弟藍柏成就起床了，開著那輛不用摁喇叭行人就知道它來了的麵包車去碼頭取件，上午將件送到各區的網點，下午再去網點把要發的件取回，省外的送到機場，省內的送到高速路口，委託物流車捎往各市縣。晚上回來扒拉一口飯又去碼頭取件了。忙了一天，晚上十一點鐘才上床，睡五六個小時又起來了，不到一年，體重就從一百三十斤減到一百一十斤。

藍柏喜忙著拓土開疆，把帶去的十幾個人派下去建點。做生意就得捨得投資，他把帶去的一百萬元這個點投幾萬元、那個點投幾萬元，不到半年的工夫，中通的網點就像四月的油菜花開遍湖北大地。

讓藍氏三兄弟始料不及的是淘寶經過三年孵化，在這時出殼了，呈現出爆炸式發展的勢頭，擁有了近億消費群體，淘寶件像洶湧澎湃的海浪從珠三角、長三角湧向湖北，湧向武漢，湧向藍氏三兄弟，派件量翻番地增長，從一百多票上升到三四百票，從四五百票上升到三千票……這樣僅派送件就需要幾十個快遞員。按派送互免原則，派送是白幹的，這幾十人的工資是要藍柏喜和下邊的加盟商、承包商承擔的。

湖北省有十三個地級市，一百多個縣級市縣區，往下走的件要在武漢轉運。由於件少，總部沒在武漢建轉運中心，中通湖北公司不得不肩負起轉運中心的功能，到湖北各市縣的件都要在武漢分揀、倉儲、配載、運輸，這是需要成本的，這些不斷加重的成本也都壓在了藍柏喜的身上。他像拉了一車毛竹的老牛，車上的毛竹越來越多，已晃晃悠悠，搖搖欲墜了，毛竹還在不斷地往上裝。最終，老牛跪在山道氣喘吁吁，連站起來的力氣都沒了……

這種情況又何止湖北？東北、西北等地也存在，比如重慶、成都、西寧等地也是如此。比如山西太原等地，煤老闆多，有錢人多，購買力強，更何況有錢就任性，在網上什麼都敢買，大到幾十萬元錢一張的仿古紅木床，小到幾萬、十幾萬元的鑽戒，那些網點收件多則百八十票，少則四五十票，派件卻幾百票，上千票，怎麼承受得了？收件少不賺錢，加盟商不想賠錢就不敢招快遞員，可是不招人件又送不過來，延誤客戶就要投訴，仲裁部門就要罰他們的款，有時一罰就是五百元，矜持點兒的加盟商拿著罰款單臉像枚苦瓜似的，不知是哭還是笑；率真的連哭帶嚷：「我沒賺到錢，白給你們送件還要罰款，這讓我怎麼做得下去？招人，你們說得輕鬆，工資誰給開？」

總部也難啊，不處罰不行，都這麼延誤下去，中通就會失去大批客戶。罰款也不是辦法，這會讓經濟欠發達地區的加盟商和承包商雪上加霜，甚至會挺不住，挺不住就會「此處不養爺，自有養爺處」，賺錢自然會趨之若鶩，不愁沒人去做，賠錢的地方誰去？這樣下去欠發達地區的網點就會萎縮。

藍柏喜帶去的一百萬元像座小小的沙丘，很快就被虧損的波浪掃平了，淹沒了。接著，又一百來萬賠進去了……他認為，自己的錢和賴總的錢賠了也就算了，那錢是做生意賺的，做生意有賺就有賠，哪有只賺不賠的生意？錢輕輕地來就像它輕輕地走，只要沒債臺高築就帶不走一片雲彩。讓他難受的是那幫跟他去湖北「淘金」的弟兄，他們懷著一家人的發財夢想去了，建起了一個個網點，起早貪黑，夜以繼日地幹了一年，不僅沒賺到，反而把本錢賠了進去。

不過，他說是說，不管怎麼說一百萬元錢不是小數，那是他經商大半輩子所得，這一百萬去了，下一個一百萬還會來麼？再說，這生意還要做下去，不能就這樣拉倒。可是，這一百萬、一百萬地賠，又不是開銀行，誰受得了？

二〇〇六年的下半年，藍柏喜就跑去找賴梅松，他覺得這不是他的經營能力和水準問題，也不是下邊網點不勤奮、不努力造成的，這是政策性虧損，日收件百八十票，派件一千，誰幹都得虧。

這事引起賴梅松的思索，中通應該讓加盟商和承包商能夠經營下去，至少要讓他有一定利潤，讓他覺得我做快遞比其他行業好。我們絕不能讓網點維持不下去，要是個人原因，經營不善，不肯投資，或者加盟商做了不該做的事，比如賭博把錢輸掉了，這是另外一回事。要是政策導致網點經營不下去，那就是我們這個網絡有問題了。

問題在哪兒呢？中通制定派送互免時，一是網絡沒有這麼發達，網點大都集中在長三角、珠三角和北京，經濟欠發達地區還沒有，區域經濟差別也沒這麼大；二是那時還沒有電子商務，收件量和派件量也沒有這麼懸殊，現在收件與派件比已經達一比十，甚至一比二十了，這必須得改革。

賴梅松在董事會上提出有償派費。他實實在在地說：「我們這些農民出來做快遞，當初的想法很簡單，沒有想為社會做貢獻什麼的，就是要吃飽飯，要改善家裡的生活條件。加盟商或員工要實現不了這一夢想，誰還會幹下去？我們要讓每個中通的網點都能夠有發展空間，不讓他們賠本，要讓他們感覺到做中通是有希望的。另外，我感覺這個快遞要做好，網絡必須要像EMS那樣有廣度。廣度越廣，對客戶越有吸引力，市場的競爭力才會提高。我們中通起步比較遲，你要是沒這個廣度，人家都選其他家了。我們要想突破，綜合實力要強。」

賴梅松的提議得到董事會的通過。

三、一瓶存放三四十年的酒

二〇〇七年春夏之交，賴梅松突然有了去西部省份走一走、看一看的想法。於是，他和藍柏喜一起到武漢，然後驅車到鄭州，接上河南中通的張耀仁和從北京趕去的陳加海，調轉車頭駛向湖南長沙。

一個月前，賴梅松去北京中國快遞協會辦完事後，沒像以往那樣立即回上海，而是去了北京中通。他是一個家庭觀念很強的男人，除非萬不得已不在外邊吃飯和過夜。他吃慣了老媽燒的家鄉飯，習慣待在家裡。他把岳母也接到了上海，跟他們住在一起。

三年前，他的老岳父從鄉裡買回一些瓦，冬季要來了，山裡雪大，雪花輕盈，隨風飄來飄去，可是積雪卻沉重，有可能把瓦壓壞。老岳父幾年前得過膀胱癌，病情控制住之後，回到村裡繼續當書記。那天，他可能走的路過長，有點累了，回到家裡邊看電視，邊歇乏，看著看著，突然手垂落下來……當老岳母發現，他已經說不出話了。第二天，老岳父就走了。

賴梅松夫婦和賴建昌都趕了回去。辦完後事，賴梅松想，他們和賴建昌都在上海，怎能把老岳母留在天井嶺？於是，就把她接到上海，住在賴梅松家。賴建昌時常過來看望母親，這樣家裡就更熱鬧了。這時，賴玉鳳又有了身孕，一家人都期待著第二個孩子的到來。這樣一來，賴梅松就更想回家了。

「去十三陵轉轉吧。」賴梅松對陳加海說。

陳加海也許沒想到賴梅松會有這份閒情逸致，似乎有點兒驚訝。

明十三陵占地百餘平方公里，安寢著明代兩百三十多年的十三個皇帝，龐大的陵寢建築群氣勢磅礴，重重院落前後相連，彷彿永遠也走不盡，走不完。紅牆映襯著琉璃瓦，肅穆裡有著低調的奢華。賴梅松雙手抄在背後，仰望著高大巍峨的　恩殿，意味深長地說：「即便是皇帝，天下都是他的，最後還不是什麼都帶不走。」

說完，他若無其事地上了漢白玉臺階，走進了祾恩殿。

陳加海是何等精明之人，能不明白麼？這哪是遊十三陵，分明是借古喻今。對皇帝來說，「普天之下莫非王土，率土之濱莫非王臣」，最終也不過如此，活著的人為何不灑脫一點？何況，北京分公司又不是他陳加海一人的，還有賴梅松的股份。

從十三陵回來，賴梅松又說：「我們去趟東北，看看那邊的網點。」

車經過山海關，進入松遼平原，賴梅松和陳加海邊走邊視察沿途網點。過了遼寧，穿過吉林，來到有「東方小巴黎」之稱的哈爾濱。一路一片淒涼，有人傾其所有投資網點，前兩年收件量不大，派件量也不大，自己家人也就夠了。這一年多，派件量像睡醒的獅子在郵路狂奔起來，收件量卻像寒冬的棕熊還在冬眠，不論他們怎麼拚搏都不見漲。派件多了就得增員，搞得他們像一首歌中唱的「東北人都是活雷鋒」，整天忙著無償送件了……

賴梅松越走心情越沉重，越看越感到對不住這些在水深火熱之中的網點，越感到有償派費必須搞下去。陳加海的話越來越少，看出來他內心已悄然發生變化。分手前，陳加海表示可以接受有償派費。

回來後，賴梅松就推行了有償派費，派送網點每送一票可得零點五元，這筆錢是經過ＩＴ系統平臺，從發件網點的收件利潤中提取，轉給派件網點。

東北之行讓賴梅松感觸頗深，不禁想到，中通成立五六年了，有許多網點還沒走訪過，對下邊的疾苦還不大瞭解，決定帶幾個大區的老總到中西部經濟欠發達省份走一趟。

賴梅松等人抵達長沙時，廣東的吳傳龍已經趕了過去。兩輛車一前一後，邊走邊看。沿途網點幾乎都慘澹經營，掙扎在虧損線上。到韶山時，他們參觀完毛澤東故居後，連夜開往貴州。沿途都是山區，車像螞蟻似地在盤山道上轉來轉去，車子行駛得很慢，到達貴州時已經是次日上午。

貴州是經濟落後的省份，用官話說是經濟不發達。過去，這裡就有一套嗑：「天無三日晴，地無三尺平，人無三分銀。」賴梅松他們所到之處層巒疊嶂，峰聳嶺峻，好不容易在貴陽市郊一個陡峭半山坡上找到中通的貴陽市網點。

網點怎麼會建在這麼個鬼地方？不僅距離市區很遠，而且門前山坡很陡，駕駛員幾乎把油門踩到底，車像宰豬似地嚎叫了一陣才衝了上去。他們正望著那幢蓬頭垢面的破房子感到疑惑時，一位年逾古稀的老人把他們迎進去。

屋裡簡陋到極致，若不是親眼所見，誰會相信這是個快遞網點呢？

老人說，他們收件很少，每天也就二三十票，派件量也不很大，不過地點很分散，有的件要跑很遠才能送到，一個人一天送不了多少票。自從有了有償派費之後，生意好多了，有的件過於偏遠，送一趟要大半天時間，還是虧的。

老人說，這網點不是他的，是女兒的。他是退休的公務員，退休前是公安局緝毒處處長。退休後沒什麼事幹，幫忙女兒打理一下網點。

正聊著，有快遞員回來。那坡太陡了，哪有人騎得上來？快遞員只得踉踉蹌蹌地往上推。下去時那就更不能騎了，不剎閘的話，車就會像出膛的子彈衝下去，剎閘的話，輪打滑會摔倒，連人帶車滾下山去……

「這裡太偏了，會影響收件，還有離市區太遠，快遞員一天要多跑多少路？你們要把網點遷到市區去。」話音剛落，賴梅松意識到他們之所以把網點設在自己家裡為的是節省房租等開支，「總部給你兩萬元，我個人贊助一萬元，三萬元夠一年房租了。把網點遷到城裡，生意也會好些。」

賴梅松說罷，掏出一萬元錢交給老人。

老人感動不已，眼含淚水，接過了錢。

老人非要請賴梅松他們喝酒，從櫃裡掏出一瓶紙包紙裹的酒瓶。老人說，這瓶茅臺是朋友送的，那時才一元三角錢一瓶。可是，這瓶酒他一直沒捨得喝，即便女兒結婚都沒打開，已放了三四十年。

三四十年，這跟賴梅松的年齡差不多了。

「這個就不要了……」賴梅松急忙阻攔。

老人已經把瓶蓋打開，濃郁的酒香在空氣中飄蕩。

賴梅松體諒這些網點生存的艱難，一路都是自己掏錢吃飯住宿。可是，這位老人的熱情難以推辭。

幾杯酒下肚，賴梅松真誠而動情地說：「你們堅持下去，把網點做好，要相信中通是好的，只要堅持下去，中通一定會有前途！」

四、派件，那是塊敲門磚哪

考察之後，賴梅松對有償派費進行了細化，將全網劃分為ABCD四個派費等級，根據不同地區確定不同的派費標準，原則是越是偏遠的地區派費越高，以支援欠發達地區的發展，提高了網絡末端派送的服務品質。比如，西藏的派費標準是每票四元，新疆的烏魯木齊是二點五元，烏魯木齊之外三元，華東地區是一點五元。

「在上海，每票是一點五元一件，你送一百票就能賺一百五十元錢，而且一人一天是可能送一百票的。在新疆不行，你送不了一百票，送三十票總行吧，一票三元，三十票就是九十元錢，在新疆一天賺九十元也還是可以的。」

沒有推行有償派費時，快遞員的積極性上不來，無償服務誰願意幹？得拖就拖，你拿他沒辦法。有償派費就不一樣了，他派送得越多收入越高，這年頭誰會跟錢過不去？

網點的生存危機解除了，信心隨之而來，加盟商和承包商投資網點的積極性也上來了。華東、華北、華南三大區域的省內網絡班車已經相當發達，基本上可通到縣。省際班車的開通打開了三個發達地區的壁壘，網絡更加活躍。可是，貴州、雲南、湖北等省份的省內班車還沒有開通，寄往下邊縣市的快件是隨著物流、大巴走的。寄往外省的件靠的是航空，這樣不僅運輸成本高，而且品質也上不去，時間難以保證。

必須開通欠發達地區的網絡班車，網絡班車開通了，全網就有了活力。進件多、出件少的欠發達地區，沒有補貼他們肯定是跑不起來的。要讓欠發達地區的網絡班車開起來就必須實施二級中轉補貼政策。

二級中轉補貼政策實施後，東北、西北等欠發達地區的網絡班車跑了起來。班車的費用大部分由總部來出，有的地區的班車費甚至全部由總部出，如哈爾濱，總部要補貼六百萬元。

網絡是由一個個網點組成的，彼此相對獨立，卻息息相關，牽一髮而動全身，不論哪一區域發生變化全網都會有所反應。有償派費和二級中轉補貼的實施，大大提升了欠發達地區的運營水準，末端的積極性上來了，服務品質和快遞的時效也都提高了。這種變化，北京、上海、廣州很快就感覺到了，過去發往邊遠地區的快件要走好多天，客戶抱怨不止；實行這一系列政策後，發往邊遠地區的快件比以往快了很多，客戶感覺到了中通的好，當然要選中通了。

有償派費和二級中轉補貼政策平衡了全網的利益分配，提升了全網整體的運營能力，從而中通得以迅速發展。二〇〇八年，中通下屬規模性加盟網點達到一千五百五十個，成為服務覆蓋面最廣的民營快遞公司之一；業務量也迅速增加，日均快件量升為十八萬件。二〇一四年，中通成為除EMS之外，網絡最大的快遞企業，在全中國的兩千八百六十個縣中，中通在兩千七百個縣擁有網點；在全中國的四萬多個鄉鎮中，中通在二萬個鄉鎮建立了網點。論網絡的廣度，已經沒有哪個民營快遞可以跟中通相比了，因此中通呈現出爆發式的發展，發展速度遠遠高於同行。

有償派費和二級中轉補貼政策的推行，讓湖北中通像久旱逢甘露的禾苗獲得了生機與活力，呈現出超越式的發展，網點從原來的二十多個發展到二〇一三年覆蓋全省所有縣市，還有三百一十四個鄉鎮都設立了網點；日收件由一百八十件左右發展到八萬多件，日派件從三百多件發展到十一萬多件；員工由藍柏喜從桐廬帶去的十幾位親友發展到全省網路從業人員二千八百多人，車輛從一輛破麵包車發展到七十多輛……

距離武漢四百六十公里的十堰網點經理趙志偉不僅是桐廬人，而且還是歌舞村人。二〇〇四年，歌舞鄉與鍾山鄉合併，原來的天井嶺村歸到歌舞村，這樣一來，趙志偉與賴梅松成了同村。二〇〇八年，趙志偉接手這個網點時，日收件僅有二件，派件將近三十件，如果沒有後來的有償派費政策，趙志偉肯定要賠得一塌糊塗，支撐不下去的。

他說：「派件是塊敲門磚，客戶通過派件服務瞭解和認識了我們中通，我們快速優質的服務讓他們最終選擇將需要寄遞的物品放心地交給了我們。」

網絡牽一髮而動全身，實施有償派費後，欠發達地區的服務品質上來了，華北、華東地區明顯地感覺到受益了。中通北京公司的副總胡向亮說，雖然一年要拿出幾百萬挺肉痛的，但是派件品質提高了，各方面的服務都好起來了，反過來也促進了北京中通的發展，提升了中通在北京地區的競爭力。

二〇一三年年初，紅杉資本以購買老股的形式入股中通，引起業內轟動。紅杉資本中國基金董事、總經理劉星說，「三通一達」的運作模式差不多，誰能走得更遠，取決於領導者的風格。紅杉最後選擇了中通，除了欣賞賴梅松的為人，另一個重要的原因是，中通網絡的平衡做得最好。

08

割股打造「一體化」

一、一場面單加價風暴

二〇〇六年以後，中國民營快遞呈現出井噴似的發展，加盟制——這「十個人抬著一口鍋」卻有點兒抬不下去了。

這口鍋從二十世紀九〇年代抬到二十一世紀，十幾年過去了，鍋變了，變重了，份量和內容都發生了變化，已經不像過去那麼清湯寡水，趁人不注意下一笊籬也撈不到什麼乾貨；抬鍋的人也變了，或潛移默化，悄然無息，像江南大霧不知不覺就濕了衣裳；或像川劇的變臉，一眨眼就面目皆非了，讓人疑惑過去那張臉是否真實地存在過……

過去，民營快遞踉踉蹌蹌地抬著那口沒有合法身份，不斷遭到執法檢查的鍋，有誰抬不下去了，或不想再抬了，撒手撤去就是了，總會有人補充上來。哪怕鍋歪了，湯湯水水灑出來也沒關係，只要鍋在希望就在。

他們這些人不抬「鍋」還能幹什麼？要文憑沒文憑，要關係沒關係，要資本沒資本，對他們來說石油、石化、能源、電力等國企的門檻比山海關城門垛子還高，進政府機關和事業單位，比開小四輪農用拖拉機攀登金星、木星、土衛四[1]和土衛六[2]還不靠譜，城市給他們提供的大都是又髒又累的建築、裝修、送純淨水、掃大街之類的差事，稍好點兒的位子都被城裡人占上了。

二〇〇六年，電子商務水到渠成，發展勢頭迅猛；二〇〇九年，民營快遞終於取得了合法身份，不用偷偷摸摸、賊頭賊腦地在路邊交接快件了，也不用開著網絡班車提心吊膽，更不用拎著裝有快件的蛇皮袋子逃竄了……「三通一達」，不，全國的民營快遞都有點像四類分子[3]摘帽，有種翻身解放的感覺，從聶騰飛開創盛彤開始，到獲得承認歷經了十六年，相當於兩個抗戰時間，不容易啊。

二〇〇六年五月，圓通成為淘寶的配送服務商，日業務量陡然上升二千票，像牛氣沖天的股市K線斜指南天。僅三年的時間，淘寶件就竄到了二十八萬件。不過，圓通的增長速度還沒法與「三通一達」的老大申通比，申通進入淘寶不到半年時間，業務量就從六萬票左右增長到

---

1 土衛四，環繞土星運行的已知衛星中距土星第十二近的一顆衛星，一六八四年由喬凡尼・多美尼科・凱西尼所發現。

2 土衛六，亦稱之泰坦，是環繞土星運行的最大的一顆衛星，也是太陽系第二大的衛星。由荷蘭物理學家、天文學家和數學家克利斯蒂安・惠更斯在一六五五年三月二十五日發現。

3 四類分子，指中共建國初期土改以後，以及文革結束以後一段時期大約三十年的時間，對「地主分子、富農分子、反革命分子和壞分子」這四類人的統稱。他們被視為革命對象，作為階級敵人來予以行為管制、監督改造，實行無產階級專政。

二十萬票。中通的淘寶業務是在二〇〇八年三月六日正式上線的，當時接單二千二百九十九票，七個月後獲得淘寶網業務增長、服務品質和自主創新三個方面的月評比第一名。「三通一達」終於找到自己的跑道，起飛了……

快件風捲殘雲地送了出去，鈔票像門板擋不住似地湧進來，真是「三十年河東，三十年河西」，過去灰頭土臉的抬鍋人的地位、處境和心態都發生了翻天覆地的變化，以前從沒拿正眼看過民營快遞的人，現在抱著像炸藥包似的大捆鈔票擠了過來，要求加入抬鍋的隊伍；過去將做快遞視同乞討的人，現在開始削尖了腦袋想要加入快遞大軍……

鍋值錢了，想抬鍋的人多了，抬鍋不僅是個營生，也是機會。苦難出思想，財富生欲望。沒錢賺時溫飽就是夢，窮人願意抱團，十個人、幾十人、幾百人可以抬著一口鍋。有錢賺了，抬鍋人的各種各樣的想法都被孵化了出來，抬鍋不是關鍵了，關鍵的是利益分配，究竟是我四你三，還是我三你四了。

也許過去民營快遞的業務量有限，延誤、損壞、失竊相對來說沒那麼多；也許媒體過去光顧著配合郵政聯合執法報導圍剿「黑快遞」的輝煌戰果，沒注意「黑快遞」還存在服務品質等諸多問題，現在圍追堵截之類的「大戲」沒了，過去沒注意到的問題現在注意到了……

加盟制的負效應被媒體數落出來，有人說，上面一個總部，下邊成百上千的加盟商，怎麼管理得了？而且加盟商還都自主經營，自負盈虧，各自以自己為中心，以利益為半徑畫圈，圈內的是我的，哪怕荒在那裡，別人也休想動，現在理念不一致了、思想不統一了，誤件、損件、盜件、扣件就接踵而來。

也有人說，加盟商中的大佬財大氣粗之後就跟總部分庭抗禮，對他們有利的政策與措施就執行，不利的就抵制，甚至有的大佬公然跟總部叫板：「網點和轉運中心都是我自己建的，我是獨立法人，是自負盈虧的，你想賺錢，我也想賺錢，憑啥我這個獨立法人得聽你那個獨立法人的？」這話並非沒有道理，可是加盟商要是都這樣，網絡不就癱瘓了？快遞公司不就散掉了？

有的加盟商賺到錢後，就像蹲在河邊好不容易逮著一條魚，死死攥在手裡，寧肯捏死也不能讓牠溜掉。他就不知道錢就像大馬哈魚，要在大海與江河之間的游動中長大與繁殖，市場就是錢的大海與江河。有的加盟商倒是懂得這一點了，可是他們把快遞賺來的錢投到了房地產等暴利行業，分公司和網點投資上不去，延誤了全網的發展。

有專家說，加盟制各自為政，已成為快遞網路化、一體化、資訊化、集約化運作難以逾越的屏障和瓶頸。

快遞物流諮訊網首席顧問徐勇說，加盟模式實際上是中國自創的，國際上其他大型的快遞公司都是直營化模式。由加盟轉直營成為擺在「三通一達」民營快遞面前的一大難題。

說到底，加盟轉直營是利益再分配的問題，一群兄弟摸著黑好不容易把那口鍋抬到了陽光下，民營快遞不僅有了合法身份，還趕上淘寶的滔滔之水，業務量暴漲，錢越賺越多，可是這鍋到底屬於誰，我你他各占多少份額？這個敏感、尖銳、難以評估的難題擺在諸家快遞面前。牽涉到個人利益，加盟轉直營猶如錢塘潮似的洶湧澎湃，不論是「一線潮」、「碰頭潮」，還是「回頭潮」都有點兒驚心動魄。

在「三通一達」中，韻達飽受內訌與扣件之苦，據說聶騰雲為此請教過一位高人，高人建議韻達建立總部直營的轉運中心。韻達早在二〇〇三年就開始建轉運中心了，建了一個又一個，通過轉運中心控制區域網絡和快件，進而實現控制加盟商與網點，實現就近管理。周柏根說，在「三通一達」中，韻達的轉運中心是最多的，在二〇一三年時已有七八十個。

圓通在二〇〇七年「直」了廣東圓通，接著北京等地的分公司像一條條魚兒被「直」入總部的魚池。

中通是「三通一達」的老大，二〇一〇年的營業額就突破了一百億元。中通的加盟商實力雄厚，大區的加盟商不僅擁有成百上千網點，還有轉運中心。業內有人評價說：「中通的樹幹不粗，枝幹很粗，執行力是很差的，是很不到位的。」中通轉直營恐怕要傷筋動骨，談何容易？在圓通和韻達不斷擴大直營比例時，中通卻表示按既定方針辦，繼續走加盟之路，通過加強管理來彌補加盟制的種種弊端。

老闆的個性決定企業的風格。有人總結說：「中通的老闆陳德軍忠厚仁義，中通的老闆賴梅松有大度胸懷，圓通的老闆喻渭蛟大膽強硬，韻達的老闆聶騰雲深藏不露。」韻達與圓通各自走出「大膽強硬」與「深藏不露」的直營之路，中通的「大度胸懷」之路怎麼走呢？

兩件事對賴梅松觸動很大，一是有償派送與二級中轉補貼，儘管最後得以在全網推行，可是歷經周折，拖延數月之久；二是面單提價，差點沒鬧出一場內訌。

二〇〇九年，中通面單費提價，從七角多提至八角多。面單是指快遞在運送過程中用以記錄寄件者、收件人以及產品重量、價格等相關資訊的單據，也是總部跟加盟商收費的依據，即按面單份數收費，將這部分作為總部的收入。各家快遞公司的網絡規模不同，品牌影響力不同，面單收費的標準也有所不同。

中通這些年來，股東沒分過紅，盈利全部投入再生產還遠不夠用。面單加價不是賴梅松等幾位股東提出的，而是何世海提的。提價的目的不是為了給股東分紅，而是在「三通一達」中，中通的面單收費偏低，總部投入與支出又偏高，不僅要購車跑運輸，要承擔網絡班車開動初期的虧損，要承擔經濟欠發達地區的二級中轉補貼，要對虧損網點進行投資和收購，還要買地建轉運中心。溫州轉運中心遭遇強拆後，賴梅松意識到靠租房、租地建轉運中心不是長遠之計，必須自己買地自建才行……

何世海說，面單提價是為網絡發展的需要，是平衡各方利益的需要，也是中通長遠的戰略需求。他對大大小小的網點進行了摸底和推算，認為每份面單漲零點一元是沒問題的。

可是，面單提價的通知一下達，緊張、恓惶、不滿的情緒順著南北跨度三千多公里的網絡傳遞著，電話繁忙起來，有人竊竊地謀畫，有人反覆地權衡，有人周密地盤算，有人營營地串通。先跳起來的自然是大佬，每票加零點一元錢，日收件一萬票的話就損失一千元，一個月三萬元，一年三十六萬元不翼而飛了，何況業務量像漲潮的水還在不斷上升，漲到兩萬票就是七十二萬元，漲到三萬票就超百萬了。有人對上次的有償派費心懷不滿，耿耿於懷，認為有償派費沒抵制住，所以才會有面單提價，這次要是不抵制，下一步說不上還有什麼。

有人認為，有償派費是殺富濟貧，有人受損，有人獲益；有人反對，有人擁護。這次不同了，收件量大的經濟發達地區受損重些，收件量少的欠發達地區不僅沒占到便宜，或多或少也要損失一些，即便每天多支付五元、十元錢，那不也是錢麼？面單提價事關所有加盟商的利益，易激發起全網的積怨與不滿，加盟商和承包商可以利用這一機會聯合起來跟總部叫板。中通的一次面單提價就是在加盟商的反對浪潮下流產的。

圓通轉直營導致「三通一達」的加盟商反應強烈，甚至聯名上書國家郵政局，要求維護加盟商的權益。據統計，以加盟形式發展起來的民營快遞占百分之九十以上，圓通的「強直」加重了加盟商群體的焦慮，他們若受驚之鳥惶惶不可終日，也讓沉積在心靈深處許久的備戰、備荒意識浮了上來。

有人認為，中通的面單提價可能是試水，沒遭遇強大的阻力的話，接下來就會「強直」，加盟商有可能領一筆補償金就出局了。有人活躍起來，給各大區的加盟商打電話，說服他們去上海跟總部談判，談成就繼續在中通做，談不成就來個魚死網破，把兄弟們拉出去，另起爐灶。

十幾個大區的加盟商趕到上海，有廣東的、北京的、天津的、石家莊的、重慶的、西安的、山東的……有來叫板的，有來觀風的。有句成語——人山人海，二十幾個人自然跟「人山人海」不挨邊。不過，「人海」這一說法委實巧妙。海是海水組成的，海水可以靜若處子，波瀾不驚，也可以動如脫兔，掀起驚濤駭浪，流向是難以把控的，說不定在哪兒奔湧而去。

謠言猶如傍晚尋巢的寒鴉，一群接一群地盤旋在快遞江湖，烏黑翅膀遮天蔽日，比烏雲還要沉重。有的說：「中通內亂了，造反了，加盟商要分離出來，自立門戶了。」有的說：「中通這回怕是夠嗆了，有可能垮掉了……」

加盟商和承包商的心像被蛛絲懸起來的水滴，在風言風語中悠蕩。中通有今天容易麼？艱苦奮鬥了七年，終於趕上了好時候，上上下下都有錢賺了，難道就這樣毀於一旦？真要分裂的話，那不就完了麼？如今已不同於前幾年，全國大大小小的快遞有上萬家，競爭已達到了白熱化，每天有新快遞開業，也有老快遞倒閉，這就像兩萬五千里長征，一批批的人倒下了，僅極少數人到達了陝北。

會議室煙霧繚繞，劍拔弩張，似乎隨時都要爆發一場廝殺。一邊坐著以北京、廣東等大佬為首的二十多位加盟商，有的面孔像掛滿霜花的窗戶寒氣逼人，有的像在菜市場遭人算計的主婦，面孔像青石磨盤似地板著，有的則是滿臉的尷尬與無奈，似乎是被擔憂、面子或者懦弱綁架來的……

一邊坐著賴梅松和高管，沉穩而和善，不急不躁，讓加盟商充分發表意見。

藍柏喜也在其中。這事讓他既震驚又惶恐。淘寶件的噴發，湖北中通像失去動力的船舶，在風浪中沉沉浮浮，危在旦夕，二百來萬虧了進去，再虧下去資金鏈斷掉就沉入海底，在社會的記憶中淡去。總部的有償派費讓他們恢復了動力，收入像春天的莊稼一天一個樣兒地茁壯成長起來，下面的網點遍地開花，服務品質在中通全網上躥幾位，不斷有人找上門來，想投資下邊的網點。

好日子來了，賺大錢的日子來了，偏偏這時候出現內訌，他能不著急麼？中通要是垮了，他承受得了，下邊的弟兄們承受得了麼？為跟他到湖北創業，有的砸鍋賣鐵，有的債臺高築，下邊的網點好不容易建了起來，像地裡的青苗長勢喜人，這場內訌的冰雹要是落下來就血本無歸了。

他不能坐視不管，要阻止這場不理智的動盪與內訌。湖北中通不及珠三角、長三角和北京的實力雄厚，可是他藍柏喜在大區老總的心目中還是有點兒份量的，是具有一定影響力的。不論經營盧灣還是湖北，他的派送服務品質都是全網的先進，名列前茅。服務品質好，讓客戶滿意，那等於幫發件網點的忙，不給他們添亂找麻煩，這種人在大家心目中能沒威望麼，人緣能不好麼？

「兩年前搞有償派費，我們的成本提高不少，在價格上已沒有什麼優勢，面單再提價，我們怎麼跟人家競爭，怎麼生存？」發達地區的加盟商理直氣壯地說。

「你們這麼做不是要趕我們出去麼，這樣的話，我們也只有另立門戶了。」挑頭者叫板說。

信心像鐘擺，在他們的心裡擺動著，忽左忽右，忽上忽下。華南、華北兩家占中通市場份額的百分之三十，財大氣粗，擁兵自重。他們也許算計過，自己分離出去的話，中通將失掉半壁江山。他們知道賴梅松是個聰明人，他絕不會走到這一步的，就得撤銷面單提價的決定。分離出去，也許是個別人早已有的念頭，「寧為雞頭，不做鳳尾」，加盟不過是無奈，是過渡，現在翅膀硬實了，為何不單飛？可是，究竟會有多少加盟商跟隨自己呢？大家對面單提價有意見是一回事兒，脫離中通則是另一回事兒，誰能保證自己的網點脫離中通之後還能存活？

「這個必須執行下去！要是連這都執行不下去的話，就說明我們的網絡有問題了，以後發展就更難了。」何世海這樣想。加盟商說的話，讓他越聽越來氣，見賴梅松沒表態，他也就不好發作。何世海性格直爽，有話不說憋得難受，說了又怕激化矛盾，給賴梅松添亂，於是悄悄地溜出了烏煙瘴氣的會議室，跑到外面透氣。

突然聽到賴梅松叫他，他走過去，憤憤不平地說：「面單提價必須堅持，他們想造反就讓他們造，大不了學圓通把他們都停了！我還不信了呢，沒有他們中通就辦不下去了？大不了一拍兩散，回家種地去！」

這就是何世海，寧為玉碎，不為瓦全。

回到會議室時，加盟商那邊出現了分歧。

「你們想領著大家去創建一個新的快遞公司，我不是說你們不能成功，不過那條路會很漫長。成功是好事，不成功你們就是罪人。為什麼？你們把中通的加盟商和承包商都坑了，他們把錢投了進來，網點建了起來，你們卻拉一夥人出去另立山頭，中通萬一垮掉了，他們這些人已經投資得筋疲力盡，又失去工作，沒有了飯吃，你們不是罪人是什麼？中通幾千個網點，如果各有各的想法，各有各的打算，你往這個方向走，我往那個方向走，這個路還走得通嗎？紅軍兩萬五千里長征靠的是什麼？大家一條心！否則共產黨也就沒有今天，新中國的成立也就無從談起了。」藍柏喜說。

「我已投進去一千多萬元了，你們這麼一搞，我那一千萬不就打了水漂？」山東加盟商憂心忡忡地說。

「我是這樣想，只有大家好，中通才會好，反過來只有中通好，大家才會好……」賴梅松說。

接著，他把面單為什麼要加價，以及對中通長遠發展的思考，中通的省際班車、有償派費、二次轉運補貼對網絡發展的促進作用，以及加盟商的付出與收益一筆筆地給大家算了一下。他當年第一次走出歌舞鄉就是去縣城參加數學應用題競賽，從那之後數學應用題計算從來沒從他的人生中退去，做木材生意時要計算，做快遞還要計算，而且越計算越複雜，越計算越成功。

接著，賴梅松說，這幾年來，中通一直在超越別人，從沒被別人超越過。在「國內最具競爭力十大快遞品牌」中，中通是創辦最晚的快遞，也是發展速度最快、最有希望的企業。面單提價是為了中通整體的發展，中通好了，大家才會好。

內訌就這樣平息了。

二、勢如破竹的強勢直營

二〇一〇年年初，中國民營快遞的一匹黑馬——深圳DDS轟然倒塌。有人說，DDS是倒在「華東戰役」盈虧差額巨大上的，企業「失血」，資金鏈像繃到極限的琴弦突然斷掉；也有人說，它倒在整合三千多家加盟商之後；還有人說……

不管怎麼說，它的倒塌猶如西伯利亞寒流，讓加盟制快遞企業感到了寒意和顫慄。在倒掉前，被稱為「物流巨人」的DDS董事長兼CEO部偉賣掉自家的房產，把能動用的資金全部投入公司，杯水車薪，無濟於事；他像《南征北戰》裡的李軍長似的：「張軍長，看在黨國的份上，拉兄弟一把。」他給一萬兩千名員工寫了一封信，在「十二年的奮鬥歷程，眼看就要化為灰燼。淘寶即將上線，跟聯邦快遞、TNT等的戰略合作即將達成，風險投資團隊即將入駐」的情況下，呼籲普通員工每人捐款一千元，幹部捐兩千元，租車給公司的幹部另捐三千元，「同舟共濟，渡過難關」。他認為，只要ＤＤＳ的員工每人添一根柴，ＤＤＳ的「火焰依然可以熊熊燃燒」。

在ＤＤＳ，他有一批追隨者，被員工視為偶像，此時卻沒有多少人伸出援救之手，個別分公司老總和網點甚至趁機捲走員工的押金、客戶的貨件和貨款。

在十六個月前，擁有八千名員工，日業務量為六萬票左右的一統快遞也出人意料地倒閉，究其原因，加盟體制不適應快遞行業的特點則是其一。有人說，快遞提供的是一種「時限」服務的行業，其需要一體化運作及嚴格遵守遊戲規則。可是，當加盟商自身利益與遊戲規則發生衝突時，加盟商大都違背遊戲規則，如部分加盟商拖欠一統快遞總部的費用；各地加盟商快遞價格不統一，導致相互低價競爭；一統快遞實施免費派送，從而導致加盟商之間的分配不公；虧損的加盟商向總部要優惠，要補貼，否則扣件敲詐……

可謂「成也蕭何，敗也蕭何」，加盟制快遞企業感受到了危機，紛紛加快了轉直營的步伐。民營快遞最早轉直營的是順豐。一九九三年，王衛在廣東順德創辦順豐速運公司，僅三年工夫就占領了華南地區的市場。可是，他不甘偏居華南一隅，想把順豐鋪到華東，乃至全國所有的地方。他的資金與夢想相比近乎於滄海一粟，像鋪鐵軌似的按部就班地邊賺錢邊鋪，說不定猴年馬月才能實現這一夢想。於是，他採用了加盟制。結果加盟制的弊端很快顯現，加盟商做大之後擁兵自重，「我的地盤，我做主」，小二大於王，下邊的網點只認加盟商不認總部，延時、損件、丟件等問題不斷，順豐的品牌嚴重受損。

二〇〇二年，順豐邁出加盟轉直營的步伐，王衛採取的是全面收購，將加盟商轉為享有高待遇的職業經理人。這種「強收強購」遭到加盟商的強烈抵制，可是王衛極其強硬，不惜代價，強「直」到底。二〇〇八年，歷時六年，順豐完成了由加盟到直營的轉化。直營使得順豐的管理標準化、資訊化、機械化程度大大提高，整體服務品質迅速提高，成為中國民營快遞中最響亮的一塊品牌，穩坐民營快遞的第一把交椅。不過，有些加盟商對王衛恨之入骨，甚至雇凶追殺王衛。王衛不得不隨身帶著四五個保鑣。

在「三通一達」中，圓通率先「轉直」。業內對喻渭蛟的評價是大膽強硬，既有夢想，又有魄力，還勇於付出，不論對人對己都有股王佐斷臂般的狠勁兒。

喻渭蛟比賴梅松長四歲，小時家境貧寒，初中畢業回村種地，當時最大的夢想就是能成為有飯吃的木匠。誰知拜錯了師傅，師傅卻沒教他多少木匠手藝，反而把家裡的農田交給了他，這麼一來他還是種地，只不過種的是師傅家的地。半年後，他失望地離開師傅，用學到的手藝搞起了裝修。不論對陳德軍，還是對喻渭蛟，裝修都是一樁不堪回首的往事。

二〇〇九年三月，圓通「直」北京時，與加盟商發生激烈衝突，導致震驚快遞江湖的「三・一九」事件，四萬餘票快件被延誤和積壓。

北京眾和圓通是喻渭蛟的岳父創辦的。他先後創辦兩個圓通，另一個是寧波圓通。他忙著做茶葉生意，沒時間打理快遞，於是轉讓出去，同鄉嚴建華以五萬元的代價收購了北京眾和圓通。嚴建華不承認自己與上海圓通是加盟關係。他說，當年在喻渭蛟牽頭下，親朋好友分別在上海、北京、杭州等十二個城市創辦十二家公司，均叫圓通快遞，彼此之間是合夥創造品牌的關係，北京眾和圓通與上海圓通應該平等享有品牌和各自的經營權。他還說，二〇〇五年以後，快遞業務量以意想不到的速度增長，圓通的日收件是三十六萬票，北京眾和圓通占百分之十一，即四萬票左右。

喻渭蛟在出差的路上得知北京的直營出了麻煩，總部派去的人被北京眾和圓通趕出來，立即派張副總裁趕去處理。有人說，快遞江湖是不講親情的，這是對其內情不瞭解，不論在申通、圓通，還是韻達，高管中都有老闆的親戚，如陳德軍是申通的董事長，他的妹夫奚春陽擔任過申通總裁；聶騰雲是韻達的董事長，他的夫人陳立英是副董事長兼審計副總裁；喻渭蛟是圓通的董事長，下邊至少有兩個「張副總裁」，一是他的夫人張小娟，二是張小娟的老叔。

喻夫人的老叔——張副總裁不僅是喻渭蛟的得力助手，彼此還有些相似之處，喻渭蛟有四個哥哥，張副總裁也有四個哥哥；喻渭蛟是父母最小的兒子，張副總裁也是父母最小的兒子……也許相似之處多容易對脾氣，他們在工作上配合得不錯。

在三四年前，張副總裁跟喻渭蛟談過網絡問題，舉了兩個例子，一是北京，二是廣州。不論發往北京的快件，還是發往新疆等地的快件都要經過北京轉運中心。這一轉運中心是掌控在北京眾和圓通手裡的，不論收費標準和中轉速度總部都管不了，網絡潛在的危險性很大。我們要把總部、二級加盟商、三級加盟商的三層收費改為兩層，砍去二級加盟商。張副總裁認為這就是直營。

也許不謀而合，也許喻渭蛟對張副總裁的構想大為贊同，於是他就把「轉直」的大權交給了張副總裁。因此，北京轉直的衝突自然要張副總裁來處理了。

在快遞江湖，「三通一達」像沒間壁牆的左鄰右居，哪家有點兒風吹草動轉瞬之間就都知道了。北京眾和圓通把總部派去的人趕了出來，這下還不搞得沸沸揚揚？據張副總裁後來講，恰恰是這件事，成為北京眾和圓通和總部矛盾公開激化的導火索。

張副總裁到京後，找一新場地，從下邊網點抽調一百來人，成立了新的北京分公司和新的轉運中心。總部通知全國各分公司寄往北京的快件不再發往北京眾和圓通，而發往新的轉運中心。

新的轉運中心成立後，全國各地的快件鋪天蓋地而來，可是下邊沒有網點和快遞員，堆積在轉運中心的快遞送不出去，這可怎麼辦？

這能難住張副總裁嗎？想當年，也就是二〇〇七年，他懷揣著一張存有一百萬元的銀行卡去了廣州，沒過幾天就把廣東圓通公司給停了，一個月後廣東就成功地「轉直」了。後來，他又以兩百八十萬元成功地「轉直」了蘇州。有人說喻渭蛟大膽強硬，張副總裁又何嘗不是如此？

在別人眼裡，圓通不過是快遞企業，對喻渭蛟和張副總裁來說也許就是身家性命。為盡善盡美，不留一點兒瑕疵和遺憾，他們不僅可以支付出友情，甚至「大義滅親」。對這種人來說，似乎只有兩條出路：一是把企業打理到極致，二是一敗塗地。

他們「轉直」的「第一刀」並非廣東圓通，而是寧波圓通。當年喻渭蛟的岳父把北京眾和圓通轉讓給了嚴建華，把寧波圓通轉讓給了自己的二弟，也就是張副總裁的二哥。也許寧波圓通的規模、業務量和經濟效益比北京大，轉讓費也高過北京，大約十萬元。張副總裁說：「家裡人也要談錢的了。後來做到二〇〇五年的時候，做得不太好，我們就叫他退了。第一個就是拿我哥開刀的，第二個是董事長的哥哥。你不發展呢，肯定要退的。就是為了公司的整體形象，沒辦法的。我們做這個網絡是怎麼做的？是從家裡人開始的。第一個就是我哥，我自己的親哥哥，在做整個寧波地區的。你跟不上圓通網絡的需求和發展，那你就要退掉了。」這也許是圓通「直」的第一家公司，比廣東圓通還早兩年。「我哥後來到北京待了一段時間，又到濟南，現在年紀也大了，就不讓他做了，讓他回家，我們每年給捎點錢過去，就這樣在家裡，安度晚年嘛。」

第二個是喻渭蛟的哥哥經營的臨安圓通。他經營了六年，對公司很有感情。張副總裁說，喻渭蛟親自跟哥哥談，讓他把臨安圓通交給更善於做快遞的人來經營。

眾和圓通停了，天南海北的快件越積越多，發不出去也不是事兒呀！這難不住張副總裁，何況市場經濟條件下，只要肯花錢，這又算得上什麼無法解決的難題？他一邊叫停各地發往北京的快件，一邊雇北京的其他快遞公司來消化積壓件。

幾天後，新的北京圓通門前突然湧現出一群說桐廬話的老人，他們把大門堵住，導致快遞網絡班車進不去、出不來。有人說，這群老人是北京眾和圓通派大客車從桐廬老家拉過來的。這招兒真絕，過去生活在同一山坳，鄉里鄉親的，七轉八轉總能扯上點兒親戚關係，即便扯不上，也是低頭不見抬頭見，過去大爺大嬸地叫著，現在怎好把他們趕走？

新的北京圓通幾次報警，警察來了，說這是你們企業內部經濟糾紛，調解一下也就撤了。

圓通的「強直」觸動了快遞江湖的敏感神經，加盟商都擔心眾和圓通的今天就是自己的明天，中通、中通、韻達、匯通等公司的加盟商聯名致信國家郵政總局和中國快遞協會，要求主持公道……

可是，大勢已去，原有的網點紛紛跟新公司簽了協議，眾和圓通失去了網點，猶如一張沒腿的麻將桌，連面板都做不成了，只得將北京眾和圓通轉讓給總部，這場持續數月之久的糾紛總算是落下了帷幕。

在加盟轉直營上，圓通已蹚出一條路，中通會不會也順著那條路走下去呢？

三、不懂分享是做不大的

二〇一〇年，在「三通一達」裡中通還是小兄弟，他們的資產只有中通的三分之一。不過，這個小兄弟已兩次打破常規，另闢蹊徑，一是省際班車，二是有償派費，均大獲成功，不僅縮短了中通與其他三家的距離，而且還帶動了行業變革。接著中通又有新舉措，將公司由「上海中通速遞服務有限公司」更名為「中通快遞股份有限公司」。

為什麼要這麼改呢？賴梅松在會上說：「我始終這樣想，我要是認為這企業是我的，或是我們家族的，是不利於企業長遠發展的，也是不利於共同利益長遠發展的。中通有今天是大家做起來的，有幾位股東的付出，有各大區的付出，不是我賴梅松一個人做的。中通這幾年的高速發展是因為大家都在努力，靠我賴梅松一個人是什麼也做不了。各大區對中通是有貢獻的，我們應該公平公正合理地給他們置換股份。中通能走到今天，靠什麼？第一就是堅持，第二就是信任，第三就是責任，第四就是分享。一個不懂得分享的企業肯定是做不大的。」

賴梅松的講話釋放一個重要的信號：中通不會走順豐和圓通的「強直」道路。接著，股東大會通過了賴梅松提出的以股份置換實現加盟轉直營的方案。賴梅松又做出驚人之舉，出讓自己的百分之二十的管理股，並對幾個股東，包括他自己持有的股份進行壓縮，共計拿出百分之四十五股份，用於收購華南、華北、華中等地的分公司。賴梅松與中通的舉動不僅在中通，在「三通一達」，在整個民營快遞都產生了強烈反響。

何世海感動地說：「就是董事長能夠這麼大度，他能夠這麼大度地讓出自己的利益，來維護整個網絡。」藍柏喜說：「在『三通一達』的老闆中，賴總最精明，他把自己的百分之二十的股份讓給了加盟商，讓一體化得到了順利進行。」北京中通的股東胡向亮說：「賴總比較有眼光，做事情也是比較大度的，確實有大老闆的胸懷，要是換作別人，中通不會發展這麼快。」

賴梅松做出這個決定也不輕鬆，有著激烈的思想鬥爭，甚至三天三夜沒睡好覺。他清楚這百分之二十的股份意味著什麼，那將是幾億、十幾億，甚至幾十億元！

各大區加盟商不禁長長舒口氣，懸了兩年之久的心終於放下了。華南、華北等地大區加盟商最怕的是公司被總部以現金的形式收購，苦心經營多年的公司一下子就沒了，自己也從老闆成了高級打工仔——職業經理人。賴梅松很理解他們，提出公司一體化後，讓這些加盟商都持有中通股份，跟他賴梅松一樣是中通的股東，共同參與中通的管理與決策。

有了賴梅松，中通註定要另闢蹊徑，要走一條屬於他們自己的路。這條路沒順豐和圓通蹚過的那條像快刀斬亂麻似的路那樣快捷、高效，它也許像錐形，在尖處鑽進去難，越往後走越寬。

沒過多久，中通完成了股份的評估：總部占百分之五十五，廣東和北京共占百分之三十；

其他各省區占百分之十五。在總部所占股份中包含著華東地區的股份。二〇〇七年，中通就完成對杭州、溫州、寧波、無錫等地的加盟改直營；二〇〇八年，完成了對南京的加盟改直營，完成了對常州、太原、合肥的參股直營。

接著，北京中通的股東被賴梅松約到了上海。在這一敏感時期被董事長約來，除商談股份置換還能是什麼？這時，北京中通的股份已不像當初賴梅松和陳加海各占百分之五十，又有兩位股東進來。這樣一來，北京中通轉直營就變成了四個人的事情。賴梅松既是中通的董事長，又是北京中通的股東，身份比較複雜。

北京與廣東共用百分之三十的股份合不合理？北京應該在這百分之三十中享有多少？三位股東肯定商談了多次，絞盡腦汁，涉及利益有誰不是寸土不讓，寸土必爭呢？有幾人能像賴梅松那樣讓出百分之二十的股份，讓出上億元？

賴梅松說，董事會研究決定給北京中通百分之十五點五的股份。幾位股東的表情是複雜的，也許心情更為複雜，也許賴梅松那平靜的話語像海浪似地拍了過來，失望、懊惱、傷感紛紛捲起。這兩年在他們幾個人的打理下，北京中通的市場份額已超過廣東，躍居全網第一。幾個人商量來商量去，不肯接受。

賴梅松認為，北京中通之所以能評估到百分之十五點五，一是市場份額，二是固定資產的投資，三是管理。

北京中通後加入進來的兩位股東均為實力派，一是胡向亮，二是王吉雷。他們都是浙江人，胡向亮是桐廬人，王吉雷是溫州人。

北京中通正值鼎盛時期，在中通所占的市場份額第一，總部給了他們百分之十五點五的股份。北京中通的股份比較複雜，北京中通是二〇〇六年由賴梅松和陳加海兩個人各投三十萬元成立起來的。賴梅松在上海，完全放手交由陳加海經營。

胡向亮擁有極其豐富的經商經驗。胡向亮初中畢業就跑出來打拚了，那年才十五歲。後來，他考入浙江省供銷社，被送去讀了兩年中專，有了文化，見識和判斷力跟以往又有了不同。他回來後承包了一家供銷社，辦殘疾人工廠，經營建築公司，還合夥承包了一座礦……

五十歲那年，已擁有了幾百萬資產的胡向亮決定轉行做快遞。轉讓了礦的股權，賣掉了建築公司，只留下一個商場。他對老婆說：「你看好這個商場，我做快遞成了也就罷了，敗了，有商場在，一年幾十萬的利潤也足夠我們養老了。」

二〇〇六年的一天，胡向亮揣著三四百萬元就去了北京。聽說「三通一達」的一家北京分公司要轉讓，他上門一談，三四百萬可買下百分之六十的股份。胡向亮是成熟而老到的商人，不論商場多麼複雜多變都很少失手。他又考察一番，覺得那家分公司的確不錯，可是上面總部的做法跟他的想法相去甚遠，於是就放棄了。有人揣著數百萬跑到京城做快遞，這在當時也許算得上新聞，它像春天的花瓣在風中飛了起來。沒過兩天就有人找上門來，請他過去面談。

那時，北京中通在一百多平方米的院子裡，幾間平房，辦公和員工的吃喝拉撒住全部在這幾間房間解決，條件簡陋，業務量還不錯，每天收件一千多票。北京中通估值三百五十萬元，想出讓百分之三十的股份，即一百零五萬元，他們想用這筆錢買幾輛車，把網絡班車跑起來。

長得有點像周杰倫的陳加海跟胡向亮說，想購北京中通的股份有兩個條件，而且缺一不可。什麼條件呢？一是能出得起這筆錢。胡向亮也許會感到好笑，這話極是，出不起錢來談什麼，那不是瞎起鬨麼？

陳加海又說，二要懂管理。北京中通與其說需要股東，不如說需要一個合作夥伴，陳加海要想甩開膀子大幹快上，公司就必須有人坐鎮，這個人必須有能力把公司管理起來。這也許讓胡向亮有幾分佩服，陳加海年紀不大，僅三十來歲，卻很有頭腦。一個占有百分之三十的股東若不懂管理，也許會成事不足，敗事有餘，事事都攪局，那就不是引進資金，而是引進禍害了。

接著，陳加海又談了一下北京中通的發展思路和理念。胡向亮一聽就來了情緒，在「三通一達」中，中通相對弱小，不過理念比規模重要，沒有好的理念，有規模的也會變成沒規模；有好的理念，沒規模也會變得有規模。

「我沒做過快遞，不敢跟你保證什麼。你讓我先幹三個月，要是拿不出管理思路，我捲起鋪蓋回家。你把錢退給我就是了。」胡向亮說。

「好。三個月後，真要不行，我會連本帶利全部退還給你。」陳加海滿意地說。

「利息無所謂，我真要是不行的話，你把本退給我就是了。」胡向亮爽快地說。

胡向亮幹了三個月，不僅出了一份縝密清晰、切實可行的管理方案，而且得到北京中通上上下下的認可。北京中通當時僅二十多人，胡向亮心裡有數，眼裡有活兒，不僅管理得井井有條，見裝車、卸車忙不開了，他就去裝卸，司機不夠了，他就開車，逮著啥活就幹啥活，一刻都閒不住。

胡向亮順利「轉正」，成為北京中通的股東。他與陳加海一個主外，一個主內，成為黃金搭檔。他們都是外向型的，不僅善於交際，而且善於學習。他們跟EMS、順豐等同行的關係處得非常好，常在一起聊天吃飯，從中學到了許多寶貴的東西。二〇〇八年，北京中通就建立了呼叫中心，實行了統一客服，統一服務，開始全員績效考核，包括對公司的管理層、駕駛員、操作工的考核管理。二〇〇九年，實現了快件的手持終端化。二〇一〇年，北京中通已成為「三通一達」在京的領跑者。

陳加海在北京中通占百分之三十五的股份，按總部給北京中通的百分之十五點五的份額計算，他可以占中通百分之五點四二五的股份，按理來說也不算少了，陳加海卻不大滿意，沒有答應。胡向亮也不願意接受，在他的內心深處對直營和一體化是抵制的。「你把我的公司收掉了，我幹什麼？」他這幾十年來，一直在自己的企業幹，現在讓他到別人的公司打工，做什麼職業經理人，怎麼受得了？

二〇一〇年年底，賴梅松僅跟廣東中通的吳傳龍談一次就談成了，廣東中通以百分之十四點五的股份進入總部。這時，湖北、四川、江西、陝西、長春、瀋陽、天津等地的公司都已併入總部。

第一個併進總部來的是湖北中通。在中通的業務總量中，湖北中通所占份額較小，評估為百分之二的股份。湖北中通是藍柏喜和賴梅松兩人投資的，各占湖北中通一半股份，藍柏喜也就只能占中通百分之一的股份。可是，他二話沒說，只說了一句：「賴總，我是看好了中通的發展，也看好了你賴總的為人，我跟牢你了。一切聽從總部的。」

併進總部之前，藍柏喜跟兩個弟弟商量過。在他的投資中還有二弟一部分，只不過他投得多一點兒，二弟投得少一點兒。兩個弟弟都沒意見。藍柏喜又把下一級加盟商和網點承包商招集起來，徵求意見。下邊的分公司和網點歡呼雀躍還來不及呢，哪還會有意見？湖北公司併入總部後，一是少了一層管理也就少了一層收費；二是總部實力遠比湖北公司雄厚，下一級加盟商直接歸總部管理後會更有安全感。

這時，陳加海想把自己的北京中通股份轉讓出去。

「我是桐廬人，我還要回桐廬呢，別弄得到時候不好見面。」胡向亮不想這樣離開中通，他說道。

二〇一一年上半年，陳加海對北京中通估值為一億元。賴梅松說，這一估價在當時近乎天文數字，赫赫有名的天天快遞公司估價一億三千萬元，業內還認為估高了，北京中通怎麼能估出一億元呢？不過，賴梅松爽快地答應了陳加海，他和王吉雷、胡向亮三人以三千五百萬元的高價買下陳加海手裡的股份。

陳加海離開中通後，創辦了全峰快遞。

王吉雷是成功的商人。他十八歲就離開家鄉浙江樂清到北京擺地攤賣衣服。在經商的摸爬滾打中，讓他有了敏銳的洞察力和超凡的創新思維，在北京成功地經營了一家華北最大的小商品批發市場——北京丹陛華市場。這個市場建築面積三萬五千多平方米，總投資三億五千萬元，年營業額十億元。二〇〇九年，胡向亮將自己的股份賣給王吉雷一半。王吉雷成為北京中通的股東。

二〇一一年秋季，北京中通終於併入了總部，不過股份已從百分之十五點五跌到十二點五，淘寶的蓬勃發展，中通在華東與華南地區的業務量上升迅猛，北京中通所占的市場份額大幅度下滑，也只能如此了。少了百分之三的股份，不能不讓胡向亮扼腕痛惜。

09

五湖四海皆家人

一、為了那片走不過的傷心地

「我親愛的中通家人們！」賴梅松站在主席臺上，平實而親切地說。

一股暖流在那些背井離鄉，漂泊在外的員工心裡湧動，總部仲裁部的劉蘭波一下就熱淚盈眶了。

「在接下來的五年中，我迫切想要實現的一個心願，就是要讓每一個中通人擁有健康的身體、快樂的工作、幸福的生活……為了這一心願，我將全力以赴！」

這是二〇一一年中通總部遷入新基地後的第一次全網大會。俗話說：「人靠衣服，馬靠鞍。」企業又何嘗不如此呢？新基地占地五十畝，建築面積三萬多平方米，集辦公、分撥、倉儲、生活於一體。中通精神抖擻，九月六日，中通快遞全網絡日快件量達到一百零一萬三千八百八十一件，突破百萬大關，成為用最短時間跨入我國快遞行業「百萬俱樂部」的企業，以中國民營快遞巨擘的姿態屹立在上海青浦區華新鎮。

青浦區具有得天獨厚的區位優勢和快捷便利的交通優勢，距離上海虹橋國際機場僅六公里，距上海浦東國際機場也不過四十公里；東西方向有通往西藏的三一八國道，延伸至雲南的三二〇國道，連接蘇州的蘇虹公路，通向杭州南京的滬杭高速、滬寧高速、滬寧鐵路；南北方向，有北到黑龍江、南到海南三亞的同三高速。另外，青浦區距上海港四十五公里，距上海港集裝箱碼頭約五十公里，還擁有西大盈江、東大盈江、澱浦河，毛河徑等可通五百噸位船舶的航道十六條。

「這塊地一定要買下來，要咬牙堅持給它買下來！」賴梅松跟賴建法說。

「三通一達」都在租房、租場地。二〇〇六年，中通年盈利僅四百萬元，投入的租金就二百四十萬元，占上一年盈利的百分之六十。賴梅松一直想擁有自己的基地。

賴建法在二〇〇七年調到總部任常務副總，這一對兒小時候連睡覺都捨不得分開的小兄弟又可以朝夕相處了。也許在這個世上賴建法是最能讀懂賴梅松的，在許多重大決策上，賴梅松都得到他的力挺。二〇〇九年，中通口袋裡僅有二千萬元錢，賴梅松卻在董事會提出投資一億兩千萬元建新基地的設想，這究竟是意識超前，還是蛇想吞象？

董事會上，賴建法力挺，順利通過。這事兒哪是舉舉手，表決一下就完事的，前期投入至少要三千萬元，那一千萬元差額需要他們五位股東集資。中通自成立以來，股東沒分過紅，還要再籌資，壓力不小。不過，股東信心很足，二〇〇九年中通的業務量為八千九百萬件，預計二〇一〇年將會突破一億五千萬件，利潤差不多能翻一番，這樣的話一年多也就還清了。

這句話賴梅松過去說過，每次說都讓員工感到心裡熱乎乎的，甚至有幾分感動，今天有所不同了，這是站在自己的土地上，在自己的「家」裡說的，就像回到了天井嶺，回到那個一家殺豬全村人都有肉吃、有一家熬糖二十幾家的孩子的嘴巴都是甜的、有一家蓋房子其他家都去幫工的溫暖過去時。在他心裡，中通就是一個家，每個員工都是家人，彼此要善待，要相親相愛。

二〇一〇年年底，中通已有八萬多員工，百分之九十是一線員工。有調查顯示，快遞員約百分之七十八來自於農村，百分之九十左右為男性，百分之六十五為不到二十五歲的年輕人。這些來自農村的年輕人家境很差，快遞員是交通事故的高發人群，占交通事故的百分之三十左右，一旦出事，對他們家庭來說就是滅頂之災。

俗話說：「人有旦夕禍福，馬有轉轠之災。」八萬多員工就是八萬多個家庭，二十五萬多口人，哪年沒有幾人、十幾人染上重病？一病拖垮一家人的事實在是太多了。賴梅松的岳父岳母都生過大病。岳母術後要用一種抑制癌細胞藥物，每週就要兩萬多元錢，僅這一種藥每月就得十萬元錢。這筆錢對自己來說算不了什麼，完全承擔得起，可是那八萬多「家人」攤上這事怎麼辦？

賴梅松提出了一項重要的提議：成立中通網絡互助基金。當「中通家人們」遭遇車禍、疾病、火災等天災人禍時，可以得到必要的幫助。網絡互助基金怎麼操作？前所未有，不僅申通、圓通、韻達沒搞過，其他民營快遞也沒搞過。有人說，按照公司和網點的規模大小收取費用。賴梅松深思熟慮地說，每張面單加價一分錢，作為中通網絡互助基金。

面單加價是件敏感的事情，哪怕僅加一分錢，哪怕這錢取之於民，用之於民，也會遭到一部分加盟商的抵制。抵制最強烈的是北京和廣東兩大加盟商，中通已實現對絕大多數省級公司的直營，廣東中通也歸到了總部，北京和三級加盟商——地級市一級分公司，以及其下面的網點還沒實現直營和一體化，仍然自主經營，自負盈虧。

互助基金在理事會第一次討論時，不了了之。

全國每天有一百多萬快遞員穿著藍色、紅色或黃色工裝，帶著「快遞三寶」——「電驢子，泥腿子，話機子」，穿行在城市的大街小巷。城市的車越來越多，路越來越窄，綠燈一亮，憋在路口的車像越獄似地奪路而逃，快遞員夾雜其中猶如獅群、狼群、鬣狗群裡的綿羊、山羊、羚羊，他們的電動車後貨架堆得像小山似的顫顫巍巍，腳踏板的物件比腦袋矮不了多少，車不穩，視線差，極易被「捕食」。

二〇一一年杭州發生一起慘案，快遞員小袁騎著電動三輪車送件時，被一輛廂式貨車撞飛，失去年僅二十歲的生命。小袁是家裡的獨生子，父母的那片天塌了。申通是加盟制的，加盟商不願承擔責任，拒絕認定小袁是工傷。父母被逼無奈，只得跟兒子生前的公司對簿公堂……

在快遞行業，交通事故頻頻發生，除像小袁這樣在車禍中身亡之外，還有車輛自燃。

二〇〇五年十月的一天，半夜十點鐘，一輛車廂上有著快遞公司LOGO和名稱的麵包車在廣州自燃。司機跳下車，慌忙打開車廂的門往外搶快件，可是哪裡搶得過來，大火很快就把整輛車吞噬。

劉千榮是「三通一達」之外的一家快遞公司的加盟商，創業初期買不起新車，購了三部二手中等廂式貨車。也許是零件老化了，也許是「雙十一」[1]期間跑得狠了點兒，一輛車剛離開網點就自燃了。接到司機電話後，劉千榮抄起滅火器，領著幾個員工趕了過去。一邊跑一邊祈禱，這火千萬不要燃到車廂，千萬不要發生爆炸！車裡裝著價值八十多萬元的服裝，一旦燒毀，劉千榮就傾家蕩產了！那場火終於撲滅了，還好車燒毀了，貨還在。劉千榮再也不敢用那三輛二手車了，租車來跑運輸。年底，他狠狠心，買了兩輛新車。

有一年，中通接連發生多起車輛自燃，損失較大。中通有史以來最早的一次車輛自燃不僅燒毀商學兵的一輛新車，還將一車快件化為灰燼。有兩個多月的時間，商學兵沮喪著，拎著錢袋子挨家挨戶地登門道歉，賠償客戶損失，搞得他差點傾家蕩產。

隨著快遞爆炸式發展，快遞派送漸漸步入中國十大高危行業。快遞員每天要幹十多個小時，送一二百票快件，忙得常常連飯都顧不上吃，似乎他們只待在兩個地方，一個是在快遞網站，一個是在送快遞的路上……

一位匯通快運外包司機，像螞蟻搬家似地往返於金華與昆明之間，四天一個來回，緊張而繁忙。一天，車和所載的快件都到了金華，年僅三十八歲的他卻坐在駕駛座上走了，撇下那輛日行千里的貨車，還有等待他的薪水買米買菜、上學讀書的妻小。

---

[1] 雙十一，指每年的十一月十一日，是年輕人的一個另類節日。因為這一天的日期裡面有連續四個「一」的緣故，這個日子便被定為「光棍節」。如今商家，尤其是電商利用這一天進行大規模的打折促銷活動，是名副其實的購物狂歡節。

邱厚金比那位司機還年輕一歲，他是位僅做了三個多月快遞的快遞哥，從早晨六點多鐘忙到晚上八九點鐘，一個人裝車、卸車、開車、送件，像《摩登時代》裡的卓別林似的一刻也不閒著，剛打電話給一家公司的主管說貨到了，又把二十箱POS機卸下車，然後再搬上電梯，送到十六層。件送到了，他卻手捂著胸口一個跟頭摔倒在地上。經醫生診斷為心源性猝死。他妻子說：「剛開始那一個月，他每天回家都說累。」這下不累了，可是江西玉山老家的三個孩子再也收不到父親寄回來的錢了。

一位京東商城的二十六歲的快遞員也死於過勞。他每天要送二百來票貨，有大有小，搬上搬下。物流越來越成為電商的核心競爭力，京東商城特別強調送貨「快」，在有些城市哪怕是半夜下單，第二天下午三點鐘前也要送達，這樣緊張而高效的送件即便是年輕力壯的小伙子也難以承受。

每每聽到這類消息時，賴梅松都心驚肉跳，為「中通的家人們」擔心。每一個「家人」的背後都是一個家庭，每位「家人」倒下都是一家人的悲劇。對這些來自農村的快遞員來說，他們的家就像破舊的小漁船，甚至於舢舨，抗風險能力很低，一旦發生意外，那個家也就是鹹魚難以翻身了。

沒過多久，賴梅松又在理事會上提出成立中通網絡互助基金。

「誰是中通最可愛的人？一線的快遞員、駕駛員、押車員、分揀工，他們才是中通最可愛的人。他們不會說，只會默默無聞地去做，不管勞動強度有多大都會拚盡全力將事情做好。中通旗下的兄弟已達到八萬多人，沒有一線員工的辛勞付出，就沒有中通的今天。正是這些最底層的員工支撐起了中通的百年大業。他們風裡雨裡一路摸爬滾打，有的因為『黑快遞』被打被罰，甚至坐牢；有的把全部的身家性命拿去做網點，最後血本無歸。還有的人，在運送快遞的過程中，遭遇車禍，丟了胳膊、折斷了腿，甚至喪了性命。我曾多次提出，同建共享。這不是一句空話，同建共用的內容很多，成立互助基金，給八萬多中通兄弟最基本的生存保障，是同建共用的第一步。盡一切可能，照顧好我們的兄弟，這是我們這些當家人義不容辭的責任。」他堅定而又動情地說。

理事大都是農村出來的，也都是從貧困線爬過來的，賴梅松的這番話打動了他們，中通網絡互助基金方案獲得全票通過。互助會的章程寫道：網絡互助會是中通快遞網絡內部成員，在公開、透明、共用的原則下，互幫互助、共同維護網絡持續穩定健康發展的一個內部團體組織。互助會從每一票快件費用中提取零點零一元設立互助基金，用於網絡調控及員工家屬慰問，減輕因重大意外事故（或疾病等）所造成的臨時困難，提高網點、員工及中通整個網絡的抗風險能力。網絡互助會的宗旨是互幫互助，共建中通大家庭。對經營困難、遭遇重大困難的網點與員工，在條件符合的情況下，提供相應的經濟援助。

二、兒子的老闆給我發紅包了

賴梅松為「中通家人們」辦的第二件事是「親情1＋1」。

賴梅松是孝子，到杭州的第二年就把父母接了過去。天井嶺偏僻寂寥，生活貧苦，上山揹木頭、砍毛竹、採粽葉等活計很累，還不賺錢。父母跟著他就不用活得那麼辛苦了。他說，他當初之所以想從山裡出來，一個是要改變自己的命運，二個要改變家裡人的命運。他說的家裡人就是父母和弟弟。

後來，父母又跟他到了上海。他不僅在生活上對父母照顧得周到，而且還注意他們的感受。他家有八口人，有父母，他們夫婦和兩個兒子，還有弟弟、弟媳和侄女。他對妻子和弟媳說：「如果爸爸媽媽要講什麼，你們不能頂嘴。如果不中聽的，你少聽一句，中聽的你多聽一句。」

父母在山裡種了一輩子地，也吃慣了自己種的菜蔬。中通遷入自己的基地後，父母就在院內種了一畦瓜豆菜蔬。這塊地給他的父母帶來許多樂趣，讓他們找回了屬於自己的日子，又吃上了自己種的沒有農藥、沒有化肥的菜蔬。不過，按成本計算，在寸土寸金的上海種這些菜蔬不知比市場價要高出幾倍，甚至幾十倍。可是人生哪能什麼都當生意做呢？

父母忙碌了一輩子，進了城也閒不下來。賴梅松做木材生意時，母親給他們燒飯，父親在市場忙活著，把鋸下來的邊皮料都收拾起來；到上海後，母親仍然燒飯，他們一家人吃慣了母親燒的飯，賴梅松很少到外邊應酬，父親把用過的包裝袋子和紙箱子收集起來，能用的挑出來，不能用的賣給收廢品的。這些事他都親自弄，別人弄不放心。有時，別人想幫一下忙，插一下手，把五毛錢一公斤的廢品，三毛錢一公斤就賣了，他會生氣，會罵。不論廢品賣了多少錢，他都一分不留，上交到公司的財務部。他一年為中通節省幾十萬元錢，這讓他很滿足，特有成就感。

有人覺得奇怪，賴梅松那麼大個老闆怎麼能讓老爸幹這活兒，也不怕別人笑話？你看韻達老闆聶騰雲，給老爸聶樟清配一部賓士商務車，還有一個駕駛員，他老爸想去哪兒就去哪兒，想吃什麼就吃什麼，想喝什麼就喝什麼，那才叫「瀟灑走一回」呢，這輩子沒白活。賴梅松也有自己的理解，做兒女的對父母不僅要孝，而且要順，只要父母活得舒服自在，愛做什麼就做什麼。

賴梅松和員工聊天，問他們賺的錢怎麼花。中通業務量逐年上升，員工的收入每年的增長率保持在百分之十五至二十，一線員工有時高達百分之三十。

有的說，買房、買車、買iPhone；有的說，都孝順女友了，給她買艾格ETAM、秋水伊人、朗姿LANCY、拉夏貝爾的衣服，或買LV、MIUMIU、GUCCI包，或買雅詩蘭黛、OLAY、美寶蓮的化妝品……

賴梅松問：「有沒有給在農村的老爸老媽寄錢？有沒有給他們買營養品、給他們買衣服、給他們買家電？」

他們搖了搖頭。

不論在天井嶺村，還是歌舞鄉，孝順父母都是做人的基本底線。一個人若連生育自己的父母都不孝順，也就沒人願意搭理他了。中通不是天井嶺村，大家來自五湖四海，為過上好日子走到一起來了。可是，一次次在全網大會稱他們為「我親愛的中通家人」，這不能僅僅掛在嘴巴上，而要真正把他們當成家人才是。「家人」這樣不孝敬父母，他能不管麼？不能。管得講究方法，讓他們欣然接受。

有歌唱道「常回家看看」，還有歌唱道「有錢沒錢回家過年」，可是，對做快遞的人來說，只要上崗那就成為網絡一部分，網絡停不下來，人就閒不下來，哪有時間「常回家看看」，連「有錢沒錢回家過年」都做不到哇。賴梅松突然靈機一動，我們應該要感激員工的父母，他們為中通養育了這些員工。過年時他們的孩子回不去了，中通的紅包應該到。

可是，這樣一來就變成中通對員工父母表心意了。對了，公司出一部分錢，員工自己再出一部分錢，這樣既可以體現公司對員工父母的尊敬，又能體現員工對父母的孝敬。出多少好呢？不能太少，也不能太多。最後決定每年過年前，公司給每名員工的父母出一千元，再從員工獎金裡抽一千元，一併寄給他們的父母。

企業給員工的父母發紅包？不僅申通、圓通、韻達沒有過，其他民營企業也沒有過，有人反對，一人一千元，十人就一萬元，一萬人就是一千萬元，這個規矩定下來了，以後中通要是擴大到幾十萬、上百萬人怎麼辦？一年就得給員工的父母包幾億元的紅包麼？

賴梅松給大家算筆帳：每人每年一千元，看上去中通支出一大筆錢，有些帳是能算出來的，有些是算不出來的，誰能算得出親情的帳，誰能算出員工與父母的關係好了，給中通帶來多少效益？我們是支出一筆巨額開支，可是員工的父母卻收到了中通和兒女一份孝心。絕大多數員工的父母在農村，他們也可能沒走出過那個鄉，那個縣，那個地區，他們不知道中通的規模和前景，我們讓他們知道自己的兒女在一個注重家庭、注重親情、注重父母的非常靠譜的公司工作，也就放心了。中通真正把員工當成家人了，他們才會把中通當成家，才會有種主人翁的心態。中通好了，員工才好，員工好了，中通才會更好。

「快過年了，爸媽快收到紅包了。」二〇一二年，李秀花既盼望又欣慰地說。

幾年前，她離開了在雲南玉溪農村的家，也離開了一對兒女和年已八旬的父母，來到上海。她進入了中通，在上海轉運中心操作部工作。這位種了半輩子地的農民，對待工作就像自家田裡的莊稼那麼盡心盡力。她負責華東地區小件分揀掃描，握慣鋤頭的手很快就熟練地操持了把槍。

「想回家，恨不得飛回去，女兒今天升學考試，兒子也念小學了……可是工作也很重要。」春節逼近了，她哽咽著說。

孩子想媽，她想父母，想得內疚，想得淚下。她每天都要給孩子和父母打電話，一週視頻兩次。女兒看見了，兒子看見了，爹娘也都看見了，孩子長大了，爹娘更蒼老了。她喊一聲，他們就應一聲；他們喊一聲，她也應一聲，聲聲叫得心碎。她多想把手伸過螢幕，摸一下孩子，拉拉爹娘的手。

「在家要聽姥爺姥姥的話，要好好學習，多替媽媽照顧姥姥姥爺……」她對孩子說。兩個孩子都很懂事，既孝敬外公外婆，也學習努力，可是當媽媽的就是這樣嘮叨，每次都叮囑。

要過年了，快件多起來了，她多想變成快件，把自己寄給父母，寄給兒女，寄給老公……可是，春節期間操作部人手不夠，她主動放棄了回家。幾位遠房親戚和雲南老鄉說好了，大家在一起過年。「這樣如果公司裡有事，可以隨叫隨到。」這位幾年前還不知道快遞是什麼的女性說。

「紅包收到了……」她的母親在電話那邊激動地說。

公司一推行「親情1＋1」的福利政策，她就給家裡打電話，讓老公給父母辦張銀行卡。老父親也激動了，孩子也跟著激動起來了，一家人都激動起來了。

「這能讓父母知道公司把我當家人，讓他們知道我在公司很好，可以放寬心。」她激動地說。

激動的又何止李秀花的父母？

「兩位老人家高興壞了……」年近不惑的李大亮說。

李大亮的父母得到了兩個紅包，兩份加在一起有四千元錢，也許是他們得到的最大的紅包。

李大亮和哥哥李寬根都是中通的一線員工，他在中通東莞轉運中心操作部機動組當組長。他家除他們哥倆之外還有兩個妹妹，本來他出來做快遞，哥哥在家陪父母，沒想到他做得熱火朝天，哥哥按捺不住了，也跑了出來，進入了中通。這下哥倆都出來了，把父母扔在湖南岳陽的農村老家了，李大亮想想就覺得對不住年近古稀的父母，做快遞又不像幹別的，想回家請兩天假就可以回去。儘管東莞到岳陽老家不過八九百公里，李大亮已有一年半沒回去了。

父母聽說中通要給他們發紅包，真的高興壞了，起大早冒雨坐車趕到縣裡，結果忘了是週末，銀行的人很多，他們排了半天隊才辦下了銀行卡。

「感謝公司能夠這麼關心我們……」老父親在電話裡對李大亮說。

「我父母不善言詞，但是可以聽出來，他們很欣慰、很感動。公司真的很關心我們一線員工，把我們員工的家人也當成中通的一分子，我很感動。」李大亮說。

父母逢人就自豪地說：「兒子的老闆給我們發紅包了。」

李大亮的舅舅聽說後，羨慕地說：「他們哥倆找到一份好差事兒！」

上海轉運中心經理李偉的老母親不知道每個員工的父母都會收到紅包，激動得奔相走告：「我兒子在外面出息了，他們的老闆都給我老太婆寄錢了……」

總部仲裁部的劉蘭波回到河南南陽的老家，父親對她說：「你一定要在那裡好好做，要對得起你們老闆，你們老闆可真是太好了！」

媽媽跟著唸叨：「沒見過這麼好的老闆，想得咋那麼周到呢，還想到了我們，像對待自己的家人似的……」

劉蘭波說：「對的，我也沒有想到我們老闆會想到這些。我們老闆非常孝順，老闆娘也都是一樣的。他們沒有架子……」

他們家的日子本來很好，父親是公務員，收入穩定，她們姐妹三個也都懂事兒。沒想到父親突然下崗了，家裡的經濟狀況一落千丈。父親見許多人下海經商富了起來，他也做起了買賣，結果不僅沒賺到錢，還賠進去了很多。

劉蘭波還在讀中學時就替家裡借錢了。她很難為情地跟一位好友的媽媽說，想借五百元錢。沒想到那位阿姨爽快地說：「我給你拿一千吧，有錢的話就還，沒錢的話就算了，就算是阿姨供你讀書了，沒關係的。」說得她眼淚差點流下來。她知道這位阿姨很喜歡自己，說她學習好，長得又乖巧，想讓她做乾女兒。

後來，劉蘭波離開了家鄉到上海打工，不僅找到了自己的另一半，還誤打誤撞地進了中通。六年後，公司缺少機修工，機器一壞轉運就停下來，真是急死人了。她主動跟賴梅松推薦做汽車修理工的老公，賴梅松一聽就說：「公司缺少這麼個人嘛。」於是，她的老公就辭職來到中通。老公有修車的底子，很快就成為機修方面的行家裡手，三四年的工夫就幹到主管一級。他負責華東區的機修，不論轉運中心，還是其他部門的傳送帶、電機壞了，其他機修工修不好，他就要趕過去。

提起快遞這個行當，她老公就說：「挺好的。」

劉蘭波覺得，在「三通一達」這幾家老闆裡面，他們老闆是最有人情味兒的，也是最能照顧到員工的。他確實把你當成一個家人……老闆不錯，老闆娘也不錯；這個公司不錯，這個行業也不錯。中通給她一個家的感覺，再也不想離開了。於是，他們夫婦想在總部附近買房安家，安安穩穩地過日子。

聽說有個樓盤開盤，均價每平方米一萬兩千五百元，她訂了一套八十七平方米的。回公司一說起這事兒，好幾個人想買。可不可以跟開發商談談，優惠一下？樓盤賣得那麼好，能談下來麼？可不可以讓賴總這個「家人」幫忙呢？

「有多少人？」劉蘭波跟賴梅松一說，他問道。

「大概有七八個人吧。」

賴梅松拿起電話一通聯繫，房價奇蹟般地降了下來，每平方米優惠了一千五百元，劉蘭波的那套房子便宜了十萬元。

沒過兩年，孩子要上學了。劉蘭波夫婦在華新鎮兩眼一抹黑，拎著豬頭也找不到廟門，怎麼辦，還得找「家人」幫忙。賴梅松又求一番人，最後不僅把劉蘭波孩子入學問題解決了，把其他員工的也解決了。

在接受採訪時，劉蘭波說：「我很少找賴總，一般來說，兩年或者三年有個大事才會去找他，其他人找的話，他能幫的都會盡力幫。他非常注重自己員工的一些難題。」

她還說：「同行裡面跑到我們中通的人還滿多的，有的在別的公司級別非常高，已經是副總裁了，英語是八級，也過來了。中通的人挖都挖不動，沒有辦法，你說給我工資再高，我不開心，肯定不會去的。有個快遞公司的人跟我們比較熟，一天跟我說：『我轉到中通來了，你知道嗎？』我說：『哎呀，怎麼又一個轉到中通來了，都來好幾個了，你為什麼要選擇中通？』他說：『我們公司太壓抑了，罰錢罰死的。』」

員工購房、子女入學，賴梅松要管，員工生病更要管。

二〇一一年，在柳州中通任客服，年僅二十二歲的陳惠仙突然查出白血病，亟須骨髓移植。可是，她家在農村，父母都是老實巴交的農民，哪裡拿得出幾十萬手術費？一家人除抱頭痛哭之外還能為她做什麼呢？互助基金會急撥一萬元以解燃眉之急。

賴梅松聽說後，打電話瞭解一下陳惠仙的病情，放下電話就帶頭捐款，很快十幾萬的善款就撥到陳惠仙的帳號。遺憾的是，大家沒挽留住她的生命，不過中通的那份溫暖卻留在她家人的心裡。

二〇一一年，被調到廣東的何世海發覺自己臉色發黑，身體疲累，開始還以為水土不服，後來病情重了，到醫院一查肝纖維化，醫生說再持續三五年就會轉化為肝硬化。何世海蒙了，危難時想到了賴梅松，電話撥了過去。賴梅松瞭解病情後，勸何世海別著急，他來想辦法。擱下電話，賴梅松就給他聯繫好了上海最好的醫院最好的專家，然後打電話讓何世海馬上回上海治療。

何世海的病得到了及時有效地治療，病情穩定了。賴梅松又放他長假，讓他在家好好休養。何世海哪裡是閒得住的人？要求工作，賴梅松任命他為特別助理，這是比較悠閒的差事兒，沒事就去各地調研。

二〇一二年五月，賴梅松又推出員工投資車隊的新政，讓他們充分享受中通發展的紅利。在快遞公司，網絡班車是一項很好的投資項目，也是一樁穩賺不賠的生意，每年的利潤可達百分之三十左右。在「三通一達」，這類車或是老闆自己的，或是外包的。有的公司明文規定不允許本公司員工投資網絡班車。有的管理者利用職權之便，把這塊肥肉給了自己的親戚。賴梅松提出把外包的車辭退，讓本公司的員工投資車隊，按利潤分紅。這樣一來，公司從上到下，從大區老總到普通員工都可以投資車隊，每年分得數萬，甚至十幾萬、幾十萬元的利潤。

對何坤來說，中通改變了他一家人的命運，投資車隊讓他提前擁有了房子和車。

何坤出生於湖南永州東安縣芭蕉村，那是一個像天井嶺似的在大山懷抱裡的小村落。小時家境貧寒，父親為養活他和大他一歲的哥哥去縣城做餐飲生意。誰知哥哥在四歲那年得了一場病，智商在六七歲時就定格了，再不發育了。何坤十二歲那年，父親在一場車禍中喪生，家一下子就坍塌了。

家裡的一切希望都寄託在何坤身上。何坤考取縣重點高中那年，為供他讀書，母親狠了狠心把哥哥送到爺爺奶奶家，隻身去廣州的一家工廠打工。媽媽每次給他和哥哥打完電話都是淚濕衣襟。一年冬天，哥哥癲癇病發作，手掌按進火盆。媽媽聞訊趕回來，淚水一串串地落在哥哥那張被燒得蜷曲變形的手上。

媽媽沒再回廣州，帶著哥哥到永州市冷水灘區的一家電子廠打工。他們租一間僅七八平方米的地下室，做飯在室外，如廁要去幾百米外。媽媽擔心哥哥路上發病，每次都要送去接回。為多賺一點兒錢，讓兩個兒子吃飽穿暖，讓何坤有書讀，媽媽每天要幹十二三個小時。學校放假，何坤就到廠裡幫媽媽幹活兒，可是不論怎麼努力也趕不上媽媽的速度。低頭幹四五個小時，他就累得撐不住了。媽媽卻低著頭髮斑白的頭，枯瘦的手指飛快地組裝。媽媽那瘦小身軀有著怎樣的力量，承受這日復一日的緊張勞作？

每天晚飯之後，母親都要帶著哥哥散步。一天，何坤悄悄地跟出，卻見母親掀開垃圾桶蓋子，哥哥探進身去，將能賣錢的瓶子和廢紙掏出來，裝進袋子。何坤的眼淚一下就流了出來，暗暗發誓一定要讓哥哥有飽飯吃，讓母親過上好日子！

大年三十，家家戶戶放鞭放炮。午夜鐘聲敲過，何坤領著哥哥出去，把大街的鞭炮紙屑掃起來，一袋子一袋子地扛回家，節後送到廢品收購站，換回幾個錢。

二〇〇九年，何坤和女友一起大學畢業。女友考取了江蘇的公務員，湖南衡陽師範大學新聞系畢業的何坤進了中通上海總部。彎曲而浪漫的戀愛小徑走到了頭，要步入婚姻的島嶼了，她要的他沒有，他有的她不要，他沒房沒車，有一個智商相當於六歲孩子的哥哥和一個沒有積蓄、沒有退休金的母親。相愛四年的女友讓何坤攢夠十萬元錢再來找她，她就嫁給他，她等他兩年。也許根本就不相信何坤兩年後能攢下十萬元錢，也許她早已被冷酷的現實擊倒，兩年不過是個託詞，兩個多月後，她就出嫁了。若沒有母親、哥哥和中通這份工作，真不知道二十四歲，身高一米八二的何坤能否趟過這場雪虐風饕的失戀冬季。

何坤一人撐起個部門，搏命地幹，時常加班到半夜十二點鐘。他每月賺不到三千元錢，一部分寄給家裡養活媽媽和哥哥。兩年後，何坤就當上了企劃部經理，第三年，他跟中通車隊的助理陸順怡相愛了。那年，她大學剛畢業。

何坤深得賴梅松賞識，賴梅松主動借給他二十萬元錢，讓他買車入股車隊。這樣一來，何坤工資之外，每年還有七八萬元的分紅。二〇一三年，何坤和陸順怡用車隊的分紅和借來的錢交了首付，買下了一套一百六十多平方米的複式樓。

二〇一三年十月六日，何坤跟小陸舉行了婚禮。婚後，將媽媽和哥哥接到新家。他們夫妻住在二樓，媽媽和哥哥住在一樓。快下班時，他們就能接到哥哥的微信語音：「何坤、小陸，什麼時候回來？」

吃完晚飯，何坤就帶著哥哥去打籃球。哥兒倆個頭相仿，外貌相似，穿著小陸買的一模一樣的運動衫，走在路上就像一對雙胞胎，好玩極了。二〇一四年，何坤夫婦又花二十多萬買了一輛帕薩特車[2]。

賴梅松這一項又一項的政策改變了多少人的命運，恐怕難以統計。

賴梅松給「家人」辦的第四件事就是建中通家園。

桐廬縣城三二〇國道以北有一塊地，背靠著商務區，大約七十畝的樣子，這片地上旁邊是公園，山上一大片松林。二〇一三年五月九日，賴梅松將這塊地拍了下來。有人對他說，如果在這片地上搞房地產開發，有幾個億好賺。賴梅松不賺這幾個億，他有自己的打算，住到城裡後，他發現城裡人連住在自己家對面的人是誰都不知道，讓他很不習慣，也很懷念在山裡的時候那種互幫互助的氛圍。他要在這片地上建中通人自己的家園——中通大家園。房子建成後，以成本價賣給中通裡面的桐廬人，外面的市場價七八千，他們四五千就買到了。房子造好後，大家就住在一起了，像在山裡一樣，吃飯的時候串串門，老了相互有個照應，有一種自豪感，有一種家的感覺。

賴梅松說，農村裡出來的人，「情」字是最真的。

三、在廢墟中，他們這樣崛起

中通網絡互助基金在二〇一一年五月八日，即中通成立九週年正式啟動。隨著第一筆基金——九萬二千一百四十元流入，它像一條條小溪流向那些亟待救助的網點和員工。

[2] 編按：帕薩特（Passat）車，是福斯汽車旗下的一款中型車，從一九七三年生產至今。

二〇一二年九月的早晨，北京車公莊中通的老闆王訓永接到一個電話，面色頓時變了，轉身就往外跑。

出事了，駕駛員開著麵包車去送件，在路口轉彎時視線被一輛大巴擋住，一位橫穿馬路的老太太被撞倒，車輪從腿上壓過，被送到醫院搶救……

被撞的老人小時候患有小兒麻痹症，行動不便，走路要拄雙拐。她的丈夫患有老年癡呆，女兒又患重病，全靠老太太照顧。這是一個特困家庭，靠政府救濟生活。

八年前，王訓永加入中通，做起了這個網點。當時僅有兩個人，一輛自行車，王訓永每天騎車出去，一票一票地做，兩個月下來，已判若兩人——瘦了十公斤，業務量達到每日一百餘票。這幾年，為把網點做起來，什麼辦法都用了。片區內有一個天貓的化妝品賣家，每天賣出一千多件。他們一次一次去談，想把業務接過來，可是人家說，他們跟一家快遞合作得還不錯，不想換了。一天，聽說那個賣家跟快遞發生了糾紛，有一貴重快件丟失，快遞公司拒絕按原價賠償。王訓永趁虛而入，提出如果對方答應合作，不論寄的物品丟失還是損壞，一律按原價賠償，而且一經確認當日理賠，還答應快件優先寄遞，保證時效，一舉將那個客戶爭取了過來。現在，他們網點已做到每日四五千票，員工四五十人。

王訓永和妻子在醫院衣不解帶地照顧了兩個星期，老人出院了，花去二十七萬元的治療費。額外王訓永又賠償給老人二十多萬元。讓人吐血的是麵包車的保險在出事前一天到期，還沒來得及續保，這五十多萬元都要王訓永承擔。當他焦頭爛額，四處籌借時，互助會撥來了五萬元救助金……

一場大火將中通新疆公司燒成一片廢墟。加盟商羅雲不僅得到網絡互相基金的三十萬救濟款，總部還為他減免了四十萬元。

二〇一二年九月二十六日上午十時許，在距離烏魯木齊六百公里外的羅雲接到電話，打電話的人緊張而悲淒地說，著火了，公司著火了，大火把公司吞沒了……

他正在賓館的餐廳吃早飯，頓時化作木雕，驚呆了。

「人有事沒？馬上清點人數……」羅雲感到雙膝發軟，聲音顫抖地問。

他是河南人，二十歲來到新疆，一口氣待了二十九年，比在河南老家還多九年。他先是在建築工地幹，然後又去印刷廠裡幹。他的忠厚老實，幹活兒不耍奸偷懶博得了老闆的信任和賞識，幫他把戶口遷到了新疆。後來，他自己創業，做烏魯木齊的航空貨運代理。

烏魯木齊所有快遞公司的航運都交羅雲代理，他跟烏魯木齊所有快遞公司的頭頭混得很熟。二〇一一年年初，中通快遞新疆分公司的股東要移民國外，想出讓自己的百分之四十股份，請羅雲幫忙找個合適人接手。

「如果我來接手，你看行不行？」羅雲想介入快遞，沒想到機會就這麼來了。

那人看了一眼羅雲，哈哈大笑：「你能接手，最好不過。」

中通快遞在新疆創辦沒有幾年，這個股東是創始人之一。羅雲的人品和能力在圈裡人所共知，將股份轉給羅雲他自然是放心。

羅雲以六十六萬的價格接手了那百分之四十的股份。公司有四個股東，其他三個股東各占百分之二十的股份。他們的業務量不大，每天一千票左右，整個新疆維吾爾自治區還不及廣州、上海或北京的一個區，下面的二、三級網點也不過二三十個。羅雲接手新疆中通後又投入將近三百萬元，用於購買車輛設備，開拓新疆偏遠地區的網點。

進入快遞行業，羅雲才發現在新疆做快遞是何等艱難。新疆地域遼闊，地廣人稀，工業極為落後，居家的生產和生活用品全靠外面供應，造成了快遞網點收件少，派件多，收派比分別是一比六，一比十，一比二十，最高達到一比三十。像庫爾勒、喀什的縣區網點，一個月才能收三五票，生存極為艱難。

羅雲慶幸自己加盟的是中通，中通的掌門人賴梅松有一個宗旨，那就是絕不能讓我們的網點因為政策的原因生存不下去。為了扶持偏遠地區的網點，中通推出一系列其他快遞公司沒有的政策，如有償派費、二級中轉補貼。當冰雪天氣來臨時，東北、新疆、內蒙古的嚴寒地區被大雪覆蓋，收件派件的難度都增加了，極為偏遠地區的快遞員，甚至要在冰雪天氣裡跋涉很久，才能把一單快件送到客戶的手裡……中通又給嚴寒地區的網點每單快遞補貼零點五元錢。

此時，烏市安寧渠鎮宣仁墩村安寧渠路養護路段，大火已經吞噬一幢長近三十米、寬十米的三層白色彩鋼板房，火從窗戶躥出，濃煙升到高空，幾公里外均可見到。

從火海裡逃生出來的人們，驚魂未定，衣衫不整，有的連鞋都不來得及穿，光著腳丫站在地上。

第一個發現著火的是張永超。他在裝車時偶一抬頭，發現三樓的東南角冒煙了。「不好，著火了。」他綽起車上的滅火器就跟前來拉貨的司機衝了上去，衝到二樓樓梯處時，三樓的火就像一頭猛獸似地撲了下來。一位李姓的倉庫保管員正在二樓休息，聽到張永超他們的叫喊聲，開門向外一探，嚇得邊大喊「著火了」，邊去敲隔壁宿舍的門。還在宿舍休息的員工慌不擇路地逃了出去。

大火蔓延至東側倉庫，員工急忙衝上去搶搬快件，將那些從全國各地發來的快遞搬離火場。三輛消防車呼嘯而至，發現火勢很大，馬上請求增援，幾分鐘後，又有四輛消防車開了過來。

突然，一個女孩淒厲地叫了起來：「真歌！我的妹妹真歌呢？」有人說，逃生前推過她房間的門，在裡邊門上了，推了又推沒有推開。火勢迅猛，來不及再推，只得撤出。

半個小時後，大火被撲滅，消防官兵在三樓，靠近樓梯口三米的地方，發現一個女孩，身體撲倒在走廊，雙手指向窗戶，保持著求救的姿勢，已沒有生命跡象。

當王真歌被抬出，王小真衝過去抱住妹妹，哭聲震天。這個勤快、肯吃苦、活潑開朗的女孩來公司才六天就遇難了，在場的人都忍不住哭了起來。

經查，最先起火的是二三層的中通快遞公司，火災面積近一千平方米，不僅燒毀中通的宿舍、倉庫、轉運中心和沒有搶出來的快件，還有同幢樓的恆發彩鋼辦公區和生產車間，損失慘重。

羅雲一邊往機場趕，一邊打電話給妻子，讓她通知王真歌的父母，安撫好員工和家屬。

公司的員工來自新疆各地，吃住在公司。火災過後，他們不僅失去住所，而且錢和東西都沒拿出來。有的手機、證件和三個月的工資都被燒掉；有的還穿著睡衣，光著腳丫。九月底，新疆氣溫早晚已降至十℃以下。羅雲讓妻子為員工安排好住處，別讓他們凍著、餓著。妻子遵照羅雲的吩咐，租下附近的農舍，給每位員工發放了二千元救濟金，還給他們買來了被褥。

在庫爾勒機場候機室，羅雲打開筆記型電腦，上網搜索烏魯木齊出租廠房的資訊，並鎖定了幾處房源。必須儘快恢復生產，整個新疆的快件都從烏魯木齊轉運，轉運中心一停，中通發往新疆的快遞件都要延誤。

他打電話給大兒子，叮囑他：馬上去買八臺電腦，第一時間恢復中通的客服。大兒子在國外留學，放假剛到家。

二十七日凌晨，羅雲乘坐的飛機降落烏魯木齊機場。他打車直奔公司，因火災事故尚在調查中，消防部門封閉了火災現場，羅雲只能在外面看那座熟悉的小樓，夜色中，小樓白色的樓體被燒得一片焦糊，彩鋼板構造的牆體扭曲變形……

面對王真歌的父母，羅雲被愧疚與自責淹沒。按照國家的有關規定，該賠付死者家屬四十多萬元，一位親戚提出一些額外要求，賠償額升為六十多萬元，羅雲二話沒說，吩咐妻子帶著王真歌的父母去銀行，將六十多萬元打給他們。不管怎麼說，他們失去了愛女，遠比自己的損失大得多，假若錢能減少悲傷和痛苦，為什麼不多給他們一些？

安葬完王真歌，王小真卻對父母說，她要留下來，儘管這場大火讓她失去妹妹，可是她不會離開新疆中通，不會離開這個集體，不會離開這個重情重義的老闆。

八臺電腦買來了，就在庫房沒有燒盡的地方接通了網線，客服開始了緊張的工作……

火災第三天，羅雲在開發區找到一處四千多平方米的新場地，想把在火災中殘留的操作平臺及部分設備搬過去。房東及家屬卻橫在卡車前：「房子燒成這樣，我們損失這麼大，你賠完再搬吧……」

災難發生後，所有股東都該站出來，不管負擔多重一起來扛，可是兩位股東已嚇得篩糠。一個說：「我們逃吧，否則會賠得傾家蕩產。」

另一個不見蹤影，家裡說他去了外地。

羅雲憤怒地給跑到外地的股東打電話：「三天之內，你必須回來，否則意味著放棄了公司的股份！」

沉重的打擊，加上連續兩三天沒日沒夜地奔波操勞，羅雲兩眼充血，聲音嘶啞得說不出話來，他對其他股東說：「大難當頭，你們誰都不要逃。新疆中通的網絡不能垮，這麼多人不能沒飯吃。」

股東表示，他們沒有錢來賠。

羅雲說：「你們放心，所有的賠償，我一個人來扛，挺過這個劫難，你們要走，我羅雲擺酒送行！」

他一邊跟房東談判，一邊派員工把沒有受損的快件發送出去，對受損的快件，馬上聯繫客戶，商量賠償事宜。轉運中心燒毀了，傳送帶沒了，他們就在院子裡拉線繩，掛紙牌，全部手工操作，直到最後一票快件發送出去。

羅雲跟房東盤點火災造成的損失，一項一項地進行評估，最後，認定新疆中通要賠償房東及恆發彩鋼三百多萬元。羅雲答應了，可是他一下拿不出那麼多錢，請他們寬限幾天。他們卻堅持錢到才能放行被扣車輛與設備。

在羅雲孤苦無助之際，遠在上海的賴梅松得知新疆中通發生特大火災，立即指示：致電新疆郵政管理局給新疆中通以幫助；啟動網絡互助基金給他們以救濟，幫助他們儘快恢復生產。

互助基金會給羅雲撥去第一筆救濟金十萬元，新疆郵政管理局的領導趕到火災現場。在這一生最艱難的時刻，滿嘴大泡，兩眼血絲的羅雲得到了總部的支持，熱淚盈眶了。

在郵政管理局擔保下，羅雲與對方簽下賠償協議，保證三多萬元的賠償款十天內交付，這才拉走設備，開走三輛貨車和兩輛麵包車。

十天後，羅雲湊齊三百萬元，如約還上了火災賠償款。

新疆中通在重創之下開始二次創業。二〇一二年十月，他們收到互助基金會撥出的第二筆救濟金二十萬元，羅雲用這筆款購買了傳送帶。

兩個月後，羅雲為兩個退出的股東擺宴送行，他感謝他們，大難當前，沒有臨陣退縮，並以四百四十萬元買下他們兩人的百分之四十的股份。

這時，消防部門查清了火災原因，解封了火災現場。羅雲強忍住心中的戰慄，一步步走進那座三層小樓。順著樓梯的臺階一層層上去，一間間辦公室、宿舍，一扇扇門，或是虛掩，或是緊閉，一扇扇窗子，玻璃盡碎，腳下一疊疊的快遞面單，大火之後，化成灰色的蝴蝶，在腳下打轉，在風中翩躚。

讓羅雲驚疑不已的是他的辦公室沒被大火吞噬，辦公桌、椅子及辦公桌上的電腦都在。黑色辦公桌的外側被火焰烤得發黃，電腦的箱體被火烤得變形。椅子後面不到一米的地方放著保險櫃，保險櫃裡一疊疊的現金成了灰色的磚頭，手指輕輕一觸立刻成灰。

大火洗劫了這座小樓，一切都蕩然無存。偏偏留下了一桌，一椅，一臺電腦，冥冥中，老天究竟有著怎樣的寓意？他摁下電腦的開關，電腦居然能夠正常運轉。

眼淚，嘩地流下了羅雲冷峻的面頰。

這一桌一椅，羅雲決定將它們永遠保留下來，這是不死的記憶，是一種打不垮的、不屈的精神象徵。它們陪伴著他和新疆中通在這塊土地上重生，崛起。

賴梅松又批示，為新疆中通減免部分費用，其中最有力的一條是每單快件減免零點三元，直到二〇一三年年底，助他們浴火重生。僅此一項就為新疆中通減免四十多萬元。

羅雲感激不已，加快了對新疆中通的整體投入。他堅信賴梅松的那句話：「誰捨得投入，誰就能有大的發展，誰就能擁有未來。」

二〇一四年十二月底，筆者採訪羅雲時，他驕傲地說，在短短兩年的時間裡，新疆的網點已由火災前的三十多個增到一百四十多個。新疆所有的城市都開通了網絡班車，即便新疆最偏遠的地區，也基本能做到當日寄，次日達。整個新疆的業務量已從每天一千多件，增加到七八萬件，翻了幾十倍！

這是一個令同行吃驚的、非常了不起的數字！

到二〇一四年七月，中通網絡互助基金集資超過了兩千多萬元，發放救助金一百多筆。如：長安中通交通事故，救助五萬元；

盱眙中通朱成龍去世，救助五萬元；

北京普陀三部車禍，救助十萬元……

10

測不出海拔的高地

一、高地是這樣堅守下來的

賴梅松說：「快遞能夠做起來，在於我們對這個行業的堅持。當快遞處於灰色地帶的時候，大家都在堅守這個陣地。我們從那麼困難、那麼黑暗的時候走過來，如果我們桐廬人放棄了，就是「三通一達」放棄了，中國的快遞其實也就沒有了。是山裡人的淳樸造成了快遞今天的規模，如果都像城裡人那樣怕苦怕累，肯定也就沒有今天的快遞。誰是最可愛的人？是堅守在一線的基層員工，沒有他們的默默付出就沒有快遞。」

二〇〇八年五月，徐明已到了山窮水盡、內外交困的地步。

正月初八，他以四萬元的代價買下天津中通和平二部網點，又投資一萬七千元買了一輛二手麵包車，投資一萬多元錢買了十幾輛電動自行車，結果沒到三個月電動車大部分丟失。老爸一蹦多高：「別幹了，做快遞要多辛苦就有多辛苦，這哪是人幹的活？找個地方打打工也比幹這個強。再說，借來的六萬多元錢都扔進去了，你就是想幹也沒地方借錢了。」

將近兩千公里外的成都，一個叫李黎的年輕人坐在新都中通網點的倉庫裡，看著「中通」兩個字，傷心地哭了。二十八歲的李黎做了三年快遞，出了四次車禍，一百多萬扔進去了，連個水泡都沒有。他一遍遍地問自己：「我做得這麼努力，為什麼會是這麼個結局？」

他真就做不下去了。

那四次車禍，一次是貨車買回來，連交保險的錢都沒了，沒辦法只能「裸」著上路，先跑幾天，等賺到錢再買保險，誰知那輛敗家的車居然急得自燃了，它燒了不要緊，連同車裡的諾基亞手機等貴重物品也被燒成灰燼，真是漏船又遇打頭風，本來就沒錢，這下又賠三四十萬元，李黎欲哭無淚。

還有一次，下雨路滑，貨車翻到魚塘裡，車和快件撈出來了，哪還能用？又損失了十二三萬元。

再一次，新招聘的司機開著貨車在高速公路追尾，被追尾的是一輛麵包車，載有六個環衛工人，剛掃完高速公路要下工時被撞傷了。把六個環衛工人送進醫院，賠了七萬多元。

最後一次更是邪門，貨車的車速在三四十公里以下，居然撞死一個老太太，賠了四十八萬元。

踢足球賺的錢、做網店賺的錢全賠在快遞上了，另外還欠下二十多萬元的外債。

這快遞哪還能做？李黎抹一把眼淚，給朋友打電話說想把網點轉手，讓朋友幫忙找一下買主。

徐明卻不同，他鐵了心，說什麼也要把快遞做到底，過去有過兩次機會都沒把握住，這次再不混出個名堂，誰還能看得起我？這個網點死活都得幹，說什麼也要幹下去，給那些人看看。

別看徐明年紀不大，比李黎小六歲，僅二十二歲，在天津中通卻是元老。二〇〇二年，天津中通一成立他就來了。那年他才十六歲，跟著桐廬莪山佘族鄉的老鄉跑來做快遞。一個人管著偌大個河東區，底薪二百元錢，攬件的提成是百分之十，那時天津人不大接受快遞，他幹半年拿到的提成還不到二百元。

不過，徐明也有可炫耀的，「天津第一票」是他攬下的。天津中通剛成立時只有十幾個人，除兩個三十來歲的老快遞之外，其他都是不到二十歲的孩子。他們每天能做的就是「掃樓」，趁門衛不注意鑽進樓裡邊，臉皮厚厚的，挨個房間串，見人就發名片。有時沒串幾個房間就被人攆出來，換個寫字樓接著再串，好在天津衛的寫字樓多得是。

徐明人小鬼大，再加上腿勤、嘴勤，「掃」得天津中通的第一票快件。那票件是寄往烏魯木齊的，當時中通在烏魯木齊沒有網點。誰還管得了那麼多，倉裡沒有穀子，稗子也得要哇，別說寄往中國新疆的首府，就是法國的巴黎、義大利的羅馬、土耳其的伊斯坦布爾、敘利亞的大馬士革，不管通過中通的網絡能不能寄到，先取回來再說。

那票快件讓天津中通上上下下歡欣鼓舞，老闆說獎勵十八元，大家都說：「太少了，太少了，多獎點兒。」老闆狠狠心獎勵徐明五十八元。快件是通過申通發到烏魯木齊的。

李黎跟徐明不同，他從八歲就開始踢足球，進過國家少年隊和天津泰達隊，二十二歲離開綠茵場，這十四年來不知傷過多少次，從沒哭過。有一次，他把隊友打傷住進醫院，被「三停」——停賽、停訓、停薪，被迫離開足球，在醫院護理隊友三個多月，每天晚上睡在醫院的走廊上，他一滴眼淚都沒掉。恢復集訓的第三天，一次轉身他把腳後跟的筋鍵拉斷了，住院三四個月，不得不離隊時，他也一滴眼淚沒掉。

李黎離開球隊後，開家網店，專營某運動品牌。網店離不開快遞，一來二去就認識了新都中通的老闆。二〇〇五年，那個老闆勸他入股，他也就稀裡糊塗地入了。半年後，問起效益，那個老闆苦著臉說沒賺到錢，還虧損。

「每天收攬那麼多件，怎麼還虧啊？」李黎不相信。

老闆說，他也不清楚為什麼還虧。他還說，他不想做了。

「你不想做，那就給我做吧。」李黎鬼使神差地說。

他們就這樣談成了，前後還不到二十分鐘。李黎從對方手裡接下新都中通，加上前期入股，總共投入六萬元錢。誰知網點到手才發現，帳上還有兩萬多元的應付還沒付。李黎傻了，網點是他的了，這筆錢他只得付。這樣算來，他等於花八萬多元買下除一輛破舊的麵包車之外，幾乎什麼都沒有的網點，看來虧大了。

李黎做夢也沒想到做快遞比踢足球還苦，苦不堪言。新都與成都僅一字之差，規模和經濟上卻有著天壤之別，對快遞需求也是天地之差。在新都做得最好的是申通，已用四點二米的貨車拉件了，中通的品牌還不如天天，日業務量只有一二十票。

李黎不僅是個不服輸的主兒，又是個做事玩命的主兒，一個人負責送大半個新都的快件，他性子又急，當天的事兒當天完，絕不拖到第二天，哪怕跑三四次也要把件送出去，自然就要比別人付出的多。

不論件堆在倉庫還是件沒拉回倉庫，他都會坐立不安。一次，成都下暴雨，李黎開著那輛破麵包車嘰哩呱啦地上路了。結果那輛車一上三環就罷工了，說什麼也打不著火了，只得停在那兒等待救援。路面的積水越來越深，越野車和貨車像巡洋艦似地從身邊衝過，水濺到車窗上，從那道關不上的窗縫射進來，落在快件上。李黎急忙把衣服脫下，把那道縫塞上……

做快遞僅受苦遭罪和搭銀子也就罷了，還特沒尊嚴。踢足球和做快遞受苦遭罪完全兩樣，前者容易有人理解，後者卻沒人體諒。在有些人的眼裡做快遞的跟叫花子差不多，你開麵包車送件，到社區門口眼看著別的車進進出出，保安卻說什麼也不讓你進，讓你給客戶打電話，然後在一邊等著，甚至還罵你是棒子，是跑腿狗。你來不來氣？來氣就打架，隔三岔五地打，結果在新都快遞沒做出名，打架卻出了名。

快遞員受欺辱的事實在是太多了。南昌中通湖坊分部的老闆辛成錦回憶起當年，有一次去送件，因為天氣的原因遲到了一會兒，結果還沒等他解釋客戶就把他痛打一頓，滿肚子委屈跟誰說啊？

李黎對朋友說：「這快遞不做了，真的不做了。」

「多少錢？」朋友問。

「六萬。」

看來真就做傷了，寧肯賠二萬多也要出手了。

徐明在快遞江湖卻如魚得水，從天津中通做到北京中通，又從上海中通做到廣東申通、泉州圓通……跑過十幾個地方，把「三通一達」的「三通」都做個遍。他成了老油條，把這三家摸個門兒清，而且還越來越有道法兒。

有一家醫藥公司將業務分給他和圓通一家一半。圓通的快遞員年紀比較大，有點瞧不起他，動不動就諷刺他。一天下雨，他跑醫藥公司取件，老闆說：「沒有，有肯定會給你的。你來沒有，圓通來也沒有。」在外邊避雨時邂逅圓通快遞員，圓通快遞員得意地對他說：「醫藥公司給我十幾票。」他冒著雨跑回去。那老闆驚異地說：「下這麼大雨，你怎麼又來了？」

徐明說：「你騙我，圓通說你給他十幾票件。」

老闆火了：「他怎麼能撒謊？他的件停了，都給你了。」

圓通的快遞員出局了。徐明笑了，這正是他要的。

那時，快遞員唯一的交通工具就是自行車。他們騎的車子都很差，或破舊的，或廉價的，騎著像要散架似的。在天津，他連丟了三輛自行車，其中兩輛在一個地方丟的，而且旁邊就站著一個保安。

「我自行車就在你旁邊丟了，你怎麼不管？」他質問那個保安。

「我們不管自行車。」

他來氣了，你不是不管麼？在那堆停放的自行車中挑一輛好的，扛起來就走，那保安真就沒管。

二〇〇七年，二十一歲的徐明在上海楊浦中通承包三條馬路。做了五年快遞，總算有了屬於自己的地盤，他像在自己土地耕作的農民，幹起活兒來渾身是勁兒，取件、送件都哼著歌兒。兩三個月，他就賺了好幾千塊錢，夢像上海灘開業慶典的彩球在半空搖曳。誰知送件途中，一個四歲的孩子突然從計程車的後面躥出來，徐明措手不及，他騎的電動車撞倒了孩子，一條腿斷了。交警認定他負三分之一責任。可是，就這三分之一責任讓他攢下的三萬多元錢像暴雨襲來一大群廣場鴿子飛上天，不見了。又跟表哥、父母那裡借了一萬多。最後，他丟盔棄甲地離開了上海灘，那裡的彩球仍在半空搖曳，卻沒有一個是他的了。

徐明回到莪山佘族鄉，像丟魂似地躺在床想了好多天，自己怎麼活得這麼失敗？讀中學時，他老跟人打架，讀了好幾所學校，都是開除離開的。車禍有難，跟那些從小就一起打架的生死弟兄借錢，他們卻都躲了起來。最傷心的是一個發小，他將對方視為最好的朋友，是有錢可以一起花的那種。他和女友窮困潦倒、沒錢吃飯時，想跟那個哥們兒借兩百元錢，人家沒借。我把他們當朋友，為啥他們連兩百元錢都不借給我？說明他們不信任我，說明我自己有問題。

徐明想明白了，一下子就懂事了，覺得這幾萬元錢賠得值。他必須東山再起，活出個人樣來，讓那幫哥們兒信任，讓他們敬重。可是，他有什麼本事？書沒讀好，什麼專業技能都沒有，最大的專長就是做快遞。他想起姑父說的一句話：「只要不改行，你早晚會成為師傅；要是不斷地改行，你就永遠是徒弟。」他想買個網點自己做。可是，手裡沒錢，借又借不來，只有孤注一擲，逼父母去借錢。

徐明的父母都是老實巴交的農民，老媽在工廠打工，從早幹到晚，月薪也就幾百元錢；老爸胃不好，重活幹不了，只得幹點兒零活，賺不了幾個錢。父母很生他的氣，以前他就不乖，總打架，還打壞過人。在外面幹了這麼多年，沒存下錢，還跟家裡要錢賠人家，還逼父母借錢買網點，這怎麼行？

徐明躺在床上不起來，連飯也不吃了。父母慌了，奶奶更是急得不得了，他們家兩代單傳，上一代三個女孩，一個男娃，老爸從小受寵，三個姑姑也都護著他；這代也只有徐明這麼一個男娃。在農村，兒子就是家裡的頂樑柱，這兒子要是不行了，這個家不就完了麼？

表哥給他找了個活兒，月薪幾千塊，他說不去。

奶奶聲音顫抖地說：「有什麼想法說出來啊，家裡能幫你都會幫你……」

老爸老媽也跟著說：「你有什麼要求，說吧。」

他跟他們說，他還想做快遞，沒錢買網點。父母沒轍了，借錢吧，他家住的是灰頭土臉的泥土房，裡裡外外連一件值錢的東西都沒有，誰肯借錢給他們？在村裡借不到就跟親戚借，七大姑八大姨的一家家地湊，好不容易湊了幾萬元錢，他領著老爸和女友北上天津衛，兌下這個網點。

萬事開頭難，徐明那個頭哪裡一個「難」字包容得下？快遞員招不上來，活兒累，收入低，底薪四百元，提成百分之十，還不如撿垃圾。他領著老爸跑業務，可是老爸既不會用手機，又不會坐電梯，還不會看門牌號，出去就回不來，別說快件沒取回來，他還得到處找老爸。女友不會電腦，他得一點點地教。他們爺仨哪裡幹得了網點？他咬咬牙把快遞員崗位的底薪提到一千二百元，提成提到百分之二十五……

他在江湖上混了六年，腦袋靈光，見啥人說啥話，自然討人喜歡。有一淘寶賣家，賣減肥藥，一天能做一百多票，他先是拿下他們市內的業務。他知道北方人講究人情，每次取件都買七串糖葫蘆，七個分管發貨和打單子的姑娘每人一串兒，沒過多久就把她們都爭取了過來。然後，他找老闆談：「我們中通不是小快遞，是大快遞，我們的優勢在華東、華南和北京，你不信上網搜一下。」姑娘們自然幫他說話。老闆上網查過之後，答應把這些地區的快件業務都給了他。他也仗義，每票比其他家便宜了一元錢。

不論徐明還是李黎，似乎天生就屬於快遞，一旦沾邊兒就跑不掉。李黎跟朋友說完沒過多大一會兒就反悔了，急忙一個電話追過去：「網點不轉了，你們就當我沒說好了。」他一是捨不得，二是下邊還有十幾個弟兄，他不做了，他們怎麼辦？他們大都是從農村出來的，家境很差，出外打工不容易。他從小就生活在球隊，過慣了集體生活，一日三餐都跟員工一起吃，感覺像一家人似的。員工的衣服、手機都是他買的，伙食費也是他出的。他們之間關係很鐵，網點沒錢開工資時，員工照樣白天送件，凌晨兩三點鐘爬起來卸貨和分揀……

他又做下去了。

為提高中通的知名度，李黎花錢在公車的座套上、在三輪車夫的馬甲上、在大大小小的足球賽上做廣告，中通漸漸在新都有了名氣，連EMS的業務員有時都會對客戶說：「你要嫌貴的話，可以去找中通，你知道怎麼走吧？」

新都有位客戶送來一包藥品，要寄到北京，說務必三天之內送到。李黎答應了，按中通的網絡速度怎麼也到了。李黎把件放在車的後備廂裡，怕忘了，結果還真就給忘了，第二天早晨發現那件，屈指一算，完了，耽誤了一天，不能按時收到了。

「這是我的問題，我必須要解決。」他拿著那票快件趕到機場，坐飛機送去了。藥品送到後，他坐火車回來了。

徐明的網點剛有點起色，老媽就來了。沒過幾天，麵包車就丟了，這活還怎麼幹？兒子說服不了老子，老子也管不了兒子，爺兒倆像烏眼雞似地見面就吵，不分上下。老子想，趕快放棄這敗家的生意，哪怕打打工也能賺錢；他何嘗不想放棄？可是他不能認命，這要是失敗了，恐怕再沒機會翻身了，那些朋友就更看不起他了⋯⋯

他的車沒買商業保險，僅交了交強險。老媽勸他車丟就丟了，不要太難過。眼淚一下遮住他的雙眼，他怎麼不難過？家裡條件本來就不好，住的泥土房想翻修都沒錢，許多人認為他窮得連老婆都娶不起。

老媽很了不起，一千兩千地借，不知借了多少家，籌夠了三萬七千元，給他買了一輛新的微型麵包車。

沒想到車丟了，運氣卻來了，海信廣場要給本市的五萬個會員寄宣傳冊，要求在一週內送完，很多人不敢接，怕在約定時間內送不完。徐明卻接了兩萬單，而且報價每票僅有三・五元。可是，這批件的面單錢就要兩萬四千元，信封也要八千元。他沒有錢啊，只得跟天律中通公司的老闆借面單和信封，說賺來錢再交。老闆不答應。

「我這次怎麼也是死了，不死也是死，你若不借我面單和信封，我就把車和快件開到海河裡去。」他在電話裡威脅道。

「你千萬不要幹傻事，事情做不起來，我幫你一把。」老闆嚇壞了，連忙答應。

「好，我現在就去拉面單。」

他開車過去，拉回了面單。他們五六個人幾天幾夜沒上床，睏得挺不住了就眯一小會兒。他不僅要車上車下地搬運，還要開車。件送完了，車的側臉在牆上蹭花了，避震器也壓壞……從海信廣場取回支票，他開著車直奔天津中通，把欠的面單和信封錢都還上了，剩下都提了現金。

「經過這個事情，他們信任我了。我有錢了，他們看到了。」徐明得意地說。

第二年春節，徐明開著自己的微型麵包車，拉著父母和女友回到家鄉。跑了一千二百多公里，他們累得一進家門倒下就睡，他卻興奮得不得了，拎著十一萬元錢跑去還債，三個姑姑，幾個舅舅，還有姨，一家家還。

徐明在村子裡，在朋友中站了起來，有了尊嚴，沒人不相信他了。

五年後，徐明的網點已有二十五個員工、十五輛汽車、十八輛三輪車和九輛電動車，日收件從二十票漲到六百多票，派件從五十票漲到一千七百多票。員工中有兩個同學，一個從牢裡出來走投無路，連路費都沒有，打電話給徐明，他給打去七百元錢，那位同學投奔過來；還有一位同學做生意賠光了，徐明不僅接納了他，還幫忙把他的老婆和母親接了過來。

徐明接手和平二部網點時，那一片勢力最強的是圓通，其次是申通、韻達，中通最弱。五年後，他已遠遠超過其他三家，他的業務量相當於該地區圓通與申通之和。二〇一二年，他「雙十一」那兩個月賺的錢買了一輛轎車。

李黎的新都中通也做起來了，下邊的承包區已擴大到四十多個，日收件近四萬票，「雙十一」達到七萬票，新都中通還被評為四川省先進網點。

二〇一三年年底，徐明通過新聞得知天津的物流外遷，他以十五萬元的代價買下中通武清區網點，當時收件一票都沒有，派件一千六百票，網點不提供送件上門的服務，客戶要自己去取。他接手一個月就開通十九個鄉鎮送件上門的服務，接著二十六個鄉鎮全部開通。

一年後，武清的日收件達到六百至九百票，派件已達五千票。

二、中國式的「使命必達」

聯邦快遞的創始人、首席執行官弗雷德里克・W・史密斯有過三年軍旅生涯。他講過這樣一個故事：海軍步槍連連長到弗雷德里克・W・史密斯所在排視察，晚上把髒手套遞給一個士兵，「把手套洗乾淨，我明天要戴。」

史密斯想，海邊濕氣這麼大，為避免暴露軍事目標，上級明文規定禁止生火，這手套洗完可怎麼弄乾呢？

沒想到，第二天早晨那位士兵真就把洗乾淨並晾乾的手套遞給了連長。

史密斯驚詫不已，他是怎麼弄乾的呢？原來，士兵把手套洗乾淨後貼在自己的身體上，把它烘乾了。

史密斯問士兵為什麼要這麼做，士兵回答說：「服從命令是我的天職。」

「不計代價，使命必達」是聯邦快遞的核心理念。他們認為快遞是一種服務，服務就是使命。使命必達就是，不怕犧牲，排除萬難，將快件按時送到客戶手裡。

一九九八年，賓夕法尼亞發洪水，納克小鎮像座孤島被困在滔滔洪水之中。鎮外的醫生每週的週五要通過聯邦快遞把藥品寄給鎮上一位病人。藥品到快遞員傑克的手裡時，這「最後一公里」已經過不去。怎麼辦？天災是不可抗拒的因素，他可以等洪水退下再去。可是，那樣聯邦快遞就違背了承諾——使命必達。於是，傑克找來一個鐵盆，把藥品放在盆裡。他一手推盆，一手划水，泅渡了過去，按時把藥品交到病人的手裡。

那年，聯邦快遞將「金鷹獎」頒給了傑克。

提起「三通一達」，也許有些客戶會有諸多不滿，如媒體報導的暴力分揀，貴重物品丟失，還有「奪命快遞」等，還有許多我們所不知道的，有負面的也有正面的。不過，有一點可以肯定，那就是在「三通一達」有許多快遞員絕不比傑克遜色，甚至遠遠超過他，按聯邦快遞的評獎標準，他們均該獲獎。

二〇〇四年的一天，洛陽一五八廠（中航光電科技股份有限公司前身）要將一票一‧點二五公斤的快件發往江蘇泰州。廠方對洛陽中通的經理蘇團喜說，這是重要的配件，必須在三天之內送達。

「請放心，保證按時送達！」蘇團喜信誓旦旦地說。

幾個月前，蘇團喜從別人手裡兌下洛陽中通，當時日業務量僅十來票。他騎著一輛破舊的自行車滿洛陽取件送件。每爭取一票件，蘇團喜都付出自己最大的努力。有一客戶是個年輕母親，她每天都要接送孩子上幼稚園，有段時間她病了，身體虛弱得走不了那麼遠的路了。蘇團喜知道後，每天早晨和傍晚用車子載著她去接送孩子，連續二十多天。什麼是最好的服務？最好的服務就是每一細節都體貼入微；最好的服務是服務之外的服務，是有附加值的服務。

有家企業距市區約十公里，其他快遞都嫌遠不肯去，蘇團喜為三五票件要騎著那輛車圈和鏈條都生鏽、騎起來吱吱作響的破舊自行車去取件。冬天北風呼嘯，下雪路滑，自行車不能騎了，他就坐公車去。車票一・五元，往返要三元。蘇團喜心疼錢啊，兌網點花去他不少錢，再加上剛起步，不僅不賺錢還搭錢，只得能省一分是一分。他跟售票員商量，公車到那家廠家門前，他下車跑到門衛取件，待車調頭回來時，他坐車回來。這樣可不可以少收點兒錢。售票員答應少收他一元錢，這讓他開心不已。

蘇團喜為拿下一五八廠這個大客戶，攻了好幾個月的關。蘇團喜的心隨著那票快件發了出去，當時中國還沒有一家快遞公司有快件資訊跟蹤系統，蘇團喜就用電話一路「盯著」。他對寄往華南、華北、華東地區的件還是比較放心的。在中通網絡中，這三個地區做得最好，尤其是華東，差不多等於總部直營。蘇團喜跟客戶拍胸脯說，別的地區時效不敢保證，華東是絕對可以保證的。那票快件走得的確不慢，次日中午就到了泰州，按說當天下午就能送到收件人的手上，網點卻沒派送。

蘇團喜打電話一問，傻了。泰州網點把件扣了。那時，民營快遞沒有合法地位，加盟商動輒以扣件要脅總部。件一旦被扣，想要回來可就不容易了。加盟商要跟總部談條件，條件不滿足是不會撒手的。

蘇團喜急得直跺腳，一遍遍地給泰州加盟商打電話，懇請他派送，實在不行就把件原路退回，對方卻不予理睬。他只得垂頭喪氣地對廠方如實相告：「發往泰州的快件被扣，估計三天之內送不到了，該賠多少錢賠多少錢，我認了。」

廠方一聽就翻臉了：「你認了，我們不認！這是重要軍工產品的配件，不可複製，多少錢也買不到。早就知道你們民營快遞不靠譜，我怎麼就讓你給忽悠了呢？」

蘇團喜明白了事態的嚴重性，給泰州扣件的加盟商打電話說：「你扣的是軍工產品，延誤了，或者丟失是要被送上軍事法庭的，你無論如何都要按時送達。」他答應給對方五百元「辛苦費」。

那邊不作聲了，態度沒那麼強硬了。蘇團喜把「辛苦費」加到一千元，對方仍不作聲。

時間一個小時、一個小時過去了，晚上八點多鐘，蘇團喜再次打電話：「我用五千元買回這個包裹，兩個方案供你選擇：一是我把錢打進你的帳戶，你明天中午前務必把包裹送到收件人手裡；二是我派人今晚坐火車到泰州，把錢當面給你，讓我的人把件送去。」

對方還是不作聲。

他對扣件人說：「你我都是做快遞的，知道包裹對快遞人是多麼重要。我要不惜一切代價拿回這票件，按照承諾準時送達。」

在這之前，蘇團喜遇到一件倒楣事：給中德合資公司運送的發動機車模被航空公司弄丟了。中德公司委託他將兩個重一百公斤的發動機模型發送孟買。當時，中通沒有開展國際業務，蘇團喜聯繫上海總部，將兩個發動機模型打成兩個箱子，委託東方航空代為運送。誰知孟買方只收到一個箱子，另一個箱子則石沉大海杳無音訊。重達一百公斤的箱子在搬運的過程中被航空公司弄丟了！

這牽扯到國際客戶，車模公司的上海總部對此格外重視，經過調查，查明責任不在中通，而在東方航空公司。根據相關規定航空公司賠償車模公司一百美元，可是丟失的模型價值人民幣一萬多元，餘下的損失，蘇團喜先賠付一半，還有一半，通過免費寄送包裹來償還。

誰知那件事剛處理完就遇到泰州扣件，真是雪上加霜。他表示不論多難，信譽不能丟，承諾客戶的就必須做到，不論發生了什麼。

對方聽了蘇團喜的話，明白碰到把件當成命的主兒了，也許敬重他是條漢子，也許相信了他的承諾，當即表態：「你不用派人過來了，我明天上午一定把那票件送去。」

第三天上午，收件方如期拿到那票快件。蘇團喜如約將五千元打給了扣件人。

雒成剛是甘肅省白銀市中通公司的經理。二〇一二年春節前夕的深夜，他開著網絡班車從蘭州返回白銀市。車燈掃在高速公路的路面上，光線之外漆黑一片，無論白雪覆蓋的黃土高坡，還是淒涼的荒漠都被黑暗淹沒。

五年前，雒成剛在冶煉廠停薪留職，成為中通的加盟商。在做快遞的第二年冬季，一場幾十年不遇的暴風雪襲擊隴中，這條高速公路封閉，白銀開往蘭州的所有車都停發。一家玻璃廠負責人找到雒成剛，說他們廠裡購置的一個重要部件在第二天上午八點前運不到，全廠就得停產，損失將高達幾十萬元。這一部件現在在蘭州，廠裡找了好幾家快遞公司，他們都說高速公路封道，無法接單。有的還說：「誰會這麼傻？這種天氣還接單，不要命啦？給多少錢都不能幹！」

雒成剛接下了這一單，找輛車就上路了。高速公路關停過不去，他們就改走普通公路，誰知普通公路也封了，公路管理局的兩位路政執法人員守在那裡，不管什麼車輛一律不准通行。雒成剛拿出甘肅省公安廳和甘肅省郵政管理局聯合發放的關於冰雪天氣快遞車輛予以通行的文件，又講述了玻璃廠面臨停產的困境，路政執法人員被打動了，破例放行。

雪野茫茫，天地連成一片，遠近不要說車和人，連一隻鳥兒都沒有。他們孤零零的一輛車行駛在積雪覆蓋的公路上。雪厚十幾釐米，輪胎安裝了防滑鏈仍不住地打滑。車不敢快開，這種路面遇到緊急情況連剎車都不能踩，他們只能一點點地往前蹭。遇到陡坡，卡車就像頭累趴下的老牛，大喘著粗氣怎麼也爬不上去。雒成剛只得拎把鐵鍬下去，把車輪下的積雪一鍬鍬地鏟去，鏟出兩條雪溝。幾十米長的陡坡，他們折騰了一個多小時。

白銀到蘭州一百公里，平時僅需要一小時車程，他們卻走了五個多小時，猶如黑布在天空抖幾下，天就黑了下來，街燈在雪夜裡掙扎，讓人感受到了一種急迫。他們到蘭州取了部件連夜趕回，走的還是那條路，還是五個多小時的車程，回到白銀時，已是次日凌晨一點多鐘了。

前四年，甘肅中通經營得很差，動不動就停業，有時一停就是半年，白銀的件要在蘭州轉運，那邊一停這邊也得跟著停擺。不停業，那邊轉運也不及時，沒開通網絡班車，快件靠協力廠商物流運輸，兩三天運一次，二十票就有一票或破損或遺失，有的空包裝袋寄來了，裡邊的東西沒了，物流還不賠償，這生意還怎麼做？那邊不好好做，白銀這邊也就半死不活，雒成剛僅雇了兩個員工，一個是快遞員，一個是話務員，這樣每月賠三五千元。

一次，一家汽車配件廠家的一份重要文件需要當日送到蘭州，正好當日有物流班車過來，雒成剛他們就接了。誰知當物流班車抵達蘭州後，蘭州中通的接貨人沒及時趕到，物流班車等了二十分鐘後就返回白銀，那份文件又帶回來了。

客戶一聽文件沒送到，跳了起來，劈頭蓋臉地把雒成剛好一通訓斥。

雒成剛既羞愧又自責，說了一句：「延誤是我們造成的，我現在開車去蘭州，把文件送過去。」

他驅車直奔蘭州，晚上把文件遞交到收件方的手中。可是，件送達了，他們與那家汽車配件廠的業務卻斷了，人家再也不用他們了。

二〇一一年，甘肅中通漸漸步入正軌，雒成剛覺得機會來了，買輛麵包車，自己送件取件，在白銀成為「三通一達」最先跑網絡班車的快遞。第一個月油費和過路費搭進去六七千元，車上的快件少得可憐，去蘭州時車上僅一兩票件，返回時也就十幾票，做生意賺錢才是硬道理，這樣幹下去還不賠死？雒成剛為降低成本自己開車，他年輕時在部隊開過車。

雒成剛的網絡班車沒停，錢賠了，快遞的速度提高了，過去從白銀發往蘭州的快件兩三天才能收到，網絡班車開通後可以做到當日達，白銀除他們之外還沒有一家可以做到這麼快。兩個月後，去蘭州時車上的快件已經變成三五票了，返回時車上的快件已經增至兩百多票。

「我免費為你們送一個月件吧，一來，彌補上次延誤的失誤；二來，也讓你們感受一下我們現在的服務。」雒成剛又去找那家汽車配件廠。

「一朝被蛇咬，十年怕井繩。」廠家搖了搖頭，拒絕再給一家不靠譜的快遞公司機會。

雒成剛卻沒放棄，一次又一次去談，廠家被他的執著所打動，答應免費試用一個月。一個月後，廠家相信了，雒成剛他們是白銀市速度最快、服務品質最好的快遞，把所有快件業務都給了他們。

半夜零點多鐘，雒成剛的車下了高速，快要到家了，舒口氣，速度也減了下來。突然，對面車道駛來一輛打著遠光燈的卡車，雒成剛被晃得什麼也看不見了。那車過後，一輛轎車和一輛貨車遽然出現在眼前。他急忙踩剎車，可是已經來不及了，車撞在轎車的尾部後，強大的慣性又將車甩出去，重重地砸在大卡車上……

那兩個駕駛員被驚得目瞪口呆，反應過來後衝過去，從已變形的麵包車裡拽出渾身是血的雒成剛。雙腳一落地，雒成剛連噴幾口鮮血。可是，他什麼也不顧，蹣跚地向散落在地上的快件走去，每走一步渾身都在戰慄。他的腳使不上勁兒，胸像刀戳似的，呼吸一下就痛得不得了，卻硬撐著把快件一件一件撿起來。幾個快件重了點兒，他搬不起來，就用力去拖去推。

「你不要命啦？」那兩個駕駛員衝他喊道。

他們見他不予理睬，急忙過來幫他撿件。

一一〇接到報警趕過來，交警見那輛麵包車已被撞爛，倒吸一口涼氣，看來這車上的人是完了，肯定沒命了。可是，他走過去，探頭往駕駛室裡看，卻沒見到人。再看看地上，有一灘鮮血。

他對著正在公路搬快件的兩個駕駛員怒吼道：「這車上的人呢？」

他能不火麼，不趕快救人還撿什麼東西，那東西再貴重還有人命值錢麼？

突然，身後邊的卡車底下傳來粗重的喘息與微弱的聲音：「我，我在這兒呢。」

原來，雒成剛發現有幾票快件落在卡車底下，鑽到車下，將快件一件一件往外推。寒冬臘月，白銀氣溫零下十幾度，路面冰冷，寒氣穿透棉衣，凍得他一個勁兒地哆嗦。

當雒成剛灰頭土臉地從車下爬出來，交警一看就笑了，他認識他：「嗨，算你命大。我以為今晚要給你收屍呢。」

雒成剛笑笑，胸部的劇痛將他的嘴角扯歪了：「不用收屍，這不還活著呢。」

在兩個駕駛員的幫助下，散落在地上的快件一件不少地撿了回來，堆放在路邊。雒成剛撥通一位員工的電話，讓他馬上過來接件。掛斷電話，他發現一個浴足盆的收件人離出事的地點很近，於是就撥通了他的電話：「抱歉，路上出一點兒事故，你要是方便就過來把浴足盆取回去。」

一二〇救護車來了，雒成剛卻說什麼也不走：「我得等公司的人過來，把快件交出去。」救護人員只得把擔架放在地下，讓雒成剛躺在上面。過往的車輛輾得地面轟轟作響，捲起的寒風掃在臉上像刀刮似的痛。他清楚自己傷勢不輕，肋骨也許斷了，甚至有生命危險。可是，他必須要把快件交出去，在這堆快件中說不定有客戶亟須的資料或貨物。

一年前，半夜的電話將雒成剛驚醒。一位外科醫生抱歉地說，他剛發現手機裡有幾個未接電話和一條短信。他才下手術臺，這臺手術做了十幾個小時。短信裡說有他一個快件，快遞員來送兩次都沒找到他，只好把快遞帶回公司了，說明天八點鐘再送過來。他說，他猛然想起快遞的件是進口的醫療器械，明天上午八點的手術要用。快遞員要是上午八點送過來，手術就要耽誤，請雒成剛現在送過去。

雒成剛二話沒說，爬起來穿上衣服跑到公司，找到那票快件，送了過去。他到醫院時，醫生和病人家屬都等在醫院門口。醫生見到雒成剛，如釋重負地長舒一口氣，明天，不，今早的手術可以如期進行了。家屬千恩萬謝，非要送給雒成剛一個紅包不可。

他謝絕了，指指自己穿的工裝說：「你記得中通就行了。」白銀中通的信譽就是這麼一點點創下的。

一對夫婦趕了過來，他們是那個浴足盆的收件人。他們看了看被撞得稀爛的麵包車，又看了看躺在擔架上的雒成剛，這人都撞成這樣了，還想著快遞？

雒成剛說：「不知盆摔沒摔壞，壞了，我們照價賠償……」

「都這時候還想什麼浴足盆哪，趕快去醫院啊……」那對善良夫婦焦急地說。

這類的故事在「三通一達」，在中通可以說數不勝數。

一天下午四點多鐘，石家莊的一個十字路口，救護車呼嘯著闖過紅燈，騎摩托車的楊洋看到時已來不及剎車了，「咣」一聲就撞上了。他像子彈似地飛出，頭撞在車窗上，「嘩啦」玻璃碎了。

他跌落到地上，不動了。

「這下玩完了！」路人同情地說。

楊洋是中通石家莊裕華一部的經理，這種事已經經歷過三次了。有一次天上飄著雪花，他騎著摩托車行駛在三〇七國道上。飄落在公路上的雪越來越多，已三四釐米厚了，前邊的車突然右轉彎，他緊急剎車，路滑，摔進一米多深的溝裡，半天沒動彈。行人打一二〇叫救護車，他擺擺手不讓，他和老婆連孩子都不敢要，哪還敢進醫院？他求幾個行人幫忙把摩托車抬出來。他爬了上去，還好車還能騎。他騎摩托車取回快件，回到家就痛得動彈不了了。老婆邊流淚邊給他的傷口塗藥。

楊洋生長於黑龍江的農村，家裡哥兒仨，十七歲那年，哥哥結婚欠下十萬元外債，他初中還沒畢業就出來學廚師。二〇〇三年在石家莊，他認識了女友。他想帶女友回黑龍江老家過年，卻沒有盤纏，跑到一家快遞公司打了一個月工，賺了三百元錢。領著女友從老家回來後，他就放棄做廚師，籌了兩千元錢，加盟了中通，成為裕華一部的經理。

這次撞了救護車，不用撥打一二〇了。救護車上的人下來了，要拉他去醫院。楊洋被撞得兩眼冒金星，躺在地上緩了好一會兒，爬起來又去取快件了。五點半前必須把所有的件取回來，送到轉運中心。

雒成剛公司的員工趕來了，他放心了，讓救護人員抬上救護車。救護車的藍燈閃爍，急促地叫著向醫院駛去。

「你不要命啦？三根肋骨骨折，還搬東西？斷的肋骨要是戳穿了肺部，你就沒命了……」醫生生氣地訓斥著他。

第二天，雒成剛術後，打開電腦查看那幾百票快件，見全都簽收了，沒一件丟失或損壞。

那對善良的夫婦被雒成剛所感動，給中通總部寫封感謝信。信被傳到中通的內網，不到二十四小時就有數萬人點讚。

浙江溫嶺臨海，每年都有十級以上的颱風登陸。一次颱颱風，大溪區中通網點經理陳佐毅開著麵包車收件回來，見一輛被颱風掀翻的車，一個韻達的快遞員站在暴雨中，守著一堆快件。

在陳佐毅眼裡快件就是做快遞人的命，哪能讓雨淋著？有一次，颱風裹著暴雨突然襲來，網點的一車件剛剛卸下，還沒來得及搬到屋裡，新來的快遞員扔下快件就往屋裡跑。他是在海邊長大的，知道颱風的厲害，哪年沒有人在颱風下喪生？海邊的孩子從小就知道颱風來了趕緊躲起來。誰知他往屋裡跑，陳佐毅卻往外躥。

他大喊起來：「這麼大的颱風，你要快件還是要命？」

陳佐毅大聲喊道：「要件不要命！」

儘管狂暴的颱風將他的聲音扯得七零八落，新來的年輕的快遞員還是聽清楚了，怔了怔，也衝出來跟陳佐毅一起往屋裡搬件。當把所有的快件都搬進屋時，他們已像落湯雞似的渾身上下沒有一塊乾爽的地方。

陳佐毅急忙將開過的車倒了回去，停在那位韻達快遞員的身邊。原來，半小時前，颱風掀翻他的車，快件散落在地上。陳佐毅冒雨跳下車，把堆在路邊被風吹雨淋的包裹都搬上了車。到溫嶺中通交件時，老闆見他的車上還裝有一百多票韻達的件，有點莫名其妙。俗話說：「同行是冤家。」中通與其他家快遞是競爭關係，有時為爭搶快件還發生過不快。

陳佐毅解釋說：「韻達的快件車被颱風掀翻了，我經過就幫他拉了回來。」他又說：「不管哪一家的包裹，都是客戶的包裹，就像看著路邊有一群孩子淋雨，即使不是自家的孩子也沒有不管的道理，對吧？」

老闆笑了，這話有道理，快遞人是把包裹當成孩子的，不然這麼苦的活，誰都堅持不了多久。

陳佐毅負責的大溪區，有十七八個村，其中有個村落陳姓聚居，村裡有四個叫陳肖的人。一次，兩個陳肖同時買了廣東東莞同一個廠家的同一款衣服，陳佐毅沒有留意，將兩個包裹搞混了。晚上回來，他發現錯了。第二天一早就過去，把兩個包裹換了回來。在他那個片區，離網點最遠的村落有五十公里，他每天開著麵包車在每個村落走一遍，這一圈兒下來就是一百五十公里。七年，他跑了三十八萬多公里，相當於繞地球赤道行走了九圈多。這是他繞赤道跑九圈多僅有的一次失誤。

二〇一三年十月七日，三七市鎮網點的何國章冒著瓢潑大雨，開著五菱麵包車去餘姚中通取件。

上午九時許，何國章把一百多票快件裝上車，這時雨下得更大了，地面水流越來越湍急了。大家都勸他等雨過後再走，可是他急匆匆地上路了，雨這麼大，不知門店會不會灌進去水。

車駛離公司二百多米突然熄火，車擱在半坡上，而坡下的水看似很深，怕是過不去了。何國章想等雨小了，坡下邊的積水淺了再走。他就坐在車裡等，等著等著睡著了。

他哪知道，受颱風「菲特」影響，浙江餘姚遭受了共和國有史以來最為嚴重的水災，百分之七十以上的城區已被淹，深處達一米八，淺處一米五。夜裡兩點鐘，何國章被凍醒了，這時水已經沒過輪胎，流進車裡，把他的雙腳淹沒。想到後車廂裡那一百多票快件，他急忙跳到水裡，去公司找人幫忙。街上黑洞洞的，街燈都熄滅了，水深過胸，他深一腳、淺一腳地摸回公司。

何國章跟公司的員工蹚水搬運了三個多小時，在凌晨五點多鐘才把車的快件全部搬回公司的操作部。這時他不僅像從水裡剛撈出來似的，凍得瑟瑟發抖，而且渾身綿軟無力，手連摸下腦袋的力氣都沒了。

事後，許多人說何國章傻，為快件連命都不要了。

他卻說，做快遞員就得對每一票快件負責。

三、把包裹當成包裹，那就錯了

一年深秋，聯邦快遞的快遞員格里霍蘭要送一個包裹到田納西州的一個特別偏僻的農場。他沒去過那個農場，怕走錯路耽誤收件，給客戶打電話詢問一下。接電話的是個老婆婆，她告訴他來農場要途經一段懸崖邊上的山路，車難以開過，建議步行。

「你真的能來，路過市場時能不能幫我捎幾罐豆子？」老婆婆說完路況後說。

格里霍蘭答應了。他不僅給老婆婆送去了包裹，還捎去了老婆婆要的豆子。

這個帶有溫情色彩的故事被快遞界廣泛傳誦。格里霍蘭獲得聯邦快遞的紫色承諾獎。

浙江溫嶺大溪區也有一位像格里霍蘭那樣的快遞員，他叫陳佐毅。

一天，一對年輕夫妻來到中通大溪區的門店，女人從兜裡掏出兩罐蜂蜜，說要寄往貴州山區。

陳佐毅說：「蜂蜜是液體，按規定是不能郵寄的。」

誰知那個女人聽罷，兩眼一紅，當場就哭了起來。

她流著淚說，過幾天就是她母親的生日，媽媽身體不好，醫生說最好要多食用蜂蜜。

聽女人提起媽媽，陳佐毅的心就軟了，誰沒有父母，誰不想守在父母身邊盡孝？做快遞的人有幾個不是遠離家鄉和父母？幾年前，大學畢業後當過村官的陳佐毅和妹妹離開家鄉，跑出來做快遞，年過花甲的媽媽孤守在湖北和四川交界處的家裡。他特別體諒這位女人的心情，逢年過節或母親的生日，他和妹妹也給母親寄些東西。

陳佐毅在大溪區做了六七年快遞，跟當地人混熟了，哪些包裹是寄給父母的，他一看就知道。凡是寄給父母的，他都儘量少收一點兒費用。他對客戶說：「省下點兒錢多給父母買些東西吧。」在陳佐毅的眼裡，每個包裹都是有生命的，有感情的，它們可以傳情達意，有父母之恩，有兒女之情，有夫妻之愛。

大溪區有一個阿姨經常給四川貧困山區的孩子寄衣物、鞋子和學習用具。陳佐毅從來不收她的快遞費。他覺得在這包裹裡也有自己的一份心意。沒想到，那位阿姨卻成了他的義務宣傳員，她不僅說服親朋好友，還說服了她家附近的水泵廠把所有快遞業務都交給陳佐毅他們。

陳佐毅對那個寄蜂蜜給媽媽的女人說：「我幫你爭取一下，看能不能單獨處理一下。」

陳佐毅撥通中通溫嶺公司經理的電話，講述了這件事，問能不能特殊處理。

經理沉吟良久說：「走中通自己的網絡班車，可以作為特別包裹處理，前提是必須包裝好，防止罐子破損，蜂蜜流出汙染其他快件。」

女人破涕而笑，感激不已。她要交快遞費時，陳佐毅卻說：「不必了，我們給你免費遞送這件給媽媽的禮物。」

女人的眼睛濕潤了，也許在那一刻她感到無比幸福，還有什麼幸福比得上別人對自己母親的尊重？

陳佐毅特意去市場買回一個大小合適的泡沫箱，將蜂蜜放進去，好在裝蜂蜜的是塑膠瓶，不用擔心中途打爛。他將周邊和縫隙都用紙和泡沫塞好，再用密封條封好，然後在外邊套上中通專用的紙箱。他在紙箱外面貼了一張字條：「這是女兒寄給大山裡母親的生日禮物，請小心寄送。」

這兩罐蜂蜜就這樣從溫嶺大溪區寄出了，它們經過溫嶺、杭州等地中轉，搭乘著中通網絡班車一路向西，被送到貴州大山深處的村莊。

這是一次「違規」的遞送，這是一次充滿溫情的特別遞送，經過了許許多多的手，快遞員、分揀工、掃描員、搬運工，在那位媽媽生日的前一天，一位快遞員叩響農舍的柴扉。母親捧著蜂蜜笑了，笑得比蜂蜜還甜……

這一溫情故事豈不比格里霍蘭的還要感人？陳佐毅沒有獲得什麼獎勵，因為在「三通一達」，在中通，這樣的故事實在是太多了，恐怕獎勵不過來。對他們來說，「溫情包裹」每一天、每一小時、每一刻鐘都在發生，誰能記載得下來？記得下來的是溫情，記不下來的也是溫情，只不過故事沒被傳播，被感動的人少些了，可是感動深度是不變的。

有一天，一個客服姑娘接到電話，有位軍刀收藏者已走到生命盡頭，他有一個願望還沒實現，那就是想擁有一把真正的瑞士軍刀。一位朋友特意給他買了一把，通過國際快遞寄到國內，又通過韻達寄往上海。

「儘快送給他，儘快，儘快！」客戶急切地說。

收件人的生命像油已耗盡的油燈，如豆的燈火在黑暗中搖曳，說不定在哪次搖曳中熄滅，也許差一小時，差一分鐘，他就帶著收藏的缺憾離去，那把軍刀就失去真正的收件人。

客服姑娘迅速地查詢單號，發現軍刀已到上海，還沒派送。她立馬聯繫網點，幾分鐘後，一輛專車駛向醫院；半個小時後，那軍刀到了病人手中。他笑了，終於收藏到這把軍刀，死而無憾了。

真正的溫情是不會消逝的，陳佐毅的故事並沒有完。幾天後，那位年輕女人又來了，不僅告訴陳佐毅那兩罐蜂蜜媽媽收到了，還給他送來了海參，以表達自己的謝意。陳佐毅謝絕了，真誠地說：「我們都有父母，孝敬父母的心是相通的。」

從那之後，那女人時不時到店裡來寄東西，秋天給母親寄禦寒的衣物，冬天寄溫嶺的特產……

「雙十一」購物狂歡節的前幾天，她又來了。原來，她看見中通大溪區的門店貼出招聘臨時工的啟事，過來報名。

「雙十一」最緊張的那兩天，她在網點起早貪黑地忙著。「雙十一」過後，她眼圈也黑了，也瘦了。陳佐毅付她工錢時，她卻擺擺手，笑著離去了。

二〇一五年一月十三日下午五時，質樸憨厚的韋京寶騎著電動三輪車走街串巷地送件。他年紀不大，才二十六歲，可是在南寧中通明秀東路分部卻稱得上老快遞了。虎丘一帶是典型的城中村，道路錯綜複雜，一般的快遞員進去就出不來了。分部把這片地區交給了韋京寶。他是分部連續多年零投訴、零遺失、零延誤的優秀快遞員。

突然，韋京寶見一位老奶媽在路邊哭著跪求過往行人與車輛。

原來，她兩歲零九個月的孫子小濤玩水時將身上弄濕，於是大哭不已，怎麼哄都哄不好。也許小濤感冒初癒，身體虛弱；也許哭得兇猛，時間過長，上氣不接下氣，陷入昏迷。奶奶和媽媽嚇得抱起孩子就跑到街上，車輛川流不息卻攔不住一輛。懷抱裡的孩子危在旦夕，婆媳倆急得像熱鍋上的螞蟻不知如何是好，奶奶心急之下撲通跪倒在地，淚流滿面地呼喊救命，好心人幫忙攔車，那些車卻像魚似的靈活地躲過去。

韋京寶見孩子的面色紫黑，急忙把奶奶扶上車，讓她抱穩孩子，加大油門，朝廣西民族醫院衝去。

韋京寶出生於農村，從小跟隨父母到處打工。十六歲那年，他離開父母，離開學校，在社會漂泊，去過廣州、深圳、中山、東莞等城市，餓過肚子，睡過公園……生活的苦難讓他心地更加善良，更加富有責任。南寧雨水一多，他就牽掛起患有風濕病的小爺爺：「小爺爺沒有子女，我是孫子輩唯一的男丁，要擔起贍養他的責任。」

快點，快點，再快點，千萬別像二〇一三年那次。韋京寶的三輪車連續闖了幾個紅燈……

那次是十二月的傍晚，韋京寶在明秀東路的一家小店送件出來，見非機動車道圍一大群人，在一輛轎車前，一個小女孩躺在血泊之中。他一頭扎進人群，抱起女孩就往醫院跑。他跑得很快，還不到十分鐘就跑到了醫院。當他氣喘吁吁地進了門診，那女孩腦袋一歪就嚥了氣。

「就差那麼一點點，離醫院那麼近，卻沒救活她。」想起這件事兒，他就無比遺憾地說。

十天前的下午，韋京寶去虎丘路東一巷送件時，三輪車剛停下，「咚」一聲，一個三歲的男孩從三樓掉下來，摔在了地上，滿頭鮮血，四肢顫動。圍上去的人不少，卻沒人伸手幫忙。

「救命啊，誰家孩子掉下樓了？」韋京寶大喊。

孩子的媽媽衝下樓，手足無措地哭著說：「堯堯翻白眼了，活不了了，我沒錢，去醫院也是白去……」

「小孩還有氣，我有錢，趕到醫院再說。」

韋京寶抱起孩子就往附近醫院跑。到了醫院，他把僅有的七十六元錢全都掏了出來，交到了醫院。搶救及時，那個叫堯堯的男孩獲救了。

終於到醫院了，兒科醫生見一個快遞員滿頭大汗地跑進來，還以為送什麼緊急快件，沒想到他送來的卻是一個昏迷不醒的孩子，於是趕緊搶救。韋京寶等小濤的父母趕到後才去送件，那天他的簽收率沒有達標。網點感到奇怪，問他，他才說出這件事。

第二天，小濤的肺出血終於止住了。醫生說：「再晚送來一會兒的話，孩子的情況將很難預料。」

有人說，韋京寶送的是「生命的快遞」。

「三通一達」究竟送出多少這樣的「生命快遞」，恐怕難以統計出來。

中通上海浦東川沙的快遞員王路路，在寒冬臘月跑進冰冷的川楊河救起一名落水女人；中通快遞上海寶山區大華公司快遞員劉鵬，見八十六歲的老奶奶要從三樓墜下時，踩著電線托舉半個多小時……

二〇〇八年，江南下了一場百年不遇的大雪，蘇州的交通癱瘓了。蘇州圓通指示：路途近的，步行派件；路程遠的，電話向客戶解釋，待雪停後再派件。

快遞員趙友兵跟一位客戶解釋時，對方焦急地說：「這個包裹必須今天送到。那是救命的藥……」

趙友兵找到一看，面單果然寫著「特效藥」四個字，再看看地址，心涼了，在七八公里之外。

救命藥，再遠也得送。趙友兵揹起包裹，穿上笨重的棉衣，上路了。

他在雪地上深一腳、淺一腳地走了三個小時，終於把包裹送到。

11 上市後的決戰

一、中國經濟的「黑馬」

「噠噠噠」秒針不停轉動著，向第八個購物狂歡節逼近。天空耐不住時光，漸漸黑下來。網民像在戰壕蹲很久了，被遲遲不響的衝鋒號搞得焦躁似的，眼盯著電腦或手機。等待像一把不急不躁的文火，讓人困苦不安，卻又必須忍著，不能放棄。秒針似乎被烤暈了頭，越走越慢……

比網民緊張的是快遞。有人說，雙十一是「電商一個節，物流一個坎。」

七年前，互聯網掉下個活蹦亂跳的「雙十一」購物狂歡節，優惠、折上折、買一送一、贈送購物券，貪小便宜心理跟癌細胞似的，存在於每個人的身上，欲望猶如一群群的喜鵲，滿天飛著，歡喜地叫著。

二〇〇九年，「雙十一」天貓的銷售額為五千兩百萬元人民幣；二〇一〇年，九億三千萬元，件數一千萬件；二〇一一年，三十三億六千萬元，件數兩千兩百萬件；二〇一二年，一百九十一億元，七千八百餘萬件；二〇一三年，三百五十點一九億元，一億八千萬件；二〇一四年，五百七十一億元，兩億七千八百萬件；二〇一五年，九百一十二億一千七百萬元，四億六千七百萬件，創下了九項金氏世界紀錄！

僅僅七年銷售額就增長了千倍，快件井噴式暴漲，強烈地衝擊著人們的腦洞[1]。法新社驚呼：中國的「雙十一」的銷售額已超過美國感恩節、「黑色星期五」和「網購星期一」三大網上購物活動的銷售總和。

美國《福布斯》無奈地說：「忘掉黑色星期五和網購星期一吧，中國的光棍節才是全球最大的網購狂歡！」

美國《環球郵報》嘆服地說，超過兩萬七千個品牌和商家參加了「雙十一」活動，大約兩百個國家和地區的消費者加入這個購物狂歡中，阿里將「雙十一」變成全球購物節。

與其說雙十一是消費者的節日，是電商的節日，不如說是阿里的節日，似乎真正的主角是馬雲，鏡頭和閃光燈都對準了他，他的一舉一動都是新聞。倍受忽略的是誰？快遞。許多人認為，阿里拯救了中國民營快遞，如沒有電子商務，「三通一達」或許還在創業的羊腸小徑艱難跋涉，或許早已銷聲匿跡。可是，不知他們想沒想到，沒有民營快遞，沒有「三通一達」，阿里會有今天嗎？沒有民營快遞為電商帝國鋪就跑道，電子商務如何在現實著陸？

記得上世紀末通過EMS發一封信要二十二元，其中二十元是快遞費，兩元是附加費，我

[1] 腦洞：從腦補衍生出來的詞。腦洞越大，補得越多。通常是指在頭腦中對某些情節進行腦內補充，對漫畫、小說以及現實中自己希望發生而未發生的情節在腦內幻想。

至今也沒搞清楚附加費是什麼費，面單費，還是信封費？還有，只要不出境，遠近一口價，不容商量。我偶爾想如果中國快遞僅有一家EMS，也許會跟移動互聯網差不多，費用居高不下，速度卻像七旬老人的太極拳。二〇一五年，李克強坐不住了，「有些發展中國家的網速比北京快。」他多次敦促「提網速，降網費」。

英美的網購為什麼火不起來？也許是他們沒有像「三通一達」這樣的快遞。據《廣州日報》二〇一四年十二月三日報導〈「黑五」搶購成色在　網購無「節」原因多〉，記者採訪了兩位有海外網購經歷的消費者。「以倫敦為例，同城三天到達都算快的了。我之前網購一雙鞋，折前五十英鎊，折後三十多英鎊，但郵費用了七英鎊，收到商品都是一週後了。」郵費七英鎊，合人民幣大約六十五元，占總消費的百分之十九。中國網購一雙三十英鎊（約兩百六十元人民幣）的鞋，第二天收不到，第三天準到了，快遞費十元，還不到百分之四。有的電商滿八十八元免郵費，消費者一分錢不用花，電商支付的快遞費遠低於十元。

另一位消費者一針見血地說，美國的「物流貴、速度慢、週末還不送貨，跟中國物流的勤奮程度相比，完全不在一個級別上。」

快遞對阿里的貢獻，馬雲再清楚不過。他在二〇一三年多次稱讚快遞業：「作為個體，你們（指快遞員）的辛勤勞作解決了商品和消費者對接的關鍵一環；作為一個群體，你們和你們背後的快遞物流業，幫助中國內需經濟走向更深入的層面，你們才是當之無愧的『年度經濟人物』。」二〇一四年九月十九日，阿里巴巴在美國紐約證券交易所上市，馬雲請的八位敲鐘人中就有「三通一達」的快遞員。

中國政府對快遞業也越來越重視了，李克強稱快遞業是中國經濟的一匹「黑馬」，連續五次為快遞點讚，他認為，快遞業就是中國經濟新常態下的新業態，它能縮小城鄉差距，極大地帶動創業就業，能把以互聯網為載體、線上線下的新興消費搞得紅紅火火。郵政體制改革後，民營快遞得了承認，被劃歸郵政局管理。中國國家郵政局認為，中國快遞市場潛力巨大，發展環境優化，發展空間廣闊，快遞業將有望繼續保持高速增長態勢。預計二〇一六年中國快遞業務量將突破三百億件，同比增長百分之五十三；快遞業務收入將超過三千九百億元，同比增長百分之三十九。國家郵政局、中國快遞協會、菜鳥網路預測，二〇一六年「雙十一」的快件要比二〇一五年增長百分之三十五，超過十點五億件！

十點五億件包裹是多少？測算過的人說，把包裹一個接一個地擺起來，可繞赤道將近九圈！這繞了九圈的赤道要兩百多萬的快遞員一件一件地消化掉，他們兩條腿跑的路都加起來恐怕把赤道繞迷糊了，他們一天爬的樓，足以將珠穆朗瑪峰比得忽略不計。雙十一對他們來說是對體能、耐力、毅力底線的挑戰，他們被挑戰得眼睛像兔子似的血紅，見光就流淚；指尖指肚的皮膚被磨去，接觸快件就火燒火燎地痛，腿像斷了似的，身體一個勁往下墜……這還不能停下來，繼續裝貨卸貨，掃描打包，送件取件……

二〇一六年的「雙十一」，對中國快遞第一集團軍的「三通一達」和順豐非同尋常。半個月前，即十月二十七日九時三十分，賴梅松在紐約證券交易所敲響開市鐘，中通成為繼阿里巴巴之後中國企業在美國規模最大的IPO。

二〇一六年六月三十日前，中通已開通歐盟專線、美國專線、澳大利亞新西蘭專線、日韓專線、中東專線、東盟專線，在美國設立三個中轉倉，在臺灣設立七個，在德國、法國、日韓、新西蘭等地也都設立了。十月十七日，中通國際與USPS（美國郵政）在美國聖地牙哥簽署戰略合作協定，雙方攜手開拓全球跨境電子商務配送業務。

在中國大陸，中通的網路已覆蓋百分之九十六以上的城市和區縣，有兩萬五千個服務網點，八千五百個網路合作夥伴，平臺共聚了二十六萬多名合作夥伴和員工。二〇一五年度營業收入六十一個億人民幣，利潤率百分之二十五點一，遠高世界同行。二〇一六年一月至九月份，中通在市場份額上穩坐中國快遞的頭把交椅。艾瑞諮詢的報告認為，從快遞包裹量上講，中通快遞已成為全球最大的快遞企業之一，在中國前五大快遞企業中，中通是發展速度最快、成長性最好、利潤率最高的一家。

賴梅松在上市前的十月一日，寫給「中通家人」的信上說：「撫今追昔，無限感慨在心頭。那一年，一群志同道合的年輕人懷揣著夢想從大山裡出來，開始了這一場充滿挑戰和艱辛的追夢之旅。那時我們沒有太多的資源，有的只是一股勤奮苦幹的勁兒，一種善良真誠的淳樸情懷。我們把親情、鄉情、友情串聯起來，互相信任組成了一張通達全國的快遞網……」賴梅松還提醒「家人」，「我們的目標是成為一家全球一流的綜合物流服務商」，未來的道路將更加艱難，更加具有挑戰性。

十個多月前，中通作價一百六十九億元，借殼艾迪西上市。媒體認為，中通「有望成為A股快遞第一股」。中通二〇一四年營業收入五十九點七四億元，母公司淨利潤六點三九億元，業務量為二十四億，包裹完成量占中國大陸總量的百分之十七。這消息猶如一根手指，在民營快遞的這把被拉滿了、拉圓了的弓上撥了一下。這下不得了了，圓通、韻達、中通本來就在張羅上市，這下更加緊鑼密鼓地加快了步伐。關鍵時候不能落下，一步沒趕上，會步步趕不上。

快遞物流諮詢網首席顧問徐勇說，「民營快遞扎堆爭相上市，與目前成本不斷上漲、企業的利潤率不斷下降也有關……上市獲得更多資金也有利於加速收編加盟商，規範管理，提高品質和利潤率。」

幾年前，王衛說過，「我不圈錢，也不上市」，二〇一六年五月順豐卻作價四百三十三億元，借殼鼎泰新材登陸A股。

十月二十五日，圓通作價一百七十五億元，借殼大楊創業上市。當年揣著借來的五萬元錢跑到上海創業的喻渭蛟已擁有覆蓋百分之九十三點九以上的城市和區縣的網路，收派件網點達兩萬四千多個，還有五架全貨機，四個運行航站。二〇一五年，圓通的營業收入一百二十點九億元，總部淨利潤八點三億元。

中通上市十天後，韻達作價一百八十億元，借殼新海股份登陸A股。

上市後，「雙十一」的業績與股價對接，如出現爆倉和大批延誤，真金白銀可能像洩洪似的流走，因此必須決一死戰。

二、繼續保持行業第一

時針終於落在二〇一六年十一月十一日的零點，夜色濃濃，街燈昏昏欲睡，馬路像沒有飛機的跑道，寂靜而寬闊，兩邊的住宅區萬籟俱寂，一扇扇窗戶卻像明亮的眼睛，睜得大大的，購物狂歡節揭開了序幕……

阿里巴巴總部的數位螢幕像顆巨大的心臟，每秒鐘一次地跳動著，將雙十一的成交額公佈了來。讓人緊張，讓人激動，讓人震撼……開場二十秒鐘成交額衝上一億元，六分五十八秒就突破了一百億元，十二小時突破了八百零七億元，十五小時十九分突破了九百一十二億元，二十四小時交易額達到一千二百零七億元……

成交額越高，包裹越多，快遞公司希望包裹多，包裹多他們賺的就多，而且上市快遞都想爭坐業務量排名的頭把交椅，可是他們又怕多得遠遠超過自己的吞吐能力，造成大面積的爆倉，那樣可就不好玩了，也許其他家都牽到了驢，自己卻挨了板子。

「雙十一」那天，新疆氣溫陡降至零下十六攝氏度，天氣寒冷，道路結冰，中通新疆公司卻熱浪滾滾，二十五萬件包裹鋪天蓋地而來。

中通新疆公司的經理叫羅雲，他五年前才接手這家公司，當時公司僅有十四個網點。新疆是中國面積最大的省級行政區，占中國國土總面積的六分之一，在一百六十六萬平方公里上有十四個地區、自治州和地級市，八十八個縣（市），另外新疆生產建設兵團還有一百七十四個團場。十四個網點連縣一級的都沒有。五年後，羅雲的網點不僅市縣全覆蓋，還有兩百二十個鄉鎮網點，穩居新疆快遞的出港量第一、服務品質行業之首。

羅雲做事穩重，從不打無準備之仗。兩年前的雙十一，「『洪峰』十六日抵達新疆，尋常日子的業務量是兩萬多票，『雙十一』高峰時達到十一萬票。我們每天幹十七八個小時，其他快遞都爆倉了，只有我沒爆。」羅雲說。

今年不是十一萬票，而是二十五萬票，比兩年前超出一倍多，羅雲承受得了嗎？雙十一前，他怕包裹多，下邊基層網點派送力量不足，投資了四五十萬元，訂購一百輛電動三輪車，免費發送下去，還在報紙和電臺大做廣告，招聘快遞員。

誰都知道做快遞員是件非常辛苦的差事，尤其是「雙十一」期間。有媒體報導，二〇一六年的「雙十一」，「圓通、韻達將招數十萬人」，「順豐、申通月薪萬元難招快遞員」，據百姓網招聘類資料統計，快遞員崗位需求環比上漲百分之五十二點五，倉儲管理員、送貨司機等崗位需求上漲百分之四十二點三。羅雲招不到快遞員也就沒什麼意外了。

四川新都中通的包裹像漲潮的海浪，一波接一波地湧來，一浪高過一浪，二十分鐘就一貨車。這兩年，新都中通的業務量以射門的速度增長，已佔據當地的半壁江山，日收件達六萬多票！「雙十一」的首日衝上歷史新高——十九萬票，相當於平日的三倍多，這需要多大的彈性，多大的應變能力？經理李黎要是沒有足夠經驗和準備的話，那就「尿了」。六萬件的吞吐力要消化十九萬件，硬體軟體都要跟上。在新都的「三通一達」，其他三家的倉庫最多六百平方米，李黎的相當於他們三家的總和——兩千平方米。「雙十一」前，他還在開發新區開了三個門面，在當地電視臺做了滾動廣告……

下午一點鐘，新都中通的建包進入決戰。「建包」是將運往同一目的地的快件打成大包，這是快遞的關鍵環節之一。建包工一直幹到次日早晨五點鐘，幹了十一個小時才完活兒。活兒累，伙食必須跟上，李黎為他們準備了豐盛的早餐、中餐、晚餐和飲料。他們餓了就吃，渴了就喝，累了卻捨不得歇。

第一個洪峰過去了，第二個洪峰又來了……

浙江溫嶺大溪地的中通網點像群蜂圍住的蜂巢，平日兩千多件，一下暴漲到一萬多件，將近五倍，倍數比新都中通還高。網點經理陳佐毅有所準備，前幾天派人到各網店摸底，送去了面單，還高薪雇幾個臨時工。往年「雙十一」運輸車一晚點，庫房堆滿了，下午就沒法取件，取來也沒處存放，他只得跟客戶商量，可不可以待這批到件派送完再取。由於平時跟客戶關係處得很好，他們都很諒解他：「你們辛苦了，累慘了。」今年，他花八萬元買一輛貨車。

溫嶺是浙江製鞋產業的集聚地，有鞋業五千餘家。大溪地在「雙十一」賣出的大多是冬鞋，他們賺的是重量差價，冬鞋重量為零點八至零點九公斤，夏鞋是零點三至零點四公斤；冬鞋的盒子與夏鞋的體積也不一樣，冬鞋的是夏鞋的三倍，可是快遞費卻是一樣的，這樣一來發貨越多就越賠錢。

「『雙十一』要在夏天就好了，我們會賺瘋掉的。」陳佐毅笑著說，他羨慕溫州網點，「那邊的主要產品是眼鏡，一年到頭都是眼鏡，而且量大，賺得就多」。

可是，上帝沒法滿足他這美好願望。

「『雙十一』投入大，不賺錢，添置的貨車過了高峰期就派不上用場。不賺錢也得幹，咱們是服務行業，除了賺錢，還有一個硬指標——服務。服務一定得搞好，對吧？」在採訪時，陳佐毅說。

「沒想賺多少錢，只想把任務完成，確保不壓貨。」甘肅省白銀中通經理雒成剛說。

「雙十一」時，白銀已進入冬季，氣溫降到零下攝氏二十度左右，白銀中通卻熱火朝天，所有員工吃住在公司，起早貪黑地幹，一天最多睡三四個小時。

洪峰一次接一次湧來，沒見過這陣勢的人別說幹活，嚇也嚇得兩腿像煮爛的麵條，別說扛包，站都站立不住。大凡在「雙十一」堅持下來的都稱得上英雄好漢。

兩年前的「雙十一」，二十七歲的強小龍創下日送三百票的紀錄。在白銀中通，數強小龍書讀得多——正兒八經的大學畢業生。緊張時，他家男女老少齊上陣，「全民皆兵」，除剛出生三個月大的孩子之外，都過來幫忙。他負責那片區既大又偏，其他快遞不肯去。他卻堅守在那裡，白天送不完就晚上送，白銀的冬季天很短，似乎過了中午天就黑了，他深一腳、淺一腳地去送件。有時，人家睡了，穿著睡衣來收件，他歉意地笑了笑。有的社區桶裝水送到樓下，不負責送上樓，老人或女人拿不動，他就給扛上去。

「雙十一」遇到急件怎麼辦？雛成剛抽出一個人來，騎著摩托送。兩年前，有個外地客戶要帶一重要文件坐上午九點多鐘的飛機去北京，可是文件不在手裡，在網路班車上。七點鐘班車才能抵達白銀，可是車上有八百多票快件，要想一下子找到這文件稱不上大海撈針，也不是輕而易舉的事。雛成剛對客戶說，我們竭盡全力，來得及就給你送去，來不及就給你快遞到北京，保證不耽誤你的事。

班車一到，網點上下十幾號人一起上陣，八點半鐘找到了那票快件。快遞員的摩托風馳電掣而去。趕到賓館時，客戶退了房，拎著行李走出來，正要上車去機場。他已不抱什麼希望了，快遞員卻把文件交到了自己手裡。他一下不知說什麼好，不知如何表達自己的謝意了。這是在「雙十一」啊，快遞員忙得連喝口水的時間都捨不得，卻在那堆積如山的快件中，把他要的這票件找到了，送來了。他帶著這份大西北的溫暖上路了。到了北京，他打來電話，千恩萬謝。

晚上七點多鐘，一位年逾不惑的女畫家找上門來，要發一個長度超限的「大件」。網路規定件的長度不能超過二米，她的件偏偏超了十釐米，在這麼緊張的時候，寄超限「大件」，這不是添亂麼？女畫家眼淚汪汪地說，「我找過順豐，找過申通，找過圓通，找過德邦，找過EMS，人家都不給寄。你們中通是我最後的希望了，無論如何幫幫忙，給我寄了吧」。她還說，這是件參展作品，畫了二十多年了，「好不容易有機會參展，你們不給我發，我這麼多年的心血不就白費了麼？」她說完，眼淚流了下來。

雒成剛是性情中人，哪受得了這個？

「我給你發，罰款我認了。」

畫家如釋重負地笑了，走了。

雒成剛被罰了二百元錢，他卻笑了，二百元錢給她換來了機會，值得。

幾天後，她發來短信，她的畫入圍了。她說，感謝中通，感謝雒成剛他們這些有職業操守的快遞員。他比她還激動，把她的短信一遍遍地讀給員工聽。

「我們是要掙錢，可是我們不能光想掙錢，我們不給她寄，她的心血就白費了，你說是不？」採訪時雒成剛說。

誰說不是？做快遞要講情講義。

第八個購物狂歡節的首日，中通攬收量和實際發出量繼續保持行業第一。全國主要電商企業共產生快遞物流訂單三點五億件，同比增長百分之五十九；郵政和快遞企業處理快件二點五一億件，同比增長百分之五十二。

圓通、申通、韻達增長的幅度也都很大，順豐婉拒一千多萬單的臨時性客戶。有人說，順豐通過限流等措施維護了口碑，損失了市場份額。

三、給多少錢都不賣

二十五萬件包裹，相當於四十一車的貨，足以把中通新疆公司埋沒。

人員不夠，不夠，嚴重不夠，二十五萬包裹怎麼辦？人員不夠包裹就不能及時運出送出。看來從沒爆過倉的中通新疆要爆倉了。

「雙十一」的早晨，羅雲憂心忡忡地來到公司，一個意想不到的情景出現在眼前，一群群的人湧入公司。幾天前，在雙十一動員時，他把公司的困難跟員工們講了，沒想到員工把親朋好友、三叔二大爺動員來了。勞動的場面熱火朝天，穿藍工裝是員工，穿紅色、黃色、黑色、白色衣服的是員工的親朋好友。羅雲的眼睛濕潤了……

第二天新都中通的包裹量繼續上升，突破二十萬票！

建包工最累的就是腰，建包時要不斷地彎下直起，直起彎下，沒幹過這活兒的人不到一小時就累得直不起腰來，或直起來再彎不下去。這樣連續幹十多個小時，老建包工也受不了，撐不住了，他們或紙板上面倒一會兒，或躺在板凳和袋子伸伸腰。

李黎實在看不下去了，讓他們休息一小時。一小時，那就是六十分鐘，三千六百秒，誰肯這麼奢侈？何況知道足球運動員出身的李黎性格比射門還急，當日件必須當日發出去，不容許堆在庫房。他們小憩一下，爬起來接著幹。

第二洪峰過去了，新都中通愣是做到當日件當天走，沒有積壓，沒有出現兩年前的差錯。兩年前，一個員工把郫縣的和溫江的弄錯了。

「你們幹嘛的？我今天就要坐飛機啦。」客戶在電話裡喊道。

他們知道有的件遲一天兩天沒關係，只要一延誤，客戶就愛這麼說。李黎派人把分揀錯的件取回，直接送過去。從新都到郫縣三四十公里，到溫江要五十公里，專程為這一票件跑趟車。

做快遞一是不怕吃虧，二要付得起辛苦。兩年前，一對「八〇後」小夫妻將國際商貿城的網點做得風生水起，「雙十一」那天收了七八千票件。國際商貿城中午十二點打烊，一點鐘電梯關停，件在三四層樓上。怎麼辦？沒門兒，走窗戶！他們領著員工把窗子打開，把件吊下來，打好包的送到新都中通。他們從中午吊到晚上八九點鐘，三四千票件來不及打包，堆在了地下停車場。怕丟件，那對小夫妻用車把件圍在中間，他們穿著棉衣守了一夜，困急了就睡在水泥地上。第二天，他們渾身癢得難受，把衣服掀起來一看，身上被跳蚤咬得一串串的紅包。

第三天，新都中通的建包工沒趴下，三個入職四五個月的姑娘累倒在操作臺上了。

第六天，李黎病倒了。員工累，老闆更累，李黎不僅跟員工幹在一起，吃在一起，還比他們睡得還少，一天僅睡三四個小時，最後喉嚨說不出話來，只得跑到醫院去打點滴。

大溪地網點的前四天的重點是收件，後四天的重點是派件，車一到就卸貨，分揀，派送。他們有十六個點。這十六個點就是路邊的小超市，分散在十六個村落。快遞員把大件送到客戶家，小件送到超市，打電話讓客戶去取；村民發件送到超市，快遞員不必挨家挨戶取件。

陳佐毅叮囑快遞員：「每次去買一瓶水，買包煙，哪怕有也要買。水喝不掉帶回來大家喝，錢我來出；油鹽醬醋茶，逮著就買，今天這家買點兒，明天那家買點兒，錢我來出。這樣的話，店主見你就像看到財神爺一樣。我們不能給超市提成，那就變成生意了，他也許會覺得給得少，不用心給你管。我們要談感情的，要有人情味，不能把什麼都當成交易。」

誰知十六個點成了「整治對象」，工商部門認為，超市代接收快遞屬於超範圍經營，被明令取締了。「雙十一」快件多了五倍，快遞員要逐家逐戶送貨上門。

陳佐毅心疼地說，「雙十一」快遞員苦得都看不下去，每天多賺那一兩百元是用命拼的。

「有人說『雙十一』、『雙十二』多麼可怕，我說越是可怕，越是賺錢的機會。」天津武清中通的徐明得意地說。

徐明借「雙十一」和「雙十二」發力，二〇一二年，他兩個月賺了二十多萬元，買下一輛轎車；二〇一三年，他盤下武清中通；二〇一四年，他賺個缽滿盆溢；二〇一五年，他用賺的錢買輛五十多萬元的賓士……

二〇一三年，徐明承包的和平二部那片的其他快遞的網點亂成一團，一家換了老闆，新老闆人生地不熟，不知怎麼幹；一家的三個股東打得不可開交，最終一個股東領著六個骨幹撤出，實力大減；還有一家累趴下了，三四千票快件堆在門口……徐明趁機把那三家來不及收的件通通掃了。

「雙十一」後，他騎車亂竄，遇到武清中通的老闆。「雙十一」總算是挺過去了，「雙十二」又要來了，真有點挺不住了。老闆發愁地說。竊喜像隻老鼠從徐明的心裡探頭探腦地鑽了出來，聽說電子商務要從市區遷到郊區，他正琢磨在郊區買個網點，沒想到機會送上門了。他僅花十五萬元就盤下武清中通，將之改為武清城外中通。

「雙十一」必須要衝得上去，關鍵的時候絕對不能掉鏈子。二〇一四年過完春節，徐明就開始招人，要求手快、腿快和嘴快，這樣的人最適合做快遞，送件快，取件也快。「雙十一」前，徐明招了二十多人，比平時多了四個快遞員，緊張時他和老爸再衝上去，比平時多了六個人，這樣不論哪家快遞公司缺人，他家也不會缺人了。「雙十一」的當天，徐明守在倉庫，用手機看公司的監控，發現情況立馬處理；他的老爸和老媽坐鎮和平二部，他的岳父岳母和小舅子盯在武清。武清城外中通一下子竄到八千多票，再加上和平二部的六千多票，兩邊加一起就是一萬四千票……

「你們怎麼弄出這麼多件？」管庫的阿姨感到莫名其妙，見面就問徐明。

「武清城外那邊是處女地，別人不敢開發，我開發出來了……」徐明得意地說。

「件太多了，累死人了。」阿姨說。

聽話聽音，徐明跑去買回一大堆飲料，犒勞大家。

「辛苦，辛苦，幫忙裝一下車，我給加班費。」徐明總是能把不可能的變成可能，把不現實的變成現實。人都累得像一灘泥了，還得掙扎著幫他裝車。

「有錢花在刀刃上」，駕駛員往和平二部拉一趟貨，徐明補貼一百元；往武清城外拉一趟，補貼一百五十元。這樣一天下來，駕駛員可多得一千多元錢，能不玩命幹麼？快遞員和客服人員也不少，每天除補貼一百元之外，還增加了十元伙食費……

不能讓駕駛員疲憊駕駛，那樣易出車禍。徐明在倉庫附近的酒店開一個房間，車一到就讓駕駛員去休息，裝卸完了再下來。不過，人可以休息，車不能閑著，要二十四小時連軸轉。

儘管這樣，幾天下來，駕駛員和碼車工的臉都黑黑的，眼看就要撐不住了。徐明讓駕駛員去休息，租車拉件，拉一車給四百五十元。碼車工即裝卸工。熟練的碼車工能把件碼得嚴絲合縫，不留一點兒空隙，這樣不僅裝得多，還不易損件。碼車最累的是腰，徐明給他們一張按摩卡，讓去做按摩。

「你對我有意見嗎？我全靠這幾天賺錢呢。」駕駛員說。

徐明還能說什麼？那就繼續拉吧。

「這兩天，我得幹。」碼車工也不開心了。

「你年輕，不要把腰給毀了。」徐明說。

碼車工累腰，快遞員累腿，兩條腿像拉不開的栓，鏽死了，斷掉了，恨不得倒在床上再不起來。三年前，申通的快遞員跟徐明說，他一天送三百票。徐明嘲諷地說：「吹牛吧！」他現在知道了，人家沒吹牛。「雙十一」，他的快遞員一天最多送八百多票件。八百票件是多少？幾十個麻袋！派件費一票一元，那個快遞員光送件一天就能賺八百多元。「雙十一」是可怕的，又是可愛的。

「雙十一」前，有一淘寶電商找上門來，他是那個領域的一哥，「以前那三家總換快遞員，現在開始換老闆了，還是你這好，在這領域幹這麼多年，越幹越猛，連快遞員都不換了。」

徐明做夢都想把一哥挖過來，可是人家用的是「三通一達」的另外一「通」，而且說什麼也不肯換快遞。那「通」每票收七元錢，徐明開價六元，一票差一元，幾萬票就是幾萬元，對大客戶來說是很有誘惑力。一哥卻搖搖頭說，不換，人家那「通」什麼都好，你們中通什麼都不好。沒想到一哥卻是一個忠實的用戶。

「他怎麼個好，我怎麼個不好？」徐明不服地問。

一哥笑了笑沒說，也許說不出來，不過態度堅決，不管你說什麼，怎麼誘惑和拉攏，我就是不換快遞。

你不換沒關係，徐明沒事就過去坐坐，喝杯茶，聊聊天兒，跟一哥介紹介紹中通，講講他徐明怎麼個好。一哥終於選擇了中通，徐明的日取件量增加五六百票，送件量也翻了一番。

「雙十一」又誕生新的一哥。這個一哥在「雙十一」發了十一萬多票！

徐明跟新一哥相識還頗有戲劇性。網點門前不是有十幾個車位嗎，徐明就當作操作場地。一天，有人把車停在他們「操作場」，客氣說：「我是樓上的，停一下就走，不好意思啦！」

「你停嘛。」人家這麼一「不好意思」，徐明反而沒話說了。

一回二熟，見面聊兩句，沒想到那人是做國外代購的，件走的是順豐。順豐走的是高端市場，收費也高。中通收費低，服務也不低，客戶滿意度位於前幾位。一來二去，那人就從順豐轉到了中通。

二〇一六年「雙十一」前，徐明買了四輛純電動廂形車，還投資六十多萬擴建了倉庫，像撒下漁網的漁夫等待魚群游來。近兩年城中心的網點普遍難做，他在去年賣掉了和平二部的網點，手裡只有武清城外中通了。

魚群來了，第一天收件量就突破了兩萬票，徐明的武清城外中通位居天津中通八十多個網點的第一名。電商一撥一撥地找上門來，跟徐明說要改走中通。有個客戶要發十多萬票，徐明心怦然而動，可是怕爆倉沒敢接。他事後算一下，一票毛利六毛多，十萬多票就是六萬多元，讓這麼一大筆錢從眼皮底下溜過去，想想心裡就不是滋味，有點兒隱隱作痛。

徐明對找上門的客戶說的第一句話是：我們可是比別人家貴。兩年前，他接手武清城外中通的第一個月，被總公司罰款一萬多，第二個月被罰六千多，第三個月被罰三千多。於是，他制定了一套比總公司要求還高的標準，對外延誤必究，對內延誤重罰。這樣一來，各地的快遞員一看是武清的件就在第一時間送達，決不敢延誤，按總公司的規定延誤不但白送，還要罰款。

武清城外中通地處天津市郊，客服和快遞員原來的服務意識很差，徐明就逐個校正，提高他們的服務意識。剛開始時，員工不適應，有人說，「你徐明管得這麼細，這麼嚴，下邊的人一氣之下甩手不幹了，走人了，你怎麼辦？」徐明笑而不語。堅持一段時間後，他們發現只要不觸碰徐明設定的「高壓線」，也就遭不到總公司的懲罰，反倒安全了。

服務品質上去了，破損率和失誤率降了下來，武清城外中通的口碑越來越好，徐明提了價，淘寶件抽成兩三毛。別小看這兩三毛，一千件就是兩三百。有人替徐明擔憂，快遞市場競爭如此激烈，其他網點都在競相壓價，你徐明還敢提價，這不是拿根繩子往自己脖子上勒嗎？徐明又笑而不語。

提價後，徐明的業務量不僅沒下降，反而提升了。商家說，貴也走中通，你們的服務好，破損率和延誤率最低，再說一個包裹也不差三兩毛錢。

這個打小讓父母發愁的「嘎咕小子」，做快遞後不按常理出牌，結果卻出人意料。雙十一前，其他網點的老闆都緊張得吃不下，睡不安的，徐明卻有閒心到處蹓達。他發現武清的新樓的租金低，租了三間，開了三個門店，每個門店安排一個人，專門收散件。

「雙十一」快遞員忙於派件，顧不上收件，徐明就對快遞員說，發現散件沒時間上門收就通知我，我派人去收。徐明算過一筆賬，散件比淘寶件利潤高很多，那三個門店每個每天收二三十個散件，一個月下來就是一筆不小的收入。徐明說，他準備拿出一部分股份，分給那些跟自己一起打拼的員工。他下邊有一百三十多員工，這幫兄弟平時很關心公司，有了股份就會處處為公司著想了。

第八個「雙十一」猶如攻克柏林，天上地上，公路鐵路都用上了。順豐、圓通、申通投入了全貨機，中通整合了足夠的航空貨運，中國鐵路總公司連續十天投入一百七十列、兩千六百五十噸運力的高鐵……中通提前配備了四千多輛協力廠商物流車，再加上兩千四百多輛自營運輸車，六千多輛車在中通的一千八百多條幹線運輸線上疾速穿梭著，北至黑龍江，南至海南，西至新疆，東至江浙。中通是中國第一個使用拖掛車運輸的快遞公司，他們的快件百分之九十以上靠公路運輸，九米六長的拖掛車可運載四千餘票快件，中通有八百二十多輛十五米和十七米五的高運力拖掛車，可載六千多票快件。

中通網路七十四個轉運中心，猶如七十四處神經樞紐，十一月十二日、十三日，包裹數量達到了峰值。華南、華北、華東的轉運中心晝夜運轉起來。中通上海轉運中心兩百多米長的傳送帶以每秒兩米的速度運轉著，傳送帶上的包裹經鐳射掃描自動分揀，落入兩邊的編織袋裡。

中通、圓通、韻達也都引入自動分揀機。

「轉運中心不能出事，一旦出事了，爆倉什麼的，有可能會造成美國股市的波動。我們承擔不起這個責任的，要全力以赴去做。」轉運中心經理李偉說。

李偉是四川人，十八歲參軍離開巴中老家，轉業後又四處打過工，後來和妻子進了中通，從最底層的操作員做起，一直做到轉運中心經理。在中通這十二年，他僅請過五次假，一次是父親病危，一次是給父親送終。兒子從七八歲就跟爺爺奶奶生活，看到別的孩子被父母寶貝似地牽在手裡，忍不住偷偷抹淚。高中沒讀完，兒子就不肯讀了，李偉把他接到上海。他在中通當了話務員，他們一家在中通這個大家庭裡團聚了。

哪裡是他們一家，四川老家那個村子有四百多人被李偉帶到中通，有的在上海扎下了根，買了房子和車子。有人說，他就像頭雁，發現一個好地方，雁群就呼啦啦跟了過來。像李偉這樣還有很多，杭州中轉部裝卸場的貴州遵義人熊國義，在福建礦山挖了好幾年煤，面孔黝黑，腰彎背駝，雙鬢花白了。快五十歲到中通，年節發錢發東西，探親報銷路費……他有了一種歸宿感，感覺得這就是自己的家，引來二十三個鄉親。「雙十一」，他甩開膀子幹，一個月裝卸貨近六百噸！

中通在四川和貴州分別建了一所希望小學。賴梅松說，我們四川籍、貴州籍的員工很多，在他們的家鄉，還有很多孩子讀不起書，不能不管。李偉和熊國義他們感動了，儘管他們的孩子不能去那讀書，老闆能想著他們的家鄉，讓他們感到溫暖。

中通的上海、北京、杭州、長沙、常州、南充、淮安等地的轉運中心都安裝了自主合作研發的自動化分揀系統。它每小時可處理兩萬三千個包裹，分揀的準確率高達百分之九十九點九！中通有名的「掃件王」成都轉運中心的方麗，一天掃一萬多件，還不及自動化分揀系統幹半小時。兩年前的「雙十一」，中通蘇州轉運中心的客服接到客戶電話，說信封收到了，裡邊的身份證不見了。客服跑到操作車間，裡裡外外尋個遍，最後在掃地的阿姨那找到了。原來是一條傳送帶老化，將信封絞開，身份證掉了出來。客服跟客戶道歉一番，將身份證寄去。現在這種事情不會再發生了。過去一個操作間四百位元操作員，日處理四十萬票快件，這一系統上馬後，操作員減少三百一十五人，日處理能力卻提高到了五十萬票，另外差錯率降低了，效率提高了。

二〇一五年的「雙十一」，上海轉運中心的峰值是日處理三百萬件，二〇一六年衝上五百萬票。由於場地擴大，設備更新，以前三個人裝一車貨，現在一個人就可以了，過去要一個小時，現在僅需八分鐘。人工卸貨改為十六米伸縮機，車輛進出暢通，來一車，走一車。

「您好，很高興為您服務！」

「您放心，我們會儘快幫您解決的！」

……客服中心，一片此起彼伏的電話聲和敲擊鍵盤聲。「雙十一」中通全國呼叫中心日接聽量達到二十萬通，年輕的「帥哥萌妹」平均每人每天接聽電話超過四百通，通話時長有的甚至達到每天八點五個小時，QQ每人每天回復達到一千二百多條。

這群以「九〇後」為主的客服人員，在比平時多出一倍以上工作量的巨大壓力下，果斷幹練，效率驚人，與去年同期相比，通過擴增中通用戶端、微信微博、企業QQ等多種客服管道，接通率提升百分之二十以上。

「三通一達」的第一代快遞員大都是沒有文化、沒見過世面的「泥腿子」——農民，讓賴梅松他們難以忍受的不是苦，不是累，而是沒有尊嚴。如今，「八〇後」、「九〇後」的大學生紛紛加入到了快遞的行列，快遞員也越來越受到社會的理解和尊重。

徐明不僅在「雙十一」狠狠賺一把，他的武清城外中通也贏得信譽，價值也得以提升，二〇一三花十五萬元買的武清城外中通，現在值幾百萬了。不過，這只是市場估價，給徐明一千萬，他會賣嗎？

二〇一五年，有位北京富商要出資一億五千萬買羅雲的新疆中通。

「這個公司給多少錢都不賣！」羅雲果斷地回絕了。

他說，公司有一千五百名員工，有的二十年前就跟著我做航空運輸，有的在我做快遞的第一天就來了，把他們交給別人，我不放心，萬一經營不善，垮掉了，這些弟兄上哪去吃飯？

他不僅沒賣掉公司，還貸款兩億元買下七十五畝地，建了兩萬平方米的廠房，他除做中通快遞之外，還接手了中通新疆快運，還計畫開通中通國際業務。他看好快遞行業，看好中通。中通在美國上市，帶動了品牌的升值，羅雲的兒子把北京工作辭了，回來跟父親一起做快遞。

「你的公司值多少錢？」我在採訪時問李黎。

「無價。」他毫不猶豫地答覆。

我細想一下，李黎說的是實話。如今，錢似乎成為社會的唯一度量衡，人們動不動就談錢，不論什麼都用錢多錢少來衡量，連親情、愛情、友情、尊嚴、人品也都打上了元角分的烙印。其實，真正的成功者是不會這樣的。不論對賴梅松、李黎，還是徐明、雒成剛、陳佐毅、羅雲，公司或網點對他們來說已遠遠超出了金錢之外。

十一月二十九日，中通發佈上市後的第一份季度財報：在二〇一六年第三季度，中通實現了三點五三億美元（合二十三點五三億人民幣）收入，比去年同期增長百分之六十六點六；快遞包裹量達到十一點零二億件，增幅超過去年同期百分之五十；實現了一點二八億美元（八點五三億元人民幣）和八千兩百一十萬美元毛利和淨利，比去年同期的資料分別增長了百分之九十三點九和百分之一百五十六點八。

尾聲

聶騰飛、陳德軍、賴梅松、喻渭蛟等桐廬縣的農民創造了世界奇蹟，他們的家鄉桐廬縣被中國快遞協會授予「中國民營快遞之鄉」。據桐廬縣商務局統計，在「三通一達」的帶動下，全國由桐廬籍民營企業家創辦和管理的快遞企業達二千五百餘家。據鐘山鄉統計，全鄉二萬二千人口，在「三通一達」的帶動下，已有一半農民在外做快遞。

歌舞、子胥、夏塘——賴梅松、陳德軍和聶騰飛的家鄉已發生天翻地覆的變化，用當地村民的話說：「村頭巷尾盡是歐式洋樓。」

從歌舞到桐廬縣四五十公里，他們的先輩一百多年都沒有走出來；從中國到世界，「三通一達」僅用了二十多年……

賴梅松說，中國快遞其實能夠做起來就是農民的夢想。沒有這群很樸實，很肯吃苦的農民，快遞是不會有今天的。中通模式就是創業模式，具有眾創、眾包、眾扶、眾籌的鮮明特徵。它最能激發創業者的熱情，具有無限的想像力和創造力；它最具區域運作的靈活性，一條街道、一棟樓、一個行政村，都能實現就業創業夢；它能把鄉情、友情、親情串聯起來，相互幫助，相互扶持，實現共同發展的目標；它能用最小的成本去博取最快、最好的發展。

一份權威性的電商物流從業人員報告顯示，二〇一五年全中國快遞從業人員兩百零三萬三千人，其中近八成為農村人口。根據中國國家郵政局的發展目標，二〇二〇年，中國快遞業務總量將達到五百億件。賴梅松說，二〇二〇年中通的從業人員將突破一百萬人。有人估計，全中國的快遞從業人員將要突破五百萬。這意味著，中國快遞航母群將搭載著四百多萬農民的夢想遠航。

賴梅松已是百億富翁，可是仍然保持農民的本色，把根扎在天井嶺，扎在歌舞村，扎在廣闊的鄉村。他說：「我對農村的情感很深，一看到樹我就特別興奮，本身有一種情緒在。」他還說：「中通的使命就是幫助更多人創業、就業，幫助當地的農民。第一，有了快遞，他們當地有些農產品就可以出來，至少建立了一條通道，相信未來這個通道會越來越通暢；第二，很多農民如果在家裡就能掙到錢，他們就不會出來打工了。」

為此，中通還創辦了「農產品進城，工業品下鄉」電子商務服務公司——中通優選。

賴梅松說，「我們桐廬有一個地方生產板栗，兩塊多一斤，農民都不願意到山上去採，我就想我們優選如果接過去，上海賣十塊錢一斤，我們能不能夠賣六七塊一斤？其實，我們快遞費平均一斤一塊錢都不要，幫助農民把這些東西賣出去。如果把市場打開，這些栗子算什麼呢，全部採下來也就幾萬斤，到全國城市、到大上海也沒什麼難度，我們中通幾十萬人自己消化一下也是一件容易的事。」

洪湖的藕過去一元錢一斤都賣不掉，進入中通優選後，在網上走俏，出現在廣東的湯鍋裡，七八元錢也買不到了。陝西禮泉的蘋果、山東煙臺的櫻桃、湖北洪湖的蓮藕、雲南昆明的黃桃、山西忻州的柿子等農特產品通過中通優選進入千家萬戶。

十幾年前，賴梅松說：「我這一輩子的命運必須掌握在自己手上，不能掌握在人家手上。」他做到了，不僅把命運掌握在自己手上，還掌握了一個擁有二十六萬員工的企業命運。

美國《洛杉磯時報》認為，如果中國在過去的十年沒有形成八千多家快遞公司，阿里巴巴絕不可能達到今天這樣的規模。

快遞為中國的虛擬經濟架設的跑道，讓它得以在現實生活中降落。

快遞改變了中國，改變了中國人的生活。

後記

這是一個中國夢，一群農民走出大山，去圓自己的夢。

這是一個難得的報告文學創作項目。這專案先後得到浙江省委宣傳部、杭州市宣傳部和杭州市文聯的重視與肯定，先後入選「杭州市文聯重點創作專案」「杭州市文化精品工程」和「浙江省文化精品工程」。中國作家協會何建明副主席到浙江考察時，聽取彙報後，給予了高度評價：「這個題材非常好！這不僅體現了中國農民的夢，也是浙江創業的典型，是浙江精神的體現。這個表現形式非常有意義，這樣的作品非常好。」

這一項目得到時任浙江省文聯副主席、杭州市文聯主席陳一輝的鼎力支持，她親自致電桐廬有關方面，請他們給予協助和支持。

楊麗萍不僅是位非常出色的記者型作家，也是難得的合作者，她先採訪了申通的董事長陳德軍、圓通的董事長喻渭蛟、聶騰雲的父親聶樟清，以及申通與圓通兩家企業的部分高管和員工，我們又一起採訪了中通的董事長賴梅松，以及高管和部分員工。最後，我們決定以世界快遞、中國快遞為背景，寫「三通一達」，再以「三通一達」為背景寫中通。在「三通一達」，中通是成立最遲、發展速度最快、最能夠充分體現中國夢的企業。我們對中通進行了深入的採訪，採訪了上海、北京、浙江、廣東、新疆、甘肅、成都、天津、湖北、河南等地的中通公司、網點負責人與快遞員，整理出近百萬文字。在此，感謝我的學生、浙江理工大學傳播學專業十一級的賈麗霞，為此付出了艱辛的勞動。

楊麗萍完成近三十萬字的初稿，我又用半年多的時間完成二稿與三稿，接著又用三個月的時間完成四稿。書稿完成後，先壓縮成一篇四萬字的報告文學，發表於《北京文學》，中國報告文學學會副會長、北京文學月刊社社長兼總編楊曉升提議標題為《快遞中國》。《北京文學》是中國報告文學重鎮，國內最有影響的中篇報告文學幾乎均發表於此。楊曉升不僅是我獲魯迅文學獎的作品《天使在作戰》的責編，也是近三十年的摯友，我也成為《北京文學》忠實的作者。

在此期間，我去趟北京，讓學生張振華幫忙找幾位北出版界的精英。振華是國務院研究室中國言實出版社的編輯室主任，他的夫人徐玉霞是中國文史出版社的編輯室主任，他們不僅在出版界很有人緣，且頗具號召力。這些七〇後、八〇後的精英對這部書稿給予很高的評價，有兩家出版社表示希望選擇在他們社出版，最後我選擇由浙江人民出版社與重慶出版社連袂推出，重慶出版社發行。之所以選擇重慶出版社，一是該社近年業績顯著，二是責編徐憲江是北大荒人。我採訪過北大荒的老兵和知青，深為北大荒人的純樸、善良、豪爽、熱情所感動。

本書簡體字版出版後產生較大的社會反響，不僅《新民晚報》、《法制文萃》、《城市晚報》等報紙連載，《小說林》、《當代工人》等雜誌節選發表，同時獲得豆瓣網讀者的好評。

遠在大洋彼岸的美國三藩市《星島日報》總編輯梁建鋒讀罷書稿，讓編輯致電楊麗萍商討連載事宜。《星島日報》是「一份歷史悠久、發行網覆蓋全球的中文國際報章」。

本書中文繁體字書名調整為《帝國的跑道——互聯網下的快遞中國》，付梓之際，對賴梅松、陳德軍、喻渭蛟等快遞英雄表示感謝，感謝他們在百忙之中撥冗接受我們的採訪；感謝浙江省文聯原副主席、杭州市文聯主席陳一輝、桐廬縣文聯主席董利榮給予的指導與幫助；感謝桐廬縣原科技副縣長、浙江理工大學新校區建設辦公室主任葛建綱老師的無私的幫助，他不僅在百忙中閱讀了初稿，並寫了長達數千字的寶貴意見，還陪同我採訪了桐廬縣人大副主任鍾玉華和原桐廬縣政協主席李錫元。最後，感謝臺灣秀威資訊對這部作品的認可，以及為之付出的艱辛勞作。

朱曉軍

二〇一六年十二月於杭州

Do觀點51　PI0040

帝國的跑道

——互聯網下的快遞中國

作　　者／朱曉軍、楊麗萍
責任編輯／鄭伊庭
圖文排版／周政緯
封面設計／葉力安

出版策劃／獨立作家
發 行 人／宋政坤
法律顧問／毛國樑　律師
製作發行／秀威資訊科技股份有限公司
地址：114 台北市內湖區瑞光路76巷65號1樓
電話：+886-2-2796-3638　傳真：+886-2-2796-1377
服務信箱：service@showwe.com.tw
展售門市／國家書店【松江門市】
地址：104 台北市中山區松江路209號1樓
電話：+886-2-2518-0207　傳真：+886-2-2518-0778
網路訂購／秀威網路書店：https://store.showwe.tw
國家網路書店：https://www.govbooks.com.tw

出版日期／2017年2月　BOD一版　**定價**／420元

|獨立|作家|
Independent Author
寫自己的故事，唱自己的歌

帝國的跑道：互聯網下的快遞中國 / 朱曉軍, 楊麗萍著 --
一版. -- 臺北市：獨立作家, 2017.02
面； 公分. -- (Do觀點)
BOD版
ISBN 978-986-93886-4-1(平裝)

1. 快遞服務業 2. 報導文學 3. 中國

489.1 105021760

國家圖書館出版品預行編目

讀者回函卡

感謝您購買本書，為提升服務品質，請填妥以下資料，將讀者回函卡直接寄回或傳真本公司，收到您的寶貴意見後，我們會收藏記錄及檢討，謝謝！
如您需要了解本公司最新出版書目、購書優惠或企劃活動，歡迎您上網查詢或下載相關資料：http:// www.showwe.com.tw

您購買的書名：________________________________

出生日期：________年________月________日

學歷：□高中（含）以下　□大專　□研究所（含）以上

職業：□製造業　□金融業　□資訊業　□軍警　□傳播業　□自由業
　　　□服務業　□公務員　□教職　□學生　□家管　□其它_____

購書地點：□網路書店　□實體書店　□書展　□郵購　□贈閱　□其他

您從何得知本書的消息？

□網路書店　□實體書店　□網路搜尋　□電子報　□書訊　□雜誌
□傳播媒體　□親友推薦　□網站推薦　□部落格　□其他__________

您對本書的評價：（請填代號　1.非常滿意　2.滿意　3.尚可　4.再改進）

封面設計____　版面編排____　內容____　文／譯筆____　價格____

讀完書後您覺得：

□很有收穫　□有收穫　□收穫不多　□沒收穫

對我們的建議：________________________________

____

____

____

請貼
郵票

11466
台北市內湖區瑞光路 76 巷 65 號 1 樓
獨立作家讀者服務部 收

（請沿線對折寄回，謝謝！）

姓　名：＿＿＿＿＿＿＿＿　年齡：＿＿＿＿　性別：□女　□男

郵遞區號：□□□□□

地　址：＿＿＿＿＿＿＿＿＿＿＿＿＿＿＿＿＿＿＿＿

聯絡電話：(日)＿＿＿＿＿＿＿＿＿＿ (夜)＿＿＿＿＿＿＿＿＿＿

E-mail：＿＿＿＿＿＿＿＿＿＿＿＿＿＿＿＿＿＿＿＿